典型河流岸线保护利用与管理研究

杨丽萍　孔令超　李晓雷　李东海　著

黄 河 水 利 出 版 社

·郑 州·

图书在版编目(CIP)数据

典型河流岸线保护利用与管理研究/杨丽萍等著
. --郑州:黄河水利出版社,2023.6
ISBN 978-7-5509-3609-6

Ⅰ.①典… Ⅱ.①杨… Ⅲ.①河流-护岸-研究
Ⅳ.①TV861

中国国家版本馆 CIP 数据核字(2023)第 120852 号

组稿编辑:岳晓娟　电话:0371-66020903　E-mail:2250150882@qq.com

责任编辑	岳晓娟	责任校对	杨丽峰
封面设计	张心怡	责任监制	常红昕

出版发行　黄河水利出版社

　　　　地址:河南省郑州市顺河路49号　邮政编码:450003
　　　　网址:www.yrcp.com　E-mail:hhslcbs@126.com
　　　　发行部电话:0371-66020550

承印单位　河南新华印刷集团有限公司

开　　本　787 mm×1 092 mm　1/16

印　　张　18.25

字　　数　422 千字

版次印次　2023 年 6 月第 1 版　　2023 年 6 月第 1 次印刷

定　　价　89.00 元

前　言

　　随着经济社会的不断发展,经济发达、人口稠密、土地资源紧缺地区对河道岸线利用的需求越来越高,沿河开发活动和临水建筑物日益增多,河道岸线利用程度愈来愈高。长期以来,由于河道岸线范围不明、功能界定不清、管理缺乏依据,部分河段岸线开发无序和过度开发,给河道行洪带来了不利影响,甚至严重地破坏了河流生态环境。河道岸线的开发利用与防洪、河势、供水及水生态、水环境保护密切相关,涉及水利、交通、自然资源、环保、农业等多个部门,由于缺乏岸线功能区划和管理规定,在岸线利用与保护方面缺乏技术依据,也给行政许可和审批带来一定的难度。

　　2016年11月28日,中共中央办公厅、国务院办公厅印发《关于全面推行河长制的意见》(厅字〔2016〕42号),要求"严格水域岸线等水生态空间管控,依法划定河湖管理范围。落实规划岸线分区管理要求,强化岸线保护和节约集约利用"。

　　近年来,随着国家全面推行河长制及强化河湖岸线空间管控工作的推进,兼顾不同部门的管理要求,合理利用、有效保护好岸线资源,满足国民经济和社会发展不同层次的要求,对典型河道岸线保护利用与管理开展研究,是加快生态文明建设、加强水资源保护、进一步贯彻落实河长制工作要求的重要基础,也是保障流域水安全的迫切需要,对保障水资源可持续利用、促进流域经济发展具有重要意义。

　　本书在充分调查收集典型河流岸线开发利用现状的基础上,全面分析了规划范围内河道岸线保护和利用存在的主要问题及经济社会发展对岸线开发利用的要求,按照岸线保护和开发利用的基本原则,进行岸线功能区划分,并对各功能区提出了相应的管理要求及相关保障措施;同时利用地理信息技术、遥感技术等信息化手段,以"水利一张图"等空间数据为底图,以规划的相关成果为图层,构建河湖岸线相关空间信息、业务信息的综合汇聚、分析和展现平台,形成智慧河湖管理"一张图",为河道岸线综合管控提供信息技术支撑。

　　本书除单独注明外,坐标系统均为2000国家大地坐标系、高程系统均为1985国家高程基准。为便于岸线边界线和功能区统计,涉及的岸线长度以外缘边界线长度作为参照进行统计。

　　本书编写分工如下所述:杨丽萍负责全书统稿及编写第1、2、3、5、7、8章,孔令超负责编写第4章4.1~4.2的4.2.3.2,李晓雷负责编写第4章的4.2.3.3~4.2.3.4,李东海负责编写第5~6章及参考文献。

　　由于作者水平有限,书中存在不妥之处在所难免,敬请读者批评指正。

作　者

2023年6月

目　录

第 1 章　研究背景及意义

1.1　研究背景

河湖岸线既是河湖空间的重要组成,又是服务经济社会发展不可再生的宝贵土地资源,更是维护河势稳定和防洪、供水、生态安全的重要保障。随着经济社会的不断发展和城市化进程的加快,对河湖岸线利用的要求越来越高,沿河湖开发活动和临水建筑物日益增多。长期以来,由于河湖岸线范围不明、功能界定不清、管理缺乏依据,部分河湖岸线开发无序和过度开发,给河湖行(蓄)洪带来不利影响,甚至严重地破坏了河流生态环境。由于缺乏岸线功能区划和管理规定,在岸线利用与保护方面缺乏技术依据,也给行政许可和审批带来一定的难度。

2007 年 2 月,水利部下发了《关于开展河道(湖泊)岸线利用管理规划工作的通知》(水建管〔2007〕67 号),要求"在全面开展的流域综合规划修编中,以流域为单位,在全国范围内启动河道(湖泊)岸线利用管理专项规划工作"。2008 年 3 月,水利部水利水电规划设计总院下发了《全国河道(湖泊)岸线利用管理规划技术细则》,确定了岸线规划工作的技术方法。2014 年 2 月 28 日,水利部下发了《关于加强河湖管理工作的指导意见》(水建管〔2014〕76 号),要求"各地要认真组织实施国家批准的流域综合规划、流域防洪规划、水资源保护规划、采砂管理规划、岸线利用管理规划等重要规划。要根据国家规划,结合本地河湖管理实际,科学编制相关规划,加强规划对河湖管理的指导和约束作用"。

2016 年 11 月 28 日,中共中央办公厅、国务院办公厅印发《关于全面推行河长制的意见》(厅字〔2016〕42 号),要求"严格水域岸线等水生态空间管控,依法划定河湖管理范围。落实规划岸线分区管理要求,强化岸线保护和节约集约利用"。

2018 年 1 月 4 日,中共中央办公厅、国务院办公厅印发《关于在湖泊实施湖长制的指导意见》,要求"严格湖泊水域空间管控,强化湖泊岸线管理保护"。

对典型河流岸线保护利用与管理开展研究,科学编制河湖岸线利用管理规划,总结近年来岸线开发利用现状、管理经验和存在问题,对河流岸线功能进行功能分区,实现岸线资源的科学管理、合理利用、有效保护,是加强河湖岸线管理保护的重要基础,也是依法规范涉河湖开发建设活动和实现岸线资源合理有序利用的重要依据。要充分认识做好河湖岸线利用管理规划工作的重要意义,把河湖岸线利用管理规划作为加强河湖管理保护的基础性、先导性工作抓紧抓好,为合理利用和科学管理河道岸线资源,实现岸线资源优化配置、集约开发和可持续利用,全面实行河长制,维护河湖健康生命和实现河湖永续利用奠定基础,以全面发挥河道岸线的综合功能,更好地满足国民经济和社会发展需要。

本书对于明确各编制对象岸线控制线和岸线利用功能分区,提出岸线利用管理指导意见及其保障措施,具有现实的指导意义。本书研究成果有利于维护河道(湖、渠道)的健康生态,有利于完善河道(湖、渠道)岸线利用管理机制,有利于有效规范和调节岸线利用行为,对促进经济社会可持续发展,保障防洪安全、供水安全、保护水生态环境等都具有十分重要的作用。

1.2　研究目的

结合防洪减灾、水资源利用、生态保护等要求,通过研究典型河流岸线保护利用与管理,统筹协调经济社会高质量发展和相关行业、部门对岸线保护与利用的需求,科学划分岸线边界线及岸线功能区并提出各类岸线功能区管控要求,严格分类管理,强化河湖空间管控,深入落实河长制工作要求,实现保障河道防洪安全、供水安全、水生态环境安全等基本要求,为今后一定时期内岸线开发利用与管理提供重要依据和技术支撑;实现岸线专项规划成果与国土空间规划的衔接与统一,坚持节约优先、保护优先、恢复为主的方针,促进形成节约资源和保护环境的空间格局,为实现"多规合一"的总体布局提供重要基础数据;全面发挥岸线的综合功能,促进经济社会与资源、环境的协调发展,形成开发利用与治理保护紧密结合、协调发展的机制,逐步实现岸线资源"生态优先、协调布局、集约开发、统筹管理、永续利用"的目标。

贯彻落实河长制的工作要求,弥补河道岸线保护与管理的薄弱环节,促进岸线空间保护与修复。依据提出科学的岸线管控措施,改善现状岸线利用与布局不尽合理的情况,保障河道的行洪能力,恢复河湖水域岸线生态功能,促进人水和谐,确保防洪安全。

明确岸线范围与功能界定,为下一步河道管理工作提供管理依据。科学合理划定岸线边界线与岸线功能区,可为河道水域岸线管控提供重要的规划依据,也可为行政许可审批提供技术支撑,实现岸线资源的科学合理利用和有效保护,支持流域岸带经济建设。

为国土空间规划提供基础支撑。岸线规划在服从总体规划、统筹安排的同时,提出了专项发展的空间诉求,既为实现"多规合一"的总体布局提供了重要基础数据,又可将国土空间总体规划中的岸线空间细化安排传导至岸线规划,进一步落实岸线空间管控,为国土空间规划做好专项的落实细化与支撑。

完善岸线保护利用体制,协调开发利用与保护的关系。以岸线规划为契机,实现与多部门、多行业的管理机构之间的有效沟通,统一管理尺度,避免出现政出不一、职责不清等管理乱象。

1.3　研究范围

本书研究范围重点是海河流域内岸线利用需求高,管理任务重,对保障流域防洪安全、供水安全、生态安全有重要作用的河道岸线,涉及流域内北三河系、永定河系、大清河系、海河干流及漳卫河系。此外,还涉及位于海河流域的山东省聊城市19条市管河道的岸线,以及位于松花江流域的呼伦贝尔市市管河道的岸线。

典型河道岸线保护与利用规划范围如表1-1所示。

表 1-1 典型河道岸线保护与利用规划范围

河流水系	河流名称	重点河段	河道长度/km	岸线长度/km	说明
北三河系	北运河	北关闸—筐儿港枢纽	92.7	171.3	2012 年测绘 1:10 000 地形图
	潮白河	苏庄橡胶坝—津蓟铁路桥	72.0	152.9	2012 年测绘 1:10 000 地形图
	蓟运河	九王庄—江洼口	65.0	121.3	2012 年测绘 1:10 000 地形图
小计			229.7	445.5	
永定河系	永定河	朱官屯—屈家店枢纽	265.3	551.8	2012 年测绘 1:10 000 地形图 2019 年遥感影像图
	永定新河	永定新河防潮闸闸上 500 m—闸下 19 000 m	19.5	44.2	2012 年测绘 1:5 000 地形图
小计			284.8	596.0	
大清河系	赵王新河	枣林庄闸下—任庄子	42.0	87.7	2012 年测绘 1:10 000 地形图 2019 年遥感影像图
	新盖房分洪道	新盖房—刘家铺	23.0	51.7	2012 年测绘 1:10 000 地形图 2019 年遥感影像图
	独流减河	独流减河防潮闸闸上 500 m—闸下 21 500 m	22.0	47.1	2012 年测绘 1:5 000 地形图
小计			87.0	186.5	
海河干流		海河防潮闸闸上 500 m—闸下 22 000 m	22.5	51.6	2012 年测绘 1:5 000 地形图
小计			22.5	51.6	
漳卫河系	漳河	岳城—京广铁路桥	14.1	36.9	2012 年测绘 1:10 000 地形图
		京广铁路桥—徐万仓	103.3	206.3	2012 年测绘 1:10 000 地形图
	卫河	淇门—徐万仓	183.0	366.7	2009 年测绘 1:5 000 地形图
	共产主义渠	刘庄闸—老关嘴	44.0	76.2	2009 年测绘 1:5 000 地形图
	卫运河	徐万仓—四女寺枢纽	157.0	320.4	2012 年测绘 1:10 000 地形图
	漳卫新河	岔河四女寺—大王铺	43.0	84.5	2012 年测绘 1:10 000 地形图
		老减河四女寺—大王铺	53.0	104.6	2012 年测绘 1:10 000 地形图
		大王铺—辛集闸	122.0	245.3	2012 年测绘 1:10 000 地形图
		辛集闸—大口河	37.0	73.4	2012 年测绘 1:5 000 地形图
	南运河	四女寺枢纽—第三店	41.0	70.9	2012 年测绘 1:10 000 地形图
小计			797.4	1 585.2	

聊城市市级河湖渠岸线利用管理规划范围情况如表 1-2 所示。

表 1-2　聊城市市级河湖渠岸线利用管理规划范围情况

河流	县(区)	河段长度/km
东引水渠	东阿县	14.50
东沉沙池	东阿县、高新技术产业开发区(简称高新区)	4.00
东西连渠	高新区、东阿县、旅游度假区	7.40
位山一干渠	高新区	16.20
	经济技术开发区(简称经开区)	8.70
	茌平县	32.00
	高唐县	6.16
	小计	63.06
位山二干渠	旅游度假区	15.90
	东昌府区	10.50
	经开区	6.30
	茌平县	18.88
	高唐县	35.59
	小计	87.17
西引水渠	东阿县、阳谷县	15.00
西沉沙池	旅游度假区、东阿县、阳谷县	7.80
总干渠	旅游度假区	3.40
位山三干渠	旅游度假区	13.70
	东昌府区	30.40
	冠县	15.10
	临清市	19.40
	小计	78.60
彭楼干渠	莘县	77.50
	冠县	39.20
	临清市	30.00
	小计	146.70

1.4 研究内容

分析河道演变规律,调查分析岸线资源及岸线开发利用现状,分析总结岸线开发利用与保护中存在的主要问题;在深入分析岸线利用与保护对河势控制、防洪保安、水资源利用、生态环境保护及其他方面影响的基础上,确定岸线的范围,合理划定岸线控制线;根据不同河段岸线的主要功能特点,统筹考虑河道行(蓄)洪、城市建设、河道生态环境保护及沿河地区经济社会发展的要求,科学合理地划分岸线功能区;按照保障防洪安全、供水安全、维护河流健康、促进岸线资源合理利用和有效保护的要求,对现状岸线资源利用不合理的地区研究提出岸线布局调整和控制利用与保护的管理指导意见及岸线管理的保障措施。

规划编制主要工作涉及岸线保护与利用现状分析、岸线规划目标确定、岸线保护目标与开发利用控制条件分析、岸线边界线和功能区划分、岸线管理要求制定、规划环境影响评价等方面。各项主要工作内容简述如下。

1.4.1 保护和利用现状分析

调查岸线利用现状及其历史演变特征,分类统计港口码头、取排水设施、跨(临、穿)江设施、防洪治理工程、生态环境整治工程等项目占用岸线的规模,分析评价各类岸线利用的程度、水平,了解岸线利用项目审批和管理情况,总结现状岸线利用及管理存在的主要问题。分析现状岸线利用与相关规划和区划的协调性及各河段现状岸线保护与利用的合理性,提出岸线现状保护与利用的评价意见,为岸线分区及岸线外缘边界线确定奠定基础。

1.4.2 河势稳定性分析

河道演变特性与河势稳定性是判别河道岸线是否稳定的控制性因素,也是合理确定岸线边界线、划分岸线功能区及制定岸线利用与保护控制指标的基础工作,主要内容包括河段河道演变的规律及其影响因素、河势稳定性分析和河口演变趋势分析。应充分利用已有相关规划的工作成果,对近期河势变化较大,确有必要的可开展补充论证。

1.4.3 岸线规划目标确定

根据河湖岸线的自然条件和特点、沿河(湖)地区经济社会发展水平及岸线开发利用程度,针对岸线保护与开发利用中的主要矛盾,结合流域或区域在生态保护、防洪减灾、水资源利用等方面的规划目标,统筹协调经济社会发展和相关行业、部门对岸线保护利用的要求和需求,分析规划水平年岸线保护与利用的发展趋势,制定岸线保护与利用目标,合理设置目标指标值。

1.4.4 岸线保护与利用控制条件分析

从防洪河势、供水、生态、经济社会和重要涉水工程等方面分析岸线开发利用带来的影响,提出相应的岸线保护和利用控制条件。

防洪河势方面:在防洪形势和河道演变分析基础上,分析提出各河段岸线开发利用的条件,并重点分析各河段岸线开发利用对重要防洪设施、重要险工段和河势敏感区的影响。在此基础上,从保障防洪安全和河势稳定角度提出相应岸线保护和开发利用控制条件。

供水方面:根据饮用水水源地保护区要求,分析各河段岸线开发利用对饮用水水源地的影响。在此基础上,从保障供水安全角度提出相应岸线保护和开发利用控制条件。

生态方面:根据水生态敏感区、水生生物资源与珍稀物种保护及其他涉水生态敏感区保护要求,分析各河段岸线开发利用对水生态环境的影响。在此基础上,从保护生态环境角度提出相应岸线保护和开发利用控制条件。

经济社会方面:根据经济社会发展规划、港口布局规划、过江通道布局规划等情况,结合岸线利用情况,分析经济社会发展对岸线利用的需求及其可能产生的影响,提出相应岸线保护和开发利用控制条件。

重要涉水工程方面:根据重要涉水工程保护要求,分析各河段开发利用对重要涉水工程安全和正常运用的影响。在此基础上,从保护涉水工程安全角度提出相应岸线保护和开发利用控制条件。

1.4.5 岸线功能区划分

合理划分岸线功能区是规划的核心内容之一。根据规划目标、岸线保护目标与开发利用控制性条件分析成果,按照岸线功能区划分依据和方法,结合不同河段岸线保护与利用的特点,划定岸线功能区。

确定规划河湖各段岸线功能分区的具体位置和坐标,说明各段岸线功能分区划分的主要依据。统计规划范围内岸线保护区、岸线保留区、岸线控制利用区、岸线开发利用区个数、长度、比例等。

1.4.6 岸线管控要求制定

(1)功能区管控要求。

根据相关法规政策要求,结合岸线功能分区定位,从强化岸线保护、规范岸线利用等方面分别提出各岸线功能分区的保护要求和开发利用制约条件、禁止或限制进入项目类型等。

(2)岸线边界线管控要求。

根据划定的临水边界线和外缘边界线,分别提出针对现状及规划建设项目的岸线保护要求和开发利用的制约条件、准入标准等。任何进入外缘控制边界线以内岸线区域的开发利用行为都必须符合岸线功能区划的规定及管理要求,且原则上不得逾越临水控制边界线。

(3)岸线管控能力建设措施。

提出加强河湖岸线管控能力建设的措施;利用遥感监测、大数据、移动互联等信息化技术手段开展现状利用调查,整合河湖水利等部门基础数据和空间地理数据,以水利普查等空间数据"一张图"为基础构建河湖岸线管理信息系统,为河湖岸线管控提供支撑。

(4)岸线保护利用调整意见。

按照岸线保护目标要求和各功能区管理要求,以岸线功能区为单元,分析现状岸线利用的合理性,对不符合岸线功能区管理要求的岸线利用项目,按轻重缓急,有计划、有步骤地提出调整或清退意见;对岸线利用强度较高的岸段,应严格控制岸线利用行为,并提出岸线整合意见。

1.5　研究思路

1.5.1　指导思想

以习近平新时代中国特色社会主义思想为指导,全面贯彻党的二十大和二十届一中全会精神,坚持创新、协调、绿色、开放、共享的新发展理念,统筹推进"五位一体"总体布局和协调推进"四个全面"战略布局,按照"节水优先、空间均衡、系统治理、两手发力"的治水思路,深入贯彻落实河长制工作要求,强化水域、岸线空间管控与保护。正确处理岸线资源开发利用与治理保护的关系,统筹兼顾近远期要求,优化配置和合理布局岸线资源,保障防洪安全、河势稳定、供水安全和保护水生态环境,实现岸线资源的可持续利用,支撑海河流域生态保护和高质量发展。

1.5.2　基本原则

(1)保护优先,合理利用。

坚持保护优先,把岸线保护作为岸线利用的前提,实现在保护中有序开发、在开发中落实保护。协调城市发展、产业开发、港口建设、生态保护等方面对岸线的利用需求,促进岸线合理利用,强化节约集约利用,做好与生态保护红线划定、空间规划等工作的相互衔接。

(2)统筹兼顾,科学布局。

遵循河道演变的自然规律,根据岸线自然条件,充分考虑防洪安全、河势稳定、生态安全、供水安全、通航安全等方面要求,兼顾上下游、左右岸、不同地区及不同行业的开发利用需求,科学布局河道岸线生态空间、生活空间、生产空间,合理划定划分岸线功能分区。

(3)依法依规,从严管控。

按照《中华人民共和国水法》《中华人民共和国防洪法》《中华人民共和国河道管理条例》等法律法规的要求,针对岸线利用与保护中存在的突出问题,强调制度建设,强化整体保护,落实监管责任,确保岸线得到有效保护、合理利用和依法管理。

(4)远近结合,持续发展。

既考虑近期经济社会发展需要,节约集约利用岸线,又兼顾未来经济社会发展需求,做好岸线的保护,为远期发展预留空间,划定一定范围的保留区,做到远近结合、持续发展。

第2章　岸线保护与利用形势分析

2.1　岸线保护与利用存在的主要问题

2.1.1　岸线保护力度有待进一步加强

党的十九大把坚持人与自然和谐共生作为新时代坚持和发展中国特色社会主义基本方略的重要内容,把建设美丽中国作为全面建成社会主义现代化强国的重大目标。现阶段,水利行业全面落实"节水优先、空间均衡、系统治理、两手发力"的治水思路,积极践行新时期水利高质量发展,全国河湖面貌持续改善,新形势下,强化河道岸线利用监督管理,弥补岸线保护利用存在的不足尤为重要。目前,河道岸线利用仍存在保护不力、集约节约化利用程度不高等问题,涉及饮用水水源地保护区的岸线利用仍有项目不符合相关管控要求,部分河段滩地搬迁问题尚未妥善解决,影响河段防洪安全等,与河道岸线保护要求仍存在一定差距。在新时期水利高质量发展的大背景下,需进一步加大岸线保护力度,强化岸线利用管理的监管力度。

2.1.2　局部河段岸线开发利用不尽合理

近年来,在大力推行河长制的背景下,各级河长及相关部门虽然加强了岸线保护利用与管理,并取得了成效,但河道岸线保护利用仍缺乏统一的规划指导。流域内上下游、左右岸不同行政区经济发展水平不一,部分河段开发利用项目密集,如永定河、北运河、潮白河靠近北京、天津城区段等经济发展水平高的区域,岸线利用程度一般较高,跨河桥梁和管线、取排水口、河滩地利用、临河城市景观等开发利用项目相对密集;部分河段岸线利用项目存在利用程度高但利用效率不高的问题,北运河北关闸—京冀交界段 35 km 河道现分布有 17 座桥梁,局部利用程度高,河道两岸陆域国土空间发展布局未能充分考虑与河道上下游岸线资源的协调关系,不能充分发挥岸线资源的综合效能,不但影响上下游天然岸线资源的整体协调性,而且其累加影响对防洪安全造成一定影响;海河流域大部分河流为季节性河流,滩槽明显,滩地宽阔,遇大水年份汛期漫滩行洪,一般年份不上滩。部分河段岸线河滩地存在种植高秆作物,甚至搞开发建设等情况,一旦既成事实,事后难以有效解决。河流水域岸线作为沿河国民经济设施建设的重要载体,河道岸线的开发利用由来已久,河道岸线利用状况与沿岸地区的经济社会发展状况、土地资源状况,以及洪水、水资源特点等密切相关,应进行统一规划、合理保护、有效利用,避免岸线利用出现不合理现象。

2.1.3　岸线利用管理保护技术依据不完善

目前,河道岸线横向范围不明,纵向功能定位不清,特别是有些无堤河段管理界限不明确,在行政许可审批、日常监管等岸线管理过程中缺乏技术依据,加上岸线资源管理涉及行业和部门众多,制约了岸线资源的有效保护、科学利用和依法管理,未能处理好上下游、左右岸的协调关系,造成部分河段岸线无序开发,岸线利用项目侵占河道,对河道防洪、供水、生态环境保护等岸线功能缺乏统筹协调,岸线资源的配置不够合理,甚至对河道防洪、供水、生态健康造成了一定影响。国家正在推行国土空间规划等“多规合一”,聚焦空间开发强度和主要控制线落地,已有规划尚不能完全支撑行政管理部门对岸线保护与利用活动的日常监管和审批,岸线管理技术依据仍需进一步健全。

2.2　经济社会高质量发展对岸线保护与利用的需求

2.2.1　发展形势要求

(1)加快生态文明建设对河道管理的新要求。

2017 年,党的十九大对加快生态文明体制改革、建设美丽中国作出了全面部署,要求“必须树立和践行绿水青山就是金山银山的理念,坚持节约资源和保护环境的基本国策,实行最严格的生态环境保护制度”“必须坚持节约优先、保护优先、自然恢复为主的方针”。党中央已经把生态文明建设、自然资源保护提高到新高度,保护优先、绿色发展已成为当前的重要发展理念。海河流域重要河湖岸线是流域生态环境的重要组成部分,规划范围涉及自然保护区、风景名胜区及重要湿地等生态敏感区,岸线开发利用与生态环境保护密切相关,迫切需要通过科学布局、强化保护,避免岸线开发利用对生态环境造成影响,维系优良生态环境,助推河湖绿色生态廊道建设,满足生态文明建设的需要,促进岸线资源的合理利用。

(2)打造幸福河湖,保障河道安全、优质、健康、宜居的新要求。

2019 年 9 月,在黄河流域生态保护和高质量发展座谈会上,习近平总书记提出了“共同抓好大保护、协同推进大治理”“让黄河成为造福人民的幸福河”的战略要求。目前,全社会对防洪保安全、优质水资源、优良水环境、宜居水生态的期盼越来越迫切,干净整洁、生态良好的河湖作为人们最直接的对美好生活的需求,使得河湖监管成为与人民群众期盼联系最紧密、最急迫的水利监管领域,也对河道岸线保护与利用提出了更高的要求。

(3)建立国土空间规划体系对强化空间管控的新要求。

2019 年 5 月,中共中央、国务院《关于建立国土空间规划体系并监督实施的若干意见》(中发〔2019〕18 号)提出,到 2020 年,基本建立国土空间规划体系,逐步建立“多规合一”的规划编制审批体系、实施监督体系、法规政策体系和技术标准体系;基本完成市县以上各级国土空间总体规划编制,初步形成全国国土空间开发保护“一张图”。目前,水利部正部署开展水利基础设施空间布局规划,该规划是空间开发保护利用的专项规划,规划的重要任务之一就是划定涉水空间范围,提出涉水空间管控要求。岸线资源是国土空间的重要组成部分,是涉水空间管控的重要对象。

(4)深入落实河长制湖长制对加强岸线管理保护的新要求。

2014年,为贯彻落实中央关于加快水利改革发展的决策部署,水利部印发了《关于加强河湖管理工作的指导意见》,要求加强河湖管理,以健康完善的河湖功能支撑经济社会的可持续发展。2016年11月,中共中央办公厅、国务院办公厅印发《关于全面推行河长制的意见》(厅字〔2016〕42号),明确提出了"加强河湖水域岸线管理保护""落实规划岸线分区管理要求""强化岸线保护和节约集约利用"等主要任务,要求构建责任明确、协调有序、监管严格、保护有力的河湖管理机制,维护河湖健康生命,为今后岸线保护指明了方向,提供了强有力的政策支撑。国家全面、深入推行河长制工作,对河湖空间管控工作提出了更高的要求。因此,从规划层面加强岸线管理和保护,指导今后岸线保护与合理利用是当前水利工作的重要任务之一。

2.2.2　岸线保护需求

(1)防洪安全对岸线保护的需求。

河道岸线是防洪安全的重要保障,经过多年的治理,海河流域防洪工作已经取得了较大成效,河系防洪体系基本形成。由于流域水情复杂、区域防洪治理投入差异,现有防洪减灾体系仍需进一步完善。一是部分河段防洪标准偏低,未经过系统治理,堤防、险工、穿堤建筑物等工程仍存在隐患;二是部分游荡型河段治理尚未彻底,受上游来水量、含沙量、持续时间及断面形式影响,主槽仍有游荡摆动的可能,对岸线及防洪安全造成影响;三是规划安排的一些重要工程措施还未全部完成,卫河及坡洼治理、潮白河、蓟运河无堤段治理等工程尚未实施完成,不能按规划要求滞蓄、下泄洪水,若遇设计标准洪水,将给下游河道增加压力;四是漳卫新河口等洪水入海尾闾通道仍需进一步治理,影响上游洪水安全下泄,增加防洪安全隐患。海河流域内城市群是我国综合实力强、战略支撑作用大的区域之一,沿河、沿海城市化进程加快、产业密布、社会财富高度集中。随着社会经济的不断发展,岸线开发利用需求更加迫切,不合理的开发利用布局和方式对防洪、供水、通航安全及河势稳定将带来不利影响,迫切需要统一规划,强化管理,统筹岸线保护和开发利用,保障防洪、供水、生态安全及河势稳定。

(2)水生态环境保护对岸线保护的需求。

河道岸线是绿水和青山之间的重要纽带,直接影响着水域和陆域的物质流通、能量流通、生物流通及生物生存环境和健康发展。海河流域规划范围涉及河北怀来官厅水库国家湿地公园、德州市减河国家湿地公园等生态敏感区域,国家湿地公园有明确的管理办法进行分区管理,并提出禁止的开发利用行为;流域内北京、天津的大部分河道均位于各市生态保护红线范围之内,并进一步分类提出管控要求,同时伴随着大运河文化保护带申遗成功,对岸线保护提出了有利于生态功能提升、水生态环境状况全面改善的规划目标,岸线开发利用与生态环境保护密切相关,为保护生态环境亟须加强河道岸线的保护与利用,需要科学布局、强化管控,避免岸线开发利用对生态环境造成影响。

2.2.3　岸线利用需求

（1）经济发展战略及城市规划基础设施建设。

海河流域是我国首都所在地,在我国政治、经济、文化领域占有重要地位,推进雄安新区、京津冀一体化、北京城市副中心、环渤海城市群、天津双城战略等区位发展,是党中央、国务院及地方人民政府确定的重大战略部署。按照京津冀一体化战略中交通一体化及河北雄安新区雄东片区详规、雄安站枢纽片区详规、北京市城市总体规划、北京市通州与河北北三县(市)协同发展规划等规划布局,北京、天津、雄安及周边重要城市联系不断加强,"四纵、四横、一环"的京津冀骨干路网格局初步建立,局部路网结构仍在持续优化,跨河桥梁、下穿管廊等交通设施对河道岸线利用需求越来越高。雄东片区规划中涉及 4 座跨新盖房分洪道的大中型跨河桥梁及雄安站枢纽片区与荣成、起步区等雄安内部交通联系道路 3 座;北京市城市总规中加强中心城区与雄安、副中心的联系,规划涉及 8~10 处跨潮白河、北运河、永定河的跨河桥梁工程。

此外为塑造丰富的滨水活动空间,在符合防洪排涝安全的前提下,建设河湖水系生态岸线,塑造常水位、高水位、枯水位等不同水利条件下的景观效果,也是各规划中对河道岸线利用的需求之一。北京城市副中心建设对域内的北运河、潮白河提出水资源、水生态、水安全、水景观的统筹建设要求,建立全流域水污染综合防治体系,贯通滨水岸线,促进水和城市和谐发展;天津市提出构造南运河、北运河、潮白河、永定河、海河、蓟运河生态廊道,同时有水利工程、市政管线、港口码头、生态景观等设施建设的需求。河北省、山东省、河南省相关城市均对境内河道提出构建生态廊道、河滨岸带等建设需求,与城市布局建设协调发展。

随着国家及地方发展战略的逐步实施,城镇化进程加快,区域之间、城市之间以及城市内部交通运输体系不断完善,河口航运,临港产业,跨、穿、临河设施建设将迎来新的发展机遇期,对岸线开发利用将提出新的更高要求。

（2）大运河文化保护传承利用需求。

海河流域规划范围内河道长 1 421.4 km,大运河保护传承利用涉及本次规划范围内北运河、卫河、卫运河、南运河,河道总长 467 km,占岸线规划范围的 32.9%。在《大运河文化保护传承利用规划纲要》及其附属的专项规划中,提出要从强化文化遗产保护传承、推进河道水系治理管护、加强生态环境保护修复、推动文化和旅游融合发展、促进城乡区域统筹协调、创新保护传承利用机制等 6 个方面着手阐述各方面重点工作、重点任务和重要措施,并提出文化遗产保护展示、河道水系资源条件改善、绿色生态廊道建设、文化旅游融合提升 4 项工程及精品线路和统一品牌、运河文化高地繁荣兴盛 2 项行动。在专项规划《大运河河道水系治理管护规划》中也提出了大运河河道水系治理管护的相关重大工程建设安排,要求近期加快推进南水北调东线工程、华北地区地下水超采综合治理和重点河湖防洪排涝综合治理及水生态修复工程,同时推进大运河部分断流断航河段实现有水、旅游通航,加强已通水通航河段河道水生态环境改善、航运效能提升。远期在逐步实现华北地区地下水采补平衡的基础上,结合大运河黄河以北段所在的海河流域生态环境的改善情况,采取必要的水资源配置工程措施,逐步实现京杭大运河正常来水年份全线有水,稳妥推进适宜河段通航,加强大运河防洪排涝达标建设和河道水生态修复。

大运河文化保护传承是对岸线的保护需求,也是利用需求,已有地方政府印发大运河文化保护与传承相关的实施规划或方案,规划期内围绕防洪排涝、运河有水、旅游通航、生态环境改善、运河文化传承呈现等方面展开治理,结合沿岸城市发展、乡村振兴等对岸线利用的需求,可能有滩地整治、拦河闸坝等壅水设施、码头驳岸等岸线利用项目相继实施,对流域内岸线的综合利用提出新的要求。

(3)水利基础设施建设及相关规划利用需求。

海河流域综合规划、防洪规划中尚未实施水利基础设施建设,对河道岸线的利用需求依然存在,正在编制的大清河流域综合规划、河道综合治理规划及海河流域水利基础设施空间布局规划中提出的堤防达标建设、河道整治工程、水生态修复工程以及取水、排水项目等水利基础设施的建设对流域岸线利用提出了新的需求,如永定河平原南段综合治理与生态修复工程、潮白河综合治理与生态修复工程、海河中下游综合治理与生态修复工程、京津冀"六河五湖"综合治理与生态修复等项目。根据流域内各省(市、区)的国民经济和社会发展"十四五"规划、国土空间规划、城市总体规划、各地市行业专项规划等相关规划资料,也提出了交通路网、沿河景观、休闲设施、油气电缆穿跨河建筑等项目的岸线利用需求,项目规模、具体位置不甚准确,具体实施时间也有一定的不确定性。总之,随着流域内社会经济的不断发展,可以预见,各行业对河道岸线的利用需求将会越来越高。

2.3　岸线保护与利用的控制条件分析

以海河流域重要河道为例,从防洪安全和河势稳定、供水安全及生态环境保护等方面对岸线保护与利用的控制条件进行分析。

2.3.1　防洪安全和河势稳定

以海河流域重要河道为例,研究范围内河道岸线总长 2 864.8 km,两岸建有堤防 2 464.5 km,有堤段岸线占岸线总长的 86%,岸线整体基本稳定,其中有约 854.6 km 的堤防尚未完全达标,提出了新筑或调堤等相关治理方案。同时,漳河京广铁路桥至南尚村段、永定河卢沟桥至梁各庄段等河道历来属河势游荡段,虽有控导工程布置,但还未经标准洪水考验,属于河势敏感区。

漳卫新河口、永定新河口、海河口、独流减河口等入海口段,是上游泄洪通道,对各河系防洪安全具有重要作用,大部分河口治导线外侧形成了人工固化边界,治导线确定了洪水流路,对行洪通道有约束作用。

研究范围涉及四女寺枢纽、枣林庄枢纽、筐儿港枢纽、三家店枢纽、卢沟桥水闸枢纽、屈家店枢纽、新盖房分洪道的新盖房枢纽、赵王新河的枣林庄枢纽等多处承担重要行洪任务的枢纽工程。

卫河、共产主义渠研究范围内两侧有良相坡、柳围坡、共产主义渠以西地区、白寺坡、小滩坡、任固坡、广润坡、大名泛区等行洪、蓄滞洪区,河道需与中上游坡洼联合调度运用完成行洪防洪任务,对流域防洪有重大影响。

在堤防不达标段、河势不稳段、重要防洪工程段、河口段及蓄滞洪区相关河段内,擅自修建工程或设置其他阻水设施,会束窄河道,减少河道过水面积,破坏堤防防护功能,在一定程度上影响河道行洪,难以保障防洪对象的安全,规划需予以合理保护或控制开发利用。

2.3.2　供水安全

研究范围内岸线开发利用类型主要以取排水设施、跨穿河设施、城市景观、城市建设及工业利用岸线为主,同时,规划范围内官厅水库水源保护区取水口位于永定河,此河段将承担官厅水库供水输水任务。航运交通、城市开发、农业耕作、工业园区建设等人类活动,势必对周边水体水质带来不利影响,增加水体污染隐患,影响供水。

根据《中华人民共和国水污染防治法》及《饮用水水源保护区污染防治管理规定》,饮用水水源一级保护区属严格保护区域,禁止新建、扩建与供水设施和保护水源无关的建设项目。饮用水水源二级保护区和准保护区内岸线则需在符合相应的水源保护条件下进行控制利用。

全国重要饮用水水源二级保护区、准保护区虽无严格禁止性的保护要求,但考虑该类饮用水水源地一般供 20 万人以上城镇或省会城市,仍需从严保护。

2.3.3　生态环境保护

研究范围中海河流域岸线中存在国家湿地公园、世界文化自然遗产(大运河)、文物,主要分布在潮白河、永定河、漳卫新河、南运河、卫运河、卫河、海河等河段。此外,北运河、潮白河、永定河、卫运河、南运河部分河段还位于各地方生态保护红线范围内;研究范围中呼伦贝尔市 17 个河湖岸线中涉及国家森林公园、国家湿地公园、自然保护区、水产种质资源保护区、风景名胜区、地质公园等。为保护生态环境,均有相关的约束要求,对海河流域经济带沿河岸线生态系统、自然遗迹、生物多样性与自然景观起到了良好的保护作用。

岸线开发利用在一定程度上会改变鱼类、水生动植物等生物栖息地,会阻断水域生物与陆域的生态连通,对其生活习性和种群数量也会产生一定的影响。

国家湿地公园:根据《国家湿地公园管理办法》(林湿发〔2017〕150 号),国家湿地公园范围内禁止建设破坏湿地及其生态功能的项目。

大运河:根据《大运河遗产保护管理办法》(中华人民共和国文化部令第 54 号)第八条,除防洪、航道疏浚、水工设施维护、输水河道工程外,任何单位或者个人不得在大运河遗产保护规划划定的保护范围内进行破坏大运河遗产本体的工程建设。在大运河遗产保护规划划定的保护范围和建设控制地带内进行工程建设,应当遵守《中华人民共和国文物保护法》的有关规定,并实行建设项目遗产影响评价制度。

文物:根据《中华人民共和国文物保护法》第十九条,在文物保护单位的保护范围和建设控制地带内,不得建设污染文物保护单位及其环境的设施,不得进行可能影响文物保护单位安全及其环境的活动。

自然保护区:根据《中华人民共和国自然保护区条例》(中华人民共和国国务院令第687 号),在自然保护区的核心区和缓冲区内,不得建设任何生产设施,需严格保护。实验区内无严格禁止开发要求,但要求不得建设污染环境、破坏资源或者景观的生产设施,且建设的其他项目污染物排放不得超过国家和地方规定的污染物排放标准。

国家森林公园:根据《森林公园管理办法》(国家林业局令第 42 号)在珍贵景物、重要景点和核心景区,除必要的保护和附属设施外,不得建设其他工程设施。森林公园内的项目实施过程中禁止进行毁林开垦、毁林采石、采砂、采土以及其他毁林行为,禁止在项目施工期内倾倒排放固体、液体、气体废物。

水产种质资源保护区:根据《水产种质资源保护区管理暂行办法》(中华人民共和国农业部令 2011 年第 1 号),水产种质资源保护区范围内,无严格禁止开发要求,但要求禁止从事围湖造田、新建排污口。此外,规划范围内存在未列入水产种质资源保护区的传统鱼类产卵场,可参照水产种质资源保护区的实验区进行管控。

风景名胜区:根据《风景名胜区条例》(中华人民共和国国务院令第 474 号),风景名胜区核心景区应严格保护,禁止在核心景区内建设宾馆、招待所、培训中心、疗养院以及与风景名胜资源保护无关的其他建筑物;已经建设的,应当按照风景名胜区规划,逐步迁出。针对一般景区,无严格禁止开发要求,但要求禁止违反风景名胜区规划,在风景名胜区内设立各类开发区。

第 3 章　岸线功能区与岸线边界线划定方法

3.1　岸线功能区

岸线功能区是根据河湖岸线的自然属性、经济社会功能属性及保护和利用要求划定的不同功能定位的区段,分为岸线保护区、岸线保留区、岸线控制利用区和岸线开发利用区。

岸线保护区是指岸线开发利用可能对防洪安全、河势稳定、供水安全、生态环境、重要枢纽和涉水工程安全等有明显不利影响的岸段。

岸线保留区是指规划期内暂时不宜开发利用或者尚不具备开发利用条件、为生态保护预留的岸段。

岸线控制利用区是指岸线开发利用程度较高,或开发利用对防洪安全、河势稳定、供水安全、生态环境可能造成一定影响,需要控制其开发利用强度、调整其开发利用方式或开发利用用途的岸段。

岸线开发利用区是指河势基本稳定、岸线利用条件较好,岸线开发利用对防洪安全、河势稳定、供水安全及生态环境影响较小的岸段。

3.2　岸线边界线

岸线边界线是指沿河流走向或湖泊沿岸周边划定的用于界定各类岸线功能区垂向带区范围的边界线,分为临水边界线和外缘边界线。

临水边界线是根据稳定河势、保障河道行洪安全和维护河流湖泊生态等基本要求,在河流沿岸临水一侧顺水流方向或湖泊(水库)沿岸周边临水一侧划定的岸线带区内边界线。

外缘边界线是根据河流湖泊岸线管理保护、维护河流功能等管控要求,在河流沿岸陆域一侧或湖泊(水库)沿岸周边陆域一侧划定的岸线带区外边界线。

3.3　岸线功能区与岸线边界线划分方法

3.3.1　基本要求

(1)岸线功能区划分须服从流域综合规划、防洪规划、水资源规划对河流开发利用与保护的总体安排,并与防洪分区、水功能区、自然生态分区、农业分区和有关生态保护红线划定等相协调,正确处理近期与远期、保护与开发之间的关系,做到近远期结合,突出强调保护,注重控制开发利用强度。

(2)根据岸线保护与利用的总体目标,按照保护优先、节约集约利用原则,充分考虑河流自然属性、岸线的生态功能和服务功能,统筹协调近远期防洪工程建设、河流生态保护、河道整治、航道整治与港口建设、城市建设与发展、土地利用等规划,保障岸线的可持续利用。

(3)根据河流水文情势、水沙状况、地形地质、河势变化等条件和情况,充分考虑上下游、左右岸区域经济社会发展的需求,协调好各方面的关系,明确岸线保护利用要求。

3.3.2　岸线功能区划分

岸线功能区划分应突出强调保护与管控,尽可能提高岸线保护区、岸线保留区在河流、湖泊岸线功能区中的比例,从严控制岸线控制利用区和开发利用区,尽可能减小岸线开发利用区所占比例。

3.3.2.1　岸线保护区划定

(1)引起深泓变迁的节点段或改变分汊河段分流态势的分汇流段等重要河势敏感区岸线应划为岸线保护区。

(2)列入各省(自治区、直辖市)集中式饮用水水源地名录的水源地,其一级保护区应划为岸线保护区,列入全国重要饮用水水源地名录的应划为岸线保护区。

(3)位于国家级和省级自然保护区核心区和缓冲、风景名胜区核心景区等生态敏感区,法律法规有明确禁止性规定的,需要实施严格保护的各类保护地的河湖岸线,应从严划为岸线保护区。

(4)根据地方划定的生态保护红线范围,位于生态保护红线范围的河湖岸线,按红线管控要求划定岸线保护区。

3.3.2.2　岸线保留区划定

(1)对河势变化剧烈、岸线开发利用条件较差、河道治理和河势调整方案尚未确定或尚未实施等暂不具备开发利用条件的岸段,划为岸线保留区。

(2)位于国家级和省级自然保护区的实验区、水产种质资源保护区、国际重要湿地、国家重要湿地及国家湿地公园、森林公园生态保育区和核心景区、地质公园地质遗迹保护区、世界自然遗产核心区和缓冲区等生态敏感区,但未纳入生态保护红线范围内的河湖岸线,划为岸线保留区。

(3)已列入国家或省级规划,尚未实施的防洪保留区、水资源保护区、供水水源地的岸段等应划为岸线保留区。

(4)为生态建设需要预留的岸段,划为岸线保留区。

(5)对虽具备开发利用条件,但经济社会发展水平相对较低,规划期内暂无开发利用需求的岸段,划为岸线保留区。

3.3.2.3　岸线控制利用区划定

(1)对岸线开发利用程度相对较高的岸段,为避免进一步开发可能对防洪安全、河势稳定、供水安全、航道稳定等带来不利影响,需要控制或减少其开发利用强度的岸段,划分为岸线控制利用区。

(2)重要险工险段、重要涉水工程及设施、河势变化敏感区、地质灾害易发区、水土流失严重区需控制开发利用方式的岸段,划为岸线控制利用区。

(3)位于风景名胜区的一般景区、地方重要湿地和地方一般湿地、湿地公园及饮用水源地二级保护区、准保护区等生态敏感区未纳入生态红线范围,但需控制开发利用方式的部分岸段,划为岸线控制利用区。

3.3.2.4　岸线开发利用区划定

河势基本稳定、岸线利用条件较好,岸线开发利用对防洪安全、河势稳定、供水安全及生态环境影响较小的岸段,划为岸线开发利用区,但要在规划中充分体现岸线的集约节约利用。

3.3.3　岸线边界线划定

3.3.3.1　临水边界线划定

临水边界线划定应按照以下原则或方法划定,并尽可能留足调蓄空间:

(1)已有明确治导线或整治方案线(一般为中水整治线)的河段,以治导线或整治方案线作为临水边界线。

(2)平原河道以造床流量或平滩流量对应的水位与陆域的交线或滩槽分界线作为临水边界线。

(3)山区性河道以防洪设计水位与陆域的交线作为临水边界线。

(4)湖泊以正常蓄水位与岸边的分界线作为临水边界线,对没有确定正常蓄水位的湖泊可采用多年平均湖水位与岸边的交线作为临水边界线。

(5)水库库区一般以正常蓄水位与岸边的分界线或水库移民迁建线作为临水边界线。

(6)河口以防波堤或多年平均高潮位与陆域的交线作为临水边界线,需考虑海洋功能区划等的要求。

3.3.3.2　外缘边界线划定

根据《水利部关于加快推进河湖管理范围划定工作的通知》(水河湖〔2018〕314 号),可采用河湖管理范围线作为外缘线,但不得小于河湖管理范围线,并尽量向外扩展。

(1)对有堤防工程的河段,外缘边界线可采用已划定的堤防工程管理范围的外缘线。堤防工程管理范围的外缘线一般指堤防背水侧护堤地宽度,1 级堤防防护堤宽度为 30~20 m,2、3 级堤防防护堤宽度为 20~10 m,4、5 级堤防防护堤宽度为 10~5 m。

（2）对无堤防的河湖，根据已核定的历史最高洪水位或设计洪水位与岸边的交线作为外缘边界线。

（3）水库库区以水库管理单位设定的管理或保护范围线作为外缘边界线，若未设定管理范围，一般以有关技术规范和水文资料核定的设计洪水位或校核洪水位的库区淹没线作为外缘边界线。

（4）已规划建设防洪工程、水资源利用与保护工程、生态环境保护工程的河段，应根据工程建设规划要求，预留工程建设用地，并在此基础上划定外缘边界线。

3.4　主要技术路线

在资料收集与分析整理等基础上，分析岸线保护和利用现状，按照有关法律、法规、规程规范和相关上位规划有关要求，确定岸线管控目标与指标，划分功能区和拟定规划方案，提出岸线保护利用的行动计划与实施安排，形成河湖水域岸线保护利用规划成果。

资料收集与分析：收集已批准的空间规划有关意见、各省红线划定方案、主体功能区划、国土规划、区域规划、城市规划、区域发展有关意见和有关研究成果；收集流域防洪规划、水资源综合规划、流域综合规划等专项规划和有关研究成果；收集规划岸线段相应的自然地理概况、水文气象资料、人口等经济社会发展状况，以及国土、城市、生态建设与环境保护、航运、水能资源利用等岸线保护与利用的状况；收集河道地形资料，地形图比例尺原则上不得低于 1∶50 000，开发利用程度较高的河段建议采用 1∶5 000 或 1∶2 000；收集岸线内主要开发利用工程项目资料；收集相关生态环境敏感区资料；收集地方岸线管理的政策措施等。当有些资料不能满足规划要求时，可进行必要的补充监测和调研工作，对收集的资料进行系统整理和分析评价。

功能区划分与规划方案拟定：结合岸线现状分析、岸线利用与管理中存在的问题及岸线管控目标，在此基础上统筹协调防洪、供水、水生态保护、水土保持、航运等岸线保护与利用方面的关系，分析各相关部门和行业对岸线保护和利用的需求，提出岸线边界线和各主要功能区划分方案。根据规划确定的近期水平年规划目标和任务，提出各类岸线功能区岸线保护利用、管控和近期调整要求。

规划衔接与审定：规划中应做好与相关地区国民经济和社会发展规划、空间规划、红线划定方案、城市规划、土地利用规划、生态建设和环境保护规划、航运规划、水能资源利用规划等相关规划的衔接与协调；对规划编制过程中涉及的重大问题、中间成果、最终成果等，通过召开专家咨询会、讨论会或征求意见等方式进行咨询与讨论。

河湖水域岸线保护利用规划编制技术路线如图 3-1 所示。

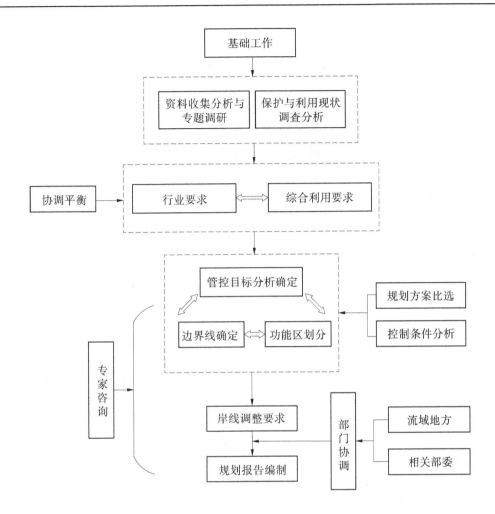

图 3-1　河湖水域岸线保护利用规划编制技术路线

第4章　河流基本情况

4.1　海河流域重要河流基本情况

4.1.1　河流概况

海河流域位于东经112°~120°、北纬35°~43°,东临渤海,南界黄河,西以山西高原和黄河流域接壤,北以内蒙古高原和内陆河接壤。流域地跨北京、天津、河北、山西、山东、河南、辽宁和内蒙古等8个直辖市、省、自治区,总面积31.95万km²,占全国总面积的3.3%。

海河流域包括海河、滦河和徒骇马颊河三大水系。海河水系的漳卫河系、子牙河系、大清河系、永定河系及北三河系呈扇形分布,历史上集中于天津市海河干流入海。1963年大水后,漳卫河系、子牙河、大清河、永定河、潮白河都开辟或扩大了单独入海河道,使海河干流主要排泄大清河、永定的部分洪水。黑龙港地区开挖了单独入海的南排河、北排河。滦河水系包括滦河及冀东沿海诸河,位于流域的东北部,为单独入海河道。徒骇马颊河水系包括徒骇河、马颊河和德惠新河等平原河道,位于流域的南部,毗邻黄河,为单独入海河道。

本次规划重点是海河流域内利用需求率高、管理任务重,对保障流域防洪、供水、生态安全有重要作用的河道岸线,涉及北三河系、永定河系、大清河系、海河干流、漳卫河系。

4.1.1.1　北三河系

1.地理位置

北三河系由北运河、潮白河、蓟运河三河组成,位于东经115°30′~118°30′、北纬39°05′~41°30′。西界永定河,北倚内蒙古高原,东界滦河,南临渤海。行政区划分属北京、天津、河北3省(市)。河系面积3.56万km²,其中山区2.20万km²,占河系面积的62%,平原1.36万km²,占河系面积的38%。各河系面积见表4-1。

表4-1　北三河系面积

河系	山区/万 km²	平原/万 km²	小计/万 km²
北运河	0.09	0.52	0.61
潮白河	1.68	0.25	1.93
蓟运河	0.43	0.59	1.02
合计	2.20	1.36	3.56

2.地形地貌

北三河系的北部为华北地区的燕山山脉,有燕山和军都山,东南部为广阔平原,占京、津、冀三角地带的大部分。山区海拔一般在 1 000 m 上下,最高的东猴顶达 2 293 m,丘陵区海拔在 500 m 以下,山地与平原近于直接交接,丘陵区过渡较短,河流源短流急。平原区位于丰润、玉田、蓟县、密云、昌平以南,东至渤海岸,海拔在 100 m 以下,按成因分为山前洪积冲积平原、中部湖积泛滥平原和滨海海积冲积平原。平原地势自西北倾向东南。

3. 河流水系及河道特性

北三河系由北运河、潮白河、蓟运河组成,分别由运潮减河、青龙湾减河及引沟入潮等 3 条人工河道连接,形成统一的防洪体系。

1) 北运河

北运河发源于北京市昌平区燕山南麓,通州区北关闸以上称温榆河,北关闸以下称北运河,南流纳通惠河、凉水河、凤港老减河等平原河道,于屈家店与永定河交汇,至天津大红桥入海河,干流总长 142.7 km。北运河洪水至土门楼主要经青龙湾减河入潮白新河。

本次规划范围为北运河北关闸—筐儿港段,涉及北京市、河北省、天津市 3 省(市),河长 92.7 km。

其中,北京段河道蜿蜒曲折,堤距宽窄不一。北关闸—甘棠闸段长 11.4 km,河道比降 0.09‰,于 2007 年完成治理,主槽宽 200 m,河道上口宽 300~1 000 m,沿线滩槽分界清晰,左岸滩地宽 70~190 m,右岸滩地宽 30~610 m,两岸堤防连续,基本满足 100 年一遇防洪标准,沿岸经济发达,人口稠密。甘棠闸—京冀界段长 28.7 km,河道比降 0.19‰,主槽宽 70~90 m,两岸堤距 500~3 500 m,沿线滩槽分界清晰,左岸滩地宽 20~1 320 m,右岸滩地宽 20~2 200 m,两岸堤防连续,堤防现状不足 20 年一遇,堤外村庄连续分布,其中较多村庄紧邻堤脚。根据《北京市防洪排涝规划》《北运河(通州段)综合治理工程项目建议书(代可行性研究报告)》,为保障北京城市副中心防洪安全,北关闸—榆林庄闸段防洪标准为 100 年一遇,主槽排涝标准为 20 年一遇,为 1 级堤防,榆林庄闸—京冀界段防洪标准为 50 年一遇,主槽排涝标准为 10 年一遇,为 2 级堤防,遇标准洪水时,洪水漫滩行洪。2020 年,北京市对境内北运河管理范围进行了划定,并经北京市政府批复。

河北香河段河道长 14.5 km,比降 0.07‰~0.11‰,沿线滩槽分界清晰,主槽宽 85~285 m,两岸堤距 1 800~3 300 m,根据《北运河干流综合治理规划报告》,为保护滩地村庄,减少搬迁费用,对本段堤线进行了调整,调整后左右堤防间距 500~3 200 m,左岸滩地宽 30~1 760 m,右岸滩地宽 20~2 040 m,但未筑新堤。本段防洪标准为 50 年一遇,主槽排涝标准为 10 年一遇,规划堤防级别为 2 级,根据《河北省人民政府关于划定主要行洪排沥河道和跨市边界河道管理范围的通告》,香河段河道管理范围为外堤脚线以外 50 m,现状堤外主要为农田和村庄。

天津段河道长 38.1 km,比降 0.07‰~0.11‰,沿线滩槽分界清晰,主槽宽 60~150 m,两岸堤距 430~1 330 m,左岸滩地宽 10~1 440 m,右岸滩地宽 10~1 040 m,两岸堤防连续,堤外分布有农田和村庄。本段防洪标准为 50 年一遇,行洪水位略高于滩地,规划堤防级别为 2 级,根据《天津市河道管理条例》,天津段河道管理范围为外堤脚线以外 25 m。

2) 潮白河

潮白河由潮河、白河两大支流组成,分别发源于河北省的丰宁县和沽源县,两大支流在密云县城南河槽村汇合,始称潮白河,至怀柔县(现为怀柔区)纳怀河后流入平原,下游河道经苏庄至香河吴村闸,吴村闸以下称潮白新河,至宁车沽防潮闸汇入永定新河。潮白河干流总长 182 km,其中苏庄以下潮白河长 40.5 km,潮白新河长 99.2 km。

本次规划范围为潮白河苏庄橡胶坝—津蓟铁路桥段,涉及北京市、天津市、河北省 3 省(市),河长 72 km。

吴村闸以上段河道弯曲,河道为复式断面,河底纵坡 1/4 500,因 20 世纪 90 年代河道内大规模采砂,主槽普遍扩宽加深,主槽宽 120~610 m,基本能达到 10~20 年一遇标准。左岸箭杆河—白庙桥段为无堤段,《海河流域防洪规划》提出按堤距 700~1 800 m 新筑堤防,其余段现状有堤,堤距 380~4 730 m。因苏庄—运潮减河汇口段主槽扩宽较多,且运潮减河汇口—吴村闸段主槽蜿蜒摆动,沿线滩地宽窄不一,左岸滩地宽 10~2 080 m,右岸滩地宽 10~3 220 m。本段箭杆河—牛牧屯引河段为界河段,左岸属河北省廊坊市,其中无堤段在规划堤线内已建成大量居民小区及公用设施,经济发达,人口稠密,右岸属北京市通州区。本段河道防洪标准为 50 年一遇,副中心段(右岸温潮减河汇口—兴各庄橡胶坝段)堤防标准提升至 100 年一遇,堤防级别为 1 级,其余段堤防级别为 2 级。2020 年,北京市对潮白河管理范围进行了划定,并经北京市人民政府批复。根据《河北省人民政府〈关于划定主要行洪排沥河道和跨市边界河道管理范围的通告〉》,河道管理范围三河白庙以上段为外堤脚线以外 20 m,白庙以下段为外堤脚线以外 27 m,大厂段为外堤脚线以外 30 m,香河段为外堤脚线以外 50 m。

吴村闸以下段为潮白新河段,为人工河道,较为顺直,河底纵坡 1/4 000~1/6 000,主槽宽 130~190 m,基本能达到 10~20 年一遇标准,两岸堤防连续,堤距 420~800 m。本段河道防洪标准为 50 年一遇,堤防级别为 2 级,其中河北香河部分段堤防超高不足,堤外紧邻香河县城,天津段两岸堤防均达标治理,堤外临近宝坻城区。根据《天津市河道管理条例》,天津段河道管理范围为外堤脚线以外 25 m。

3) 蓟运河

蓟运河由沟河、州河和还乡河三大支流组成,州河、沟河两河发源于燕山南麓河北省兴隆县,于九王庄汇合后始称蓟运河,南流至北塘入海。蓟运河干流长 154 km。还乡河发源于河北省迁西县,至九丈窝经还乡河分洪道于阎庄纳入蓟运河。

本次规划范围为蓟运河九王庄至江洼口段,涉及天津市、河北省 2 省(市),河长 65 km。蓟运河河身蜿蜒曲折,坡度平缓,主槽宽 50~80 m,堤距 50~1 500 m,滩槽分界清晰,沿线滩地宽窄不一,左岸滩地宽 5~1 400 m,右岸滩地宽 5~1 300 m。该段河道防洪标准为 20 年一遇,设计流量为 400~550 m³/s。现状该段河道两岸堤防连续布置,规划堤防等级为 3 级,但部分堤防尚未满足设计要求,需加高培厚,规划新安镇—小河口遥堤方案右堤堤线调整尚未实施。根据《天津市河道管理条例》,天津段河道管理范围为外堤脚线以外 25 m。根据河北省人民政府发布的《关于划定主要行洪排沥河道和跨市边界河道管理范围的通告》,河北段河道管理范围为外堤脚线以外 30 m。

4.1.1.2　永定河系

1. 地理位置

永定河流域位于东经 112°～117°45′、北纬 39°～41°20′,发源于内蒙古高原的南缘和山西高原的北部,东邻潮白河、北运河系,西临黄河流域,南为大清河流域,北为内陆河。流域地跨内蒙古、山西、河北、北京、天津等 5 省(自治区、直辖市),面积 4.70 万 km²,占海河流域总面积的 14.7%。永定河干支流各省(区、市)分布情况见表 4-2。

表 4-2　永定河干支流各省(区、市)分布情况　　　　　单位:万 km²

行政区	洋河	桑干河	干流	合计
内蒙古	0.32	0.24	0	0.56
山西	0.28	1.58	0	1.86
河北	0.94	0.66	0.31	1.91
北京	0	0	0.32	0.32
天津	0	0	0.03	0.03
合计	1.54	2.48	0.66	4.70

说明:因表中数据为四舍五入,有误差,故数据合计不闭合。

2. 地形地貌

永定河流域上游是阴山和太行山支脉恒山所包围的高原,北部为内蒙古高原,东南部为恒山及八达岭高原。永定河承接上源西南部桑干河、西北部洋河后,从官厅水库起穿越八达岭高原形成了官厅山峡,至三家店流入华北平原。三家店为永定河流域山区、平原分界,其中山区流域面积 4.51 万 km²,占 95.8%,平原流域面积 0.19 万 km²,占 4.2%。

永定河流域上游西南部的桑干河区域,西邻管涔山和洪涛山,南屏海拔 2 000 m 以上的恒山和太行山,平均高程约 1 000 m,分布有大同盆地、阳原—蔚县盆地,其中大同盆地面积达 5 100 km²,是山西省面积最大的盆地。西北部的洋河区域,北接坝上高原内陆河流域,地势西北高东南低,在尚义区(现为尚义县)、张北县一带是坝上高原和坝下盆地的分界线,坝下山峦起伏,群山之间多为串珠状山间盆地,较大的有柴沟堡—宣化盆地、涿鹿—怀来盆地。

3. 河流水系及河道特性

永定河上游有桑干河、洋河 2 大支流,于河北省张家口怀来县朱官屯汇合后称永定河,在官厅水库纳妫水河,经官厅山峡于三家店进入平原。三家店以下,两岸均靠堤防约束,卢沟桥至梁各庄段为地上河,梁各庄以下进入永定河泛区。永定河泛区出口屈家店以下为永定新河,在大张庄以下纳龙凤河、金钟河、潮白新河和蓟运河,于北塘入海。

1) 永定河

本次规划范围为永定河朱官屯—屈家店段,涉及北京市、河北省、天津市 3 省(市),河长 265.3 km。

朱官屯—官厅水库上游丰沙铁路段全长约 10.6 km。其中,朱官屯以下 5.0 km 范围为永定河源头人工湿地河段,涉及夹河村、暖泉村、沙营村,该段河道主槽靠近右岸,主槽底坡 0.9%,主槽宽 5~20 m,左岸滩地宽 1 000~2 500 m,右岸滩地最宽约 600 m,两岸无堤防,左岸有 2 道土埝,内小埝为堤顶,宽 4~5 m,埝高约 1.5 m,边坡 1:1~1:2,滩地上存在灌溉渠道、农田及湿地,外小埝顶宽约 2.0 m,高约 0.8 m,现状右岸顺接桑干河右堤,有长度为 450 m 的土质堤埝,格宾石笼护坡,滩地上由于近年来水量较小,滩地干旱,现已被当地农民种植玉米等作物。永定河源头人工湿地河段下接官厅水库上游湿地河段,为怀来县官厅水库国家湿地公园的组成部分,自军区分界线至大秦铁路河段,河长约 4.0 km,涉及宋家营村南、沙营村和石门湾村,该河道两岸无堤防,主槽狭窄,自上游向下,主槽由靠近右岸转为靠近左岸,河道宽度从上游向下逐渐变窄,由 1 800 m 左右降到 1 200 m 左右,现状河道漫滩大部分为农田,淤积现象严重,该段河段为永定河滨河及漫滩区人工湿地,目前工程已实施完成,位于大秦铁路以西、军区分界线以东、宋家营村南、沙营村和石门湾村北,永定河滩涂地范围内,长约 3.32 km,宽约 1.29 km,面积 4.91 km²,边界总长 12.3 km。大秦铁路至丰沙铁路段河长约 1.6 km,该段位于官厅水库八号桥入库湿地工程范围,为怀来县官厅水库国家湿地公园的组成部分,沿线滩槽分界清晰,河道主槽靠近左岸,主槽宽约 75 m。

官厅水库—三家店枢纽段河道长约 108.5 km。该段河道属于官厅山峡地带,断面形式为"V"形,两岸为山体,无堤防。山峡土壤瘠薄,地质构造复杂,以石灰岩分布最广,砂砾覆盖较厚。河道在山峡之间行进,随两岸山峡走向蜿蜒曲折,地面平均坡降为 3‰。主河槽宽窄不一,平均河宽 80~750 m。河道两岸有零星村庄,有铁路顺山势布置,临河或穿河行进。

永定河自三家店进入平原,以下两岸均靠堤防约束,流经北京市、河北省廊坊市,至天津市屈家店枢纽,河长约 146 km。其中,三家店—卢沟桥段河道长约 15.7 km,该段河道较为顺直,河槽宽度 300~500 m,河床地形变化较大,河道纵坡为 2.65‰左右,堤距宽度在 500~1 500 m。卢沟桥—梁各庄段河道长约 63.5 km,两岸均有堤防,两堤间河道宽度在 510~2 113 m,该段河槽宽度变化较大,卢沟桥附近宽约 250 m,北天堂处宽达 3 600 m,至金门闸又缩窄至约 500 m,卢沟桥—金门闸段河床地形变化较大,有许多不规则的挖沙坑,河道纵坡为 1.00‰~0.38‰,为"地上悬河",河床较堤外地面高出 5~7 m。梁各庄—屈家店枢纽为永定河泛区段,全长约 67 km,是永定河中下游缓洪沉沙的场所,泛区内地形自西北向东南倾斜,微地形变化大,河道纵坡具有上下段较陡、中段较缓的特点,左右大堤堤距一般为 6~7 km,最宽处达 15 km,泛区段有天堂河、龙河汇入,泛区北部以新北堤、护路堤和北运河左堤为界,南部以北遥堤、增产堤和南遥堤为界,区内的南北小埝、南北前卫埝、南北围埝及龙河左右堤等堤埝将泛区分为大小不等的 9 部分,左堤保护京山铁路,按 1 级堤防标准设计,右堤保护清北地区,按 2 级堤防标准设计,左右大堤一般堤高 5~7 m,区内小埝埝高 1~6 m,泛区左、右堤均已达 100 年一遇洪水标准,左堤顶宽 8~10 m,右堤顶宽 6.0 m。规划永定河泛区启用标准为 3~20 年一遇,梁各庄设计入流量 2 500 m³/s,屈家店枢纽出流量 1 800 m³/s。

2)永定新河口

本次规划范围为永定河新河河口段(以下简称"永定新河口"),河段长 19.5 km,为永定新河防潮闸闸上 0.5 km 至闸下 19.0 km。

永定新河口是分泄永定河、北运河、潮白河、蓟运河洪水和天津市区部分涝水的入海尾闾,位于渤海湾北部湾顶附近呈喇叭形,地处天津市滨海新区境内,地理坐标为东经117°43′19″~117°45′18″,北纬39°04′03″~39°06′19″,永定新河口控制北四河流域面积8.3万 m²。为保障海河流域防洪安全,2001 年水利部批复了《海河流域海河口、永定新河口、独流减河口综合整治规划》,确定了永定新河口治导线规划方案。随着天津市滨海新区开发建设的不断推进,永定新河口地区经济社会的快速发展对河口水域的开发利用、保护和管理提出了新的要求。2006 年,水利部批复了"海河流域海河口、永定新河口、独流减河口综合整治规划治导线调整项目任务书"。在统筹考虑海河口、永定新河口、独流减河口三河口泄洪,并满足永定新河口设计泄洪排涝要求、充分保障海河流域及天津市防洪安全的前提下,海委(海河水利委员会的简称)通过综合规划分析、科研试验研究,落实相关管理要求,在充分征求天津市相关单位的意见后,对永定新河口原规划治导线进行了科学适当的调整。2009 年,水利部批复了《永定新河口综合整治规划治导线调整报告》,批复中明确要求,永定新河口治导线是永定新河口整治和开发工程建设的外缘控制线,要求海委和天津市水行政主管部门按照《海河独流减河永定新河河口管理办法》有关规定,切实加强对永定新河河口管理范围内各行业治理、开发和保护活动的检查、监督管理,维护河口的行洪、排涝和纳潮等功能,促进永定新河口地区经济社会的可持续发展。

4.1.1.3　大清河系

1. 自然地理

大清河流域地处海河流域中部,东经 113°39′~117°34′,北纬 38°10′~40°102′。它西起太行山,东临渤海湾,北临永定河,南界子牙河。流域跨山西省、河北省、北京市、天津市 4 省(市),总面积 4.53 万 km²,其中山区 1.86 万 km²,平原 2.67 万 km²,分别占流域总面积的 41.0%和 59.0%。大清河是海河流域较大的河系,东淀以上分为南、北两支。大清河河系面积见表 4-3。

表 4-3　大清河河系面积　　　　　　　　　单位:万 km²

省级行政区	大清河山区	大清河淀西平原	大清河淀东平原	合计
北京市	0.14	0.07	0	0.21
天津市	0	0	0.51	0.51
河北省	1.38	1.18	0.91	3.47
山西省	0.34	0	0	0.34
合计	1.86	1.25	1.42	4.53

2. 地形地貌

流域内地形西高东低,西部山区高程 500~2 200 m,最高的五台山东台,高达 2 795 m。丘陵地区高程 100~500 m,大致分布在京广铁路西侧 10~40 km 处。平原高程在 100 m 以下。大清河下游滨海地区高程约 1 m,主要由海河及其支流永定河、滹沱河冲积而成。由于受永定、子牙及南运等多条河系的河道变迁与洪水泛滥的影响,形成多片洼地,丰水年常用于缓洪滞洪,除极少数(白洋淀)常年蓄水外,其余洼淀均为农业开发利用。

3. 河流水系及河道特性

大清河是海河流域较大的河系,源于太行山东麓,东淀以上分为南、北两支。

北支为白沟河水系,主要支流有小清河、琉璃河、南拒马河、北拒马河、中易水、北易水等。拒马河在张坊以下分流成为南拒马河、北拒马河。北易水和中易水在北河店汇入南拒马河。琉璃河、小清河在东茨村以上汇入北拒马河后称白沟河。南拒马河和白沟河在高碑店市白沟镇附近汇合后,由新盖房枢纽经白沟引河入白洋淀、经新盖房分洪道和大清河故道入东淀。

南支为赵王河水系,由潴龙河(其支流为磁河、沙河等)、唐河、清水河、府河、瀑河、萍河等组成,各河均汇入白洋淀,南支白洋淀以上流域面积 2.11 万 km²。白洋淀为连接大清河山区与平原的缓洪滞洪、综合利用洼淀,当淀区(本杂马)滞洪水位为 9.0 m 时,水面面积 404 km²,下游接赵王新河、赵王新渠入东淀。东淀下游分别经海河干流和独流减河入海。在海河干流和独流减河入海口分别建有海河闸和独流减河防潮闸以防潮水倒灌。河源至独流减河防潮闸长 483 km。

1)新盖房分洪道

新盖房分洪道隶属雄县,位于河北省中部,东依霸州市,南部、东南部隔大清河与任丘市、文安县相望,西南隔白洋淀与安新县相连,西部与容城县相接,西北与高碑店市毗邻,东北与固安县接壤,介于北纬 38°54′59″~39°10′36″,东经 116°01′03″~116°20′08″,东西长26 km,南北宽 25.5 km。新盖房枢纽位于河北省雄县新盖房村北,南拒马河、白沟河下口,由分洪闸、溢流堰、白沟引河进洪闸和老大清河灌溉闸组成。

本次大清河北支的规划范围为新盖房分洪道新盖房—刘家铺段,河段长度 23.0 km。

新盖房分洪道河道全长约 30.2 km,新盖房分洪道左堤为主堤,起点位于雄县东阳村南,终点位于雄县陈家柳村南,全长 30.3 km,顶宽 8 m;右堤为次堤,起点位于雄县新盖房村东,终点位于雄县张青口村北,全长 31 km,顶宽 8 m。分洪道河底纵坡为 1/3 700~1/5 900,两堤间距 700~2 700 m,滩槽分界不清晰。按现状防洪工程体系评价,新盖房分洪道防洪标准为 50 年一遇,设计流量 5 000 m³/s。目前,新盖房分洪道左右堤堤顶高程普遍不足,河道过流能力仅为 2 000~2 500 m³/s,两岸建设有连续堤防,左堤等级为 1 级,堤防宽度为 16 m,临水侧边坡为 1:5,背水侧边坡为 1:4。堤身断面采用黏性土填筑,堤坡迎水侧采用生态植被网垫进行坡面防护,背水侧采用种植灌草等植物防护堤坡,堤脚采用格宾石笼及混凝土脚槽防护。

2)赵王新河

赵王新河是白洋淀枣林庄枢纽至东淀的行洪河道,主要由枣林庄分洪道、赵王新河、赵王新渠构成,全长约 42 km。赵王新河右堤(千里堤)为主堤,自枣林庄枢纽至西码头闸长 43.1 km;左堤为次堤,自枣林庄枢纽至崔家坊长 40.7 km。

本次大清河南支规划范围为赵王新河枣林庄闸下—任庄子段,河段长 42.0 km。

枣林庄分洪道河道长约 8 km,纵坡为 1/8 450,两堤间距 1 500 m。右堤(千里堤)为主堤,从枣林庄至苟各庄,长 8.39 km,堤顶宽 8 m;左堤为次堤,从枣林庄至大沟咀,长 8km,堤顶宽 8 m。

赵王新河河道长约 10.68 km,该段上起苟各庄,下至王村闸,主槽底宽 110~394 m,

复式河床,地上河。航道沟位于河槽右侧,底宽 15 m。河槽及航道沟底纵坡均为 1/26 600,堤距 1 100~1 800 m。赵王新河设计流量 2 700 m³/s,左堤为弃土堤埝,右堤为千里堤。按左、右堤顶 1.5 m 超高复核,赵王新河上段(枣林庄—王村闸)在设计超高下可行洪 2 700 m³/s,下段(王村闸—任庄子)可行洪 1 800 m³/s。

赵王新渠为赵王河的分流泄洪工程,王村闸至西码头闸,河道长 21 km。扩大治理后,底宽 400~530 m,纵坡 1/26 600。左、右堤间距 630 m,其右堤为千里堤的组成部分,王村闸至西码头,长 21.77 km,顶宽 8~10 m;左堤为牛角洼的南围堤,王村闸至崔家坊,长 20.18 km,堤顶宽 8~10 m。根据《雄安新区防洪专项规划》成果,赵王新河防洪标准提高到 100 年一遇,史各庄以上左堤堤防级别提高到 1 级,史各庄以下堤防级别提高到 2 级,赵王新河右堤堤防级别提高到 2 级。堤防加固措施在旧堤基础上加高培厚,不改变原土堤结构。

3)独流减河

独流减河位于天津市区南侧,河道从第六埠开始经天津市西青、静海、滨海新区等 3 县(区)至海口防潮闸,全长 67.3 km。其左堤是保卫天津市城市防洪安全的南部防线。独流减河建于 1953 年,为东淀分流入海的泄流工程。河口建有设计流量为 3 200 m³/s 的防潮闸一座(1994 年按原规模改建完毕)。防潮闸以下独流减河尾渠长 2 km。

本次规划范围为独流减河河口段(以下简称"独流减河口"),河段长 22.0 km,为独流减河防潮闸闸上 0.5 km 至闸下 21.5 km。根据水利部《关于天津城市防洪规划的批复》(〔1993〕285 号),独流减河泄洪规模由原规划的 3 200 m³/s 增加到 3 600 m³/s。目前,独流减河进洪闸、河道及左右堤防均已按 3 600 m³/s 的标准进行了改建和治理。为保障海河流域防洪安全和尾闾河道行洪畅通,2001 年,水利部批复了《海河流域海河口、永定新河口、独流减河口综合整治规划报告》(水总〔2001〕267 号),确定了独流减河口规划治导线和清淤整治方案。2014 年,水利部以《水利部关于独流减河口综合整治规划治导线调整报告的批复》,同意对独流减河口治导线进行调整。河口治导线宽度由 1 200 m 调整至 1 600 m。

4.1.1.4 海河干流

海河干流是永定河系和大清河洪水的入海尾闾之一,承担由西河闸经子牙河和屈家店闸经北运河下泄的洪水入海任务,是天津市区一条以行洪为主,兼顾排涝、蓄水、航运、旅游等综合利用的河道,干流西起子牙河与北运河汇流处,自西向东流经天津市区、津南区、东丽区、塘沽区,经海河防潮闸入海,全长约 73.5 km,河道宽 100~350 m,纵坡 1/18 800。考虑到天津城市防洪的实际情况,水利部《关于天津城市防洪规划的批复》(〔1993〕285 号)对海河干流和独流减河两河道的设计泄量进行了调整,海河干流的设计规模由原设计的 1 200 m³/s 减少到 800 m³/s。

本次规划范围为海河河口段(以下简称"海河口"),河段长 22.5 km,为海河防潮闸闸上 0.5 km 至闸下 22.0 km。海河口地处天津市塘沽区境内,河口两侧地区是天津滨海新区发展的重点,地理位置和经济环境优越,地理坐标为东经 117°41′39″~117°44′07″,北纬 38°58′05″~39°06′16″。2001 年,水利部以水总〔2001〕267 号文批复了《海河流域海河口、永定新河口、独流减河口综合整治规划报告》,同意海河口治导线布置和堤内辅以清淤措施的整治方案。2006 年,根据天津市经济建设的需要,水利部以水规计〔2006〕367号文批复了《海河口综合整治规划治导线调整报告》,同意对原规划的左右治导线进行适度调整,以满足河口两侧港区扩大陆域发展的需求。2009 年,海委组织有关单位在 2006年批复的海河口治导线调整的基础上,针对河口两侧港区提出沿闸下 14.3 km 原治导线末端继续延伸,顺大沽沙航道拐点走向固化边界至闸下 21.7 km 拟建出港口门的规划方案,进行了海河口治导线延伸及边界固化方案的物理模型试验、数学模拟论证工作,在此基础上,提出了《海河口规划治导线延伸方案论证报告》。海河口治导线局部延伸规划方案实施后,海河口管理范围相应由闸下 14.3 km 延伸至闸下 22.0 km。

4.1.1.5 漳卫河系

1. 地理位置

漳卫河系是海河流域最南部的防洪骨干水系,位于东经 112°～118°、北纬 35°～39°。西以太岳山为界,南接黄河、徒骇马颊河,北界滏阳河,东达渤海。河道流经山西、河南、河北、山东、天津 4 省 1 市,河系面积 3.76 万 km²。

2. 地形地貌

河系西部(上游)地处太岳山东麓和太行山区,地面高程一般在海拔 1 000 m 以上,为土质丘陵区和石质山区,中间点缀着长治盆地;东部及东北部(中下游)为广阔山前洪积、坡积、冲积平原。山区、丘陵区面积 2.54 万 km²,占河系总面积的 68%;平原面积 1.22 万km²,占河系总面积的 32%。西部山区与东部平原直接相接,山前丘陵过渡区很短。地形总的趋势西高东低,地面坡度山区丘陵区为 0.5‰～10‰,平原为 0.1‰～0.3‰。平原内微地形复杂,中游分布着大小不等的几个洼地,成为河道的行滞洪区;下游沿海岸带为滨海冲积三角洲平原。

3. 河流水系及河道特性

漳卫河系由漳河、卫河、共产主义渠、卫运河、漳卫新河、南运河组成。

1)漳河

漳河上游主要支流清漳河与浊漳河在合漳村汇合后称漳河,合漳村以下漳河岳城水库出山区进入平原。京广铁路桥以下高庄、太平庄起,至徐万仓两岸有堤防约束,岳城水库以下干流河道长约 117.4 km,其中,京广铁路桥—南尚村 46.2 km 河段为游荡型河道,南尚村至徐万仓段为游荡型向蜿蜒型发展的河道。漳河流域面积 1.92 万 km²,山区约占 95%。

本次规划范围为漳河岳城水库—徐万仓段,涉及河北、河南 2 省,河长 117.4 km,全段河道防洪标准为 50 年一遇,堤防级别为 2 级。河道大名段平滩流量约 800 m³/s,以上段主槽过流能力更大,京广铁路桥—南尚村游荡型河道段目前维持 1996～2000 年漳河治理工程设计中制订的中水治导线,对 1 000～1 500 m³/s 运用控制效果好。

按照不同河段特征可分为岳城水库—京广铁路桥、京广铁路桥—南尚村、南尚村—东风渠穿漳涵洞、东风渠穿漳涵洞—徐万仓 4 段。京广铁路桥以下两岸有堤,根据《漳卫河系防洪规划》,堤防迎水面堤脚以外 7 m、堤防背水面堤脚以外 8 m 范围为护堤地。

其中,岳城水库—京广铁路桥段处于山前丘陵区,为地下河,河道长 14.1 km,河底纵坡 1.67‰～1.78‰,两侧为陡坎,陡坎之间宽度为 500～2 000 m,河槽宽 100～700 m。废铁路桥以下,河道主槽分为南、北两汊。两汊之间形成长约 2 km、总面积约 3.8 km² 的天然河心洲滩,滩上有树林和农作物。

京广铁路桥—南尚村段为游荡性河段,河道宽浅、汊道众多、主流摆动不定,河道长46.2 km,河底纵坡1/2 160~1/1 631。铁路桥至西冀庄主槽平均宽度为 830 m,平均深度为 8.00 m,左滩平均宽度为 1 165 m,右滩平均宽度为 436 m;西冀庄至张看台桥平均宽度为 891 m,平均深度为 7.04 m,左滩平均宽度为 1 227 m,右滩平均宽度为 398 m;张看台桥至南尚村平均宽度为 559 m,平均深度为 5.95 m,左滩平均宽度为 570 m,右滩平均宽度为 480 m。两岸堤防连续,沿线采砂坑较多,并分布有大片农田和部分林地,堤内有郏镇村和洪山村,堤外部分村庄紧邻堤脚。

南尚村—东风渠穿漳涵洞段为过渡性河段,河道长 18.6 km,河底纵坡 1/2 563。主槽平均宽度为 354 m,平均深度为 7.2 m。左滩平均宽度为 824 m,右滩平均宽度为 698 m,其中永东村至东风渠穿漳涵洞段无右滩。两岸堤防连续,沿线分布有大片农田和部分林地,堤内无村庄,堤外部分村庄紧邻堤脚。

东风渠穿漳涵洞—徐万仓段为蜿蜒性河段,河道长 38.5 km,河底纵坡1/3 636~1/2 641。主槽东王村分洪口门以上平均宽度为 283 m,平均深度为 11.1 m;东王村分洪口门以下平均宽度为 176 m,平均深度为 9.8 m。滩地左滩平均宽 1 406 m,右滩马神庙以上基本无滩,马神庙至小七里店右滩平均宽 877 m,小七里店至徐万仓右滩平均宽 2 625 m。沿线分布有成片农田,大名段滩地上村庄较多,根据《漳卫河系防洪规划》《漳河干流岳城水库至徐万仓段治理规划》,规划对大名段右岸堤线进行调整,以保证滩地村庄防洪安全,减少搬迁费用。

2)卫河、共产主义渠

卫河原发源于河南省辉县苏门山之百泉,20 世纪 50 年代曾视运粮河为卫河上游干流,以后又改以大沙河为卫河上游的干流,源于太行山南麓山西省陵川县夺火镇南岭,先后纳左岸的淇河、汤河、安阳河等 10 余条梳齿状山水支流,于徐万仓与漳河交汇。1958年为引黄淤灌修建的共产主义渠,自合河起傍卫河左岸至老关嘴汇入卫河,1962 年停止引黄后用于行洪。淇门以下共产主义渠长约 44 km。淇门以上卫河基本用于排涝,淇门以下卫河洪涝合排。卫河两侧有良相坡、柳围坡、长虹渠、共产主义渠以西、白寺坡、小滩坡、任固坡、广润坡、大名泛区等行洪、蓄滞洪区。卫河自合河镇起筑有堤防,干流全长275 km,流域面积 1.51 万 km^2,其中山区约占 60%。

本次规划范围为卫河干流淇门—徐万仓段,涉及河南、山东、河北 3 省,河长 183 km。共产主义渠自刘庄闸至老关嘴段,河长 44 km。根据 2021 年水利部批复的《卫河干流(淇门—徐万仓)治理工程初步设计报告》,卫河干流和共产主义渠防洪标准为 50 年一遇,共产主义渠及其以西夹道地区共同承泄上游共产主义渠和淇河来水,至盐土庄节制闸,河道最大下泄 1 600 m^3/s,卫河淇门至老关嘴段行洪 400 m^3/s,老关嘴流量控制不大于 2 000 m^3/s,老关嘴至安阳河口设计行洪流量 2 000 m^3/s,安阳河口至徐万仓设计行洪流量 2 500 m^3/s。

卫河干流淇门—老关嘴段现状主槽底宽 25 m 左右,河道纵坡 1/12 900~1/4 900,槽深 4~7 m,堤距 200~1 100 m,滩槽分界清晰,沿线滩地宽窄不一,左岸滩地 6~1 100 m,右岸滩地宽 8~1 100 m;老关嘴—徐万仓段河道长 128.5 km,河道纵坡 1/7 100~

1/11 000,主槽底宽 60~90 m,上口宽 110~130 m,堤距 600 m 左右,最宽 1 870 m,滩槽分界清晰,左岸滩地宽 5~1 700 m,右岸滩地宽 4~1 400 m。两岸建设有连续堤防,共卫合流以上堤防等级为 3 级,共卫合流以下堤防等级为 2 级,部分堤防尚未达标。根据《卫河干流(淇门—徐万仓)治理工程初步设计报告》,河南段为堤防外堤脚线以外 8 m,河北段为堤防外堤脚线以外 5 m,山东段为堤防外堤脚线以外 5 m。

共产主义渠刘庄闸—老关嘴段河道纵坡 1/3 440~1/2 600,河道上口宽 80~100 m,基本为单式断面,滩槽分界清晰,左右岸滩地宽度 15~40 m。刘庄闸—老关嘴段左堤只到同山,同山—老关嘴段为弃土,老关嘴以下接卫河左堤,左堤为不连续弃土形成的堤防,右堤较完整,由当年开挖时的弃土堆成。规划右岸有连续堤防,右堤堤防等级为 3 级,堤防尚未达标。根据《卫河干流(淇门—徐万仓)治理工程初步设计报告》,河道管理范围为堤防外堤脚线以外 8 m。

3)卫运河

漳、卫两河于徐万仓相汇后称卫运河。卫运河是一条蜿蜒型河道,弯曲系数 1.35,自徐万仓至四女寺枢纽河长 157 km,中间无支流汇入。

本次规划范围为卫运河全段(徐万仓—四女寺枢纽),地处河北、山东 2 省交界处,河道纵坡 1/4 870~1/16 000,主槽深 7~9 m,开口宽 100~300 m,滩槽分界清晰,左岸滩地 40~1 400 m,右岸滩地 50~1 300 m。卫运河防洪标准为 50 年一遇,设计行洪流量 4 000 m³/s,排涝标准为 3 年一遇,设计排涝流量 900 m³/s,遇 50 年一遇洪水,河道能够安全下泄,洪水漫滩在两堤之间行洪,遇 3 年一遇涝水不上滩。卫运河两岸建设有连续堤防,堤防总长 321 km,堤距 660~2 200 m,堤防等级为 2 级。依据《卫运河治理工程初步设计报告》,卫运河自 20 世纪 60 年代中期实现统一管理以来,对两岸堤防的内、外堤脚按里 3 外 5(堤防内堤脚以内为 3 m、堤防外堤脚以外为 5 m)的标准征用护堤地,归漳卫南运河管理局统一管理。

4)漳卫新河

漳卫新河为漳卫河水系的入海尾闾,始于四女寺枢纽,止于大口河入海口,地处河北、山东 2 省交界处。该河于 1971—1973 年在原四女寺减河的基础上疏浚扩挖而成。该河上段分为两支,南支老减河从四女寺南闸至汇合口大王铺,全长约 53 km,北支岔河从四女寺北闸至汇合口大王铺长约 43 km,大王铺至辛集闸段河长 122 km,辛集闸至大口河段河长 37 km。漳卫新河流经地区大部分属于冲积平原,下游边庄以下为冲积海积平原。

本次规划范围为漳卫新河全段,包含岔河四女寺枢纽—大王铺段、老减河四女寺枢纽—大王铺段、大王铺—辛集闸段、辛集闸—大口河段,全长约 254 km。漳卫新河防洪标准为 50 年一遇,排涝标准为 3 年一遇,左岸海丰至大口河、右岸孟家庄至大口河现状无堤,其余河段建有连续堤防,堤防等级为 2 级,依据现状堤防实际管理情况,已建堤防背河侧管理边线为外堤脚以外 5 m。

岔河四女寺枢纽—大王铺段属于冲积平原,地形由南西向北东微倾,河道为复式断面,河底纵坡 1/11 000,主槽底宽 60 m,滩槽分界清晰,两岸滩地 30~200 m。岔河设计行洪流量为 1 970 m³/s,设计排涝流量为 780 m³/s,当发生设计标准洪水时,河道能够安全下泄,洪水漫滩在两堤之间行洪。

老减河四女寺枢纽—大王铺段属于冲积平原,地形由南西向北东微倾,河道为复式断面,河底纵坡 1/9 000,袁桥以上主槽底宽 35 m,袁桥以下主槽底宽 20 m,滩槽分界清晰,两岸滩地宽 50~350 m;老减河设计行洪流量为 1 680 m³/s,设计排涝流量为 400 m³/s,当发生设计标准洪水时,河道能够安全下泄,洪水漫滩在两堤之间行洪。

大王铺—辛集闸段属于冲积平原,地形由南西向北东微倾,河道为复式断面,河底纵坡 1/9 770~1/11 400,主槽底宽 70~80 m,滩槽分界清晰,两岸滩地宽 80~750 m;河道设计行洪流量为 3 650 m³/s,设计排涝流量为 1 200~1 250 m³/s,当发生设计标准洪水时,河道能够安全下泄,洪水漫滩在两堤之间行洪。

漳卫新河口(辛集闸—大口河段)属滨海冲积平原,地貌特征为平地、滨海低地,地势低平,自西南向东北缓缓倾斜,属典型的冲积、海积平原地貌区,受河道及人工开挖等人类活动影响,地形略有起伏。漳卫新河口为复式断面河道,滩槽分界清晰,设计主槽底宽 70~80 m,河底纵坡 1/8 000~1/8 900。河口段设计行洪流量为 3 650 m³/s,设计排涝流量为 1 250 m³/s,依据《漳卫新河河口治理规划》,现状河口段主槽淤积严重,规划按照原设计排涝能力的 70%恢复主槽排涝能力,即 900 m³/s,当发生设计标准洪水时,河道漫滩行洪。河口段左岸海丰—大口河、右岸孟家庄—大口河现状无防洪堤,依据《漳卫新河河口治理规划》,现状无堤段已划定治导线,并规划沿治导线建设防洪堤,左岸治导线沿现有黄骅港港区预留发展区边界及南防沙堤边界划定,右岸治导线以距左侧治导线 1.5 km 控制,左、右治导线外侧各划定 120 m 宽的规划保留区,作为规划堤防建设用地及管理用地,规划堤防背河侧管理边线为外堤脚以外 5 m。

5)南运河

南运河位于东经 38°14′~39°05′、北纬 116°49′~117°26′。行政区划分属天津、河北和山东 3 省(市)。南起山东省武城县的四女寺,向北流经山东省德州市,河北省衡水市的故城县、景县、阜城,沧州市及所辖的泊头市、吴桥、东光、南皮、沧县、青县,天津市的静海县(现为静海区)、西青、红桥区,至三岔河口入海河,全长 509 km。

本次规划范围为南运河四女寺—第三店段,地处河北、山东 2 省交界处,河长 41 km,河势弯曲,不少弯道成"Ω"形,河槽断面窄深呈"U"形,河底平均比降 1/21 000,槽深 6~8 m,上口宽 60~140 m,滩槽分界清晰,沿线滩地宽窄不一,左岸滩地宽 5~1 100 m,右岸滩地宽 4~900 m。该段防洪标准为 50 年一遇,承接上游卫运河来水 150 m³/s,平滩过流能力约为 180 m³/s。两岸建设有连续堤防,规划堤防等级为 3 级,部分堤防尚未达标。根据《山东省河湖管理范围和水利工程管理与保护范围划界确权工作技术指南》,堤外护堤地自堤脚外侧 5~10 m。根据河北省人民政府发布的《关于划定主要行洪排沥河道和跨市边界河道管理范围的通告》,河北段河道管理范围为外堤脚线以外 30 m。

4.1.2　社会经济概况

规划河道范围涉及北京市 7 个区、天津市 5 个区、河北省 28 个市(县、区)、山东省 9 个市(县、区)、河南省 7 个县(区)。到 2018 年年末,土地面积共计 52 271.1 km²,常住人口 4 013.9 万人、耕地面积 2 649.8 khm²,地区生产总值 29 692.2 亿元。规划范围社会经济情况见表 4-4。

表 4-4　规划范围社会经济情况[按沿河县(区)统计]

省(市)	市(地)级行政区	县级行政区	常住人口/万人	土地面积/km²	耕地面积/khm²	地区生产总值/亿元	岸线长度/km
北京市	顺义区	—	116.9	1 019.0	32.5	1 864.0	9.8
	通州区	—	157.8	906.0	74.8	832.4	103.3
	丰台区	—	210.5	305.8	2.1	1 551.1	20.9
	石景山区	—	59.0	84.3	0.1	584.6	14.2
	门头沟区	—	33.1	1 451.8	0.9	188.1	196.3
	房山区	—	118.8	1 989.9	24.7	761.8	29.6
	大兴区	—	179.6	1 036.4	39.4	700.4	57.0
	小计		875.7	6 793.2	174.5	6 482.4	431.1
天津市	北辰区	—	86.5	472.9	18.0	944.9	15.8
	武清区	—	119.2	1 574.1	91.3	1 226.5	118.8
	滨海新区	—	298.3	2 233.6	23.0	10 002.3	142.9
	蓟州区	—	86.6	1 590.0	55.0	459.7	18.2
	宝坻区	—	92.7	1 509.0	76.1	731.2	87.7
	小计		683.3	7 379.6	263.4	13 364.6	383.4
河北省	邯郸市	磁县	65.0	688.0	50.2	86.5	21.7
		临漳县	77.0	752.0	49.9	136.3	87.3
		魏县	106.0	864.0	61.5	182.0	78.4
		大名县	94.5	1 053.0	81.3	128.9	128.5
		馆陶县	36.0	456.0	32.0	71.0	43.1
	邢台市	临西县	35.3	542.0	39.5	61.8	38.8
		清河县	39.0	502.0	33.8	108.6	21.5
	衡水市	故城县	53.0	941.0	57.8	127.5	74.6
		景县	53.7	1 188.0	82.7	173.8	16.9
	唐山市	玉田县	69.2	1 170.0	72.0	420.0	41.3
	廊坊市	三河县	70.5	643.0	35.9	504.8	18.8
		大厂县	13.1	176.0	10.3	103.5	12.8
		香河县	37.6	448.0	28.3	237.4	86.7
		广阳区	48.7	332.0	17.3	297.7	16.9
		安次区	41.0	1 006.0	32.3	205.8	40.8
		霸州市	65.7	785.0	46.1	430.8	0.9
		固安县	52.4	697.0	43.3	245.8	23.6
		永清县	37.0	774.0	40.9	163.2	24.6
		文安县	52.7	980.0	61.3	158.4	68.7
	沧州市	任丘市	88.9	1 036.0	61.3	606.6	18.1
		吴桥县	28.2	582.0	40.6	80.5	79.7
		海兴县	23.6	868.0	32.7	51.2	53.2
		东光县	38.2	709.0	51.5	160.2	22.6
		南皮县	39.8	791.0	52.9	116.0	14.4
		盐山县	49.3	798.0	49.3	162.1	48.2
	张家口市	怀来县	37.0	1 782.3	22.2	135.4	52.8
	雄安新区	雄县	38.0	513.5	32.2	73.3	51.7
	保定市	涿州市	62.0	742.5	43.3	379.2	7.4
	小计		1 452.4	21 819.3	1 262.1	5 608.3	1 194.0

续表 4-4

省(市)	市(地)级行政区	县级行政区	常住人口/万人	土地面积/km²	耕地面积/khm²	地区生产总值/亿元	岸线长度/km
山东省	滨州市	无棣县	45.6	2 000.0	5.5	290.0	44.7
	德州市	德城区	40.0	748.0	23.6	319.0	157.2
		武城县	38.6	751.0	49.2	203.9	69.5
		夏津县	51.9	882.0	60.2	214.3	20.1
		乐陵市	67.6	1 213.0	73.5	279.6	35.5
		宁津县	46.7	833.0	55.9	229.2	56.1
		庆云县	30.7	501.0	30.4	172.4	33.0
	聊城市	冠县	79.1	1 161.0	74.7	324.4	35.9
		临清市	75.7	951.0	61.0	455.9	42.7
小计			475.9	9 040.0	434.0	2 488.7	494.7
河南省	鹤壁市	浚县	71.3	966.0	71.7	204.4	193.3
	安阳市	汤阴县	52.0	646.0	46.5	224.1	17.7
		滑县	148.0	1 814.0	130.1	263.6	13.2
		内黄县	85.2	1 161.0	70.7	215.8	78.5
		安阳县	44.6	1 201.0	69.1	402.0	15.1
	濮阳市	清丰县	72.1	828.0	85.0	249.4	9.4
		南乐县	53.4	623.0	42.7	188.9	34.4
小计			526.6	7 239.0	515.8	1 748.2	361.6
合计			4 013.9	52 271.1	2 649.8	29 692.2	2 864.8

注:三河县现为三河市,下同。

4.1.3　岸线保护和利用现状

4.1.3.1　岸线资源情况

规划范围内河道总长 1 421.4 km,岸线总长 2 864.8 km,其中有堤段岸线长度 2 476.7 km,占比 86%。分河系来看,北三河系、大清河系、漳卫河系现状有堤段岸线占比较高,均在 90% 以上,海河干流及永定河系现状有堤段岸线占比分别为 80%、56%。其中,北三河系规划范围内岸线总长为 445.5 km,有堤段岸线总长 434.7 km,占比 98%;永定河系规划范围内岸线总长为 596.0 km,有堤段岸线总长 332.1 km,占比 56%;三家店以上基本无堤;大清河系规划范围内岸线总长为 186.5 km,有堤段岸线总长 172.3 km,占比 92%;漳卫河系规划范围内岸线总长为 1 585.2 km,有堤段岸线总长 1 496.4 km,占比 94%;漳河岳城水库—京广铁路桥段、漳卫新河口左岸海丰以下,右岸孟家庄以下基本无堤。规划范围各河道岸线资源情况统计见表 4-5。

表 4-5　规划范围各河道岸线资源情况统计

河流水系	河流名称	重点河段	河道长度/km	岸线长度/km	有堤段岸线	
					长度/km	占比/%
北三河系	北运河	北关闸—筐儿港枢纽	92.7	171.3	171.3	100
	潮白河	苏庄橡胶坝—津蓟铁路桥	72.0	152.9	142.1	93
	蓟运河	九王庄—江洼口	65.0	121.3	121.3	100
小计			229.7	445.5	434.7	98
永定河系	永定河	朱官屯—屈家店枢纽	265.3	551.8	308.8	56
	永定新河	永定新河防潮闸闸上0.5 km—闸下 19 km	19.5	44.2	23.3	53
小计			284.8	596.0	332.1	56
大清河系	赵王新河	枣林庄闸下—任庄子	42.0	87.7	87.7	100
	新盖房分洪道	新盖房—刘家铺	23.0	51.7	50.6	98
	独流减河	独流减河防潮闸闸上0.5 km—闸下 21.5 km	22.0	47.1	34.0	72
小计			87.0	186.5	172.3	92
海河干流		海河防潮闸闸上0.5 km—闸下 22 km	22.5	51.6	41.2	80
小计			22.5	51.6	41.2	80
漳卫河系	漳河	岳城—京广铁路桥	14.1	36.9	4.4	12
		京广铁路桥—徐万仓	103.3	206.3	206.3	100
	卫河	淇门—徐万仓	183.0	366.7	365.9	99.8
	共产主义渠	刘庄闸—老关嘴	44.0	76.2	44.6	59
	卫运河	徐万仓—四女寺枢纽	157.0	320.4	320.4	100
	漳卫新河	岔河四女寺—大王铺	43.0	84.5	84.5	100
		老减河四女寺—大王铺	53.0	104.6	104.6	100
		大王铺—辛集闸	122.0	245.3	245.3	100
		辛集闸—大口河	37.0	73.4	49.5	67
	南运河	四女寺枢纽—第三店	41.0	70.9	70.9	100
小计			797.4	1 585.2	1 496.4	94
总计			1 421.4	2 864.8	2 476.7	86

注:岸线长度为规划范围内河段相应的岸线外缘线长度。

4.1.3.2　岸线保护现状

规划范围内各河系岸线均有部分河道涉及生态敏感区,保护对象主要为湿地公园。

北三河系涉及生态敏感区 2 处,分别为天津市宝坻区潮白河国家湿地公园、河北香河潮白河大运河国家湿地公园。其中,天津市宝坻区潮白河国家湿地公园涉及长度为 25.9 km,占潮白河岸线比例为 17%;河北香河潮白河大运河国家湿地公园涉及潮白河岸线长度为 45.4 km,占潮白河岸线比例为 30%,涉及北运河岸线长度 26.3 km,占北运河岸线比例为 15%。

永定河系涉及生态敏感区有河北怀来官厅水库国家湿地公园,岸线长度共计 20.6 km,占其岸线比例约为 4%。

大清河水系盖房分洪道和赵王新河及独流减河口现状未涉及生态敏感区。

海河口现状未涉及生态敏感区。

漳卫河系涉及的生态敏感区有 1 处,为减河国家湿地公园,涉及老减河岸线长度 31.8 km,占其岸线比例为 44%。

综上所述,海河流域规划范围内岸线总长 2 864.8 km,生态敏感区涉及岸线长度共计 150.0 km,占比为 5.2%,比例较低。规划范围各河道涉及的生态敏感区见表 4-6。

表 4-6　规划范围各河道涉及生态敏感区

河流	岸别	生态敏感区名称	涉及岸线长度/km	岸线总长度/km	占比/%	省(市)	市(地)级行政区
潮白河	两岸	天津市宝坻区潮白河国家湿地公园	25.9	152.9	17	天津	宝坻区
北运河	两岸	河北香河潮白河大运河国家湿地公园	45.4	152.9	30	河北	廊坊市
			26.3	171.3	15	河北	廊坊市
永定河	两岸	河北怀来官厅水库国家湿地公园	20.6	551.8	4	河北	张家口市
老减河	两岸	减河国家湿地公园	31.8	72	44	山东	德州市、武城县

4.1.3.3　岸线利用现状

对规划范围内利用河道岸线的建设项目进行分析,将岸线资源现状利用情况按跨(穿)河设施、临河港口码头、取(排)水设施、生态整治类(公园、景观设施等)及其他利用类型进行统计,统计岸线开发利用现状程度。涉河项目利用岸线长度,一般以工程自身长度(如沿河景观公园等)或工程自身长度加上管理范围[如铁路、桥梁、管线等跨(穿)河设施、取排水设施等]确定。铁路桥梁、公路桥梁、跨河管线、取用水口、水闸等按照《铁路安全管理条例》《公路安全保护条例》《电力设施保护条例实施细则》《中华人民共和国石油天然气管道保护法》《水闸设计规范》等相关法规、规范规定确定其利用长度。经统计分析,规划范围内河道岸线利用长度为 340.8 km,占岸线总长度的 11.9%,岸线利用项目大多为公用基础设施类项目,以跨(穿)河设施、取(排)水设施为主,此类项目岸线利用长度为189.9 km,占岸线总长度的6.6%,项目总体对河道行洪安全影响较小,岸线利用符合涉河建设项目管理要求。山区段河道开发利用项目占比较小,进入平原地区呈逐渐增加趋势,开发利用活动主要集中在城(镇)区段。

1. 分河系岸线利用现状

从河系来看,规划范围内北三河系河道岸线总长445.5 km,现状利用长度47.4 km,岸线利用率为10.6%;永定河系河道岸线总长596.0 km,现状利用长度98.9 km,岸线利用率为16.6%;大清河系河道岸线总长186.5 km,现状利用长度18.6 km,岸线利用率为10.0%;漳卫河系河道岸线总长1 585.2 km,现状利用长度148.2 km,岸线利用率为9.3%。各河系及相关河段岸线利用现状情况详述如下。

1) 北三河系

规划范围内北三河系河道岸线总长为445.5 km,岸线利用长度47.4 km,岸线总体利用率为10.6%。其中,北运河的岸线利用程度相对较高,为13.0%;蓟运河岸线利用率较低,为4.7%。

北三河系河道岸线现状利用情况汇总见表4-7。

表4-7　北三河系河道岸线现状利用情况汇总

河流水系	河流名称	重点河段	岸线长度/km	开发利用岸线长度/km						岸线利用率/%
				跨(穿)河设施	港口码头	取(排)水设施	生态整治类	其他	小计	
北三河系	北运河	北关闸—筐儿港枢纽	171.3	9.5	0.5	8.5	3.2	0.5	22.2	13.0
	潮白河	苏庄橡胶坝—津蓟铁路桥	152.9	12.5	0	2.2	0	4.8	19.5	12.8
	蓟运河	九王庄—江洼口	121.3	1.4	0	4.3	0	0	5.7	4.7
小计			445.5	23.4	0.5	15.0	3.2	5.3	47.4	10.6

北运河北关闸—筐儿港段河道、潮白河苏庄橡胶坝—津蓟铁路桥段河道、蓟运河九王庄至江洼口段河道,除潮白河局部段无堤外,其余河段均建设有连续堤防,岸线长度为445.5 km。现状岸线利用项目主要包括跨(穿)河设施、取(排)水设施、港口码头、生态整治类(公园、景观步道等设施)及高尔夫球场等类型。潮白河、蓟运河主要以跨(穿)河设施、取(排)水设施为主。

北运河岸线利用率为13.0%,利用形式以跨(穿)河设施和取(排)水设施为主,此类项目利用岸线长18.0 km,占比10.5%。北运河北关闸至香河段河道两岸受北京市城市副中心发展带动,社会经济发展迅速,城镇密布,交通网络发达,跨(穿)河桥梁较多;香河以下主要以农业取(排)水设施为主。

潮白河岸线利用程度为12.8%,利用形式以跨(穿)河设施为主,此类项目利用岸线长12.5 km,占比8.2%。潮白河吴村闸以上流经北京市顺义区、通州区,两岸经济发展迅速,交通路网发达,跨河桥梁较多。三河市段建有高尔夫球场利用河道岸线,占潮白河现状岸线利用长度的 24.6%;吴村闸以下河段主要以农业取排水设施为主。

蓟运河岸线利用程度为 4.7%,整体利用程度不高,利用形式主要以取(排)水设施为主,此类项目利用岸线长 4.3 km,占比 3.5%。蓟运河两岸主要为天津市宝坻区、蓟州区及河北省玉田县的村庄,沿河连续分布,以农业耕作为主,有少数桥梁穿越,岸线的利用形式主要以农业取排水设施为主。

北三河整体上处于京津冀较为发达区域,从岸线利用现状来看,取(排)水口、跨(穿)河桥梁、水闸等涉河建筑较多,部分城区段岸线利用形式包含文化广场、体育公园等沿河生态景观工程,局部段岸线现状利用程度较高,从保障防洪安全角度看,需控制岸线开发利用程度。

2) 永定河系

规划范围内永定河系河道岸线总长 596.0 km,岸线利用长度 98.9 km,岸线总体利用率为 16.6%。其中,永定河岸线利用率相对较高,为 17.6%;永定新河岸线利用率较低,为 3.6%。

永定河系河道岸线现状利用情况汇总见表 4-8。

表 4-8　永定河系河道岸线现状利用情况汇总

河流水系	河流名称	重点河段	岸线长度/km	开发利用岸线长度/km						岸线利用率/%
				跨(穿)河设施	港口码头	取(排)水设施	生态整治类	其他	小计	
永定河系	永定河	朱官屯—屈家店枢纽	551.8	29.7	0.1	5.0	45.1	17.4	97.3	17.6
	永定新河	永定新河防潮闸闸上 0.5 km—闸下 19.0 km	44.2	0.5	1.1	0	0	0	1.6	3.6
小计			596.0	30.2	1.2	5.0	45.1	17.4	98.9	16.6

永定河系河道岸线长度为 596.0 km,河道自三家店以下两岸均靠堤防约束。永定河现状岸线利用项目包括跨(穿)河设施、港口码头、取(排)水设施、生态整治类(公园、景观步道等设施)及高尔夫球场等类型,主要为跨(穿)河设施、生态整治类(公园、景观步道等设施)及高尔夫球场,此类项目利用岸线长 92.2 km。永定新河口段河道主要经过天津市滨海新区,岸线的利用类型主要以码头、穿(跨)河建筑物等涉河项目为主。

永定河岸线利用率为 17.6%,主要以跨(穿)河设施和生态整治类的利用为主,此类项目利用岸线长 74.8 km,占比 13.6%。官厅水库上游山峡段,现状开发利用方式主要为跨(穿)河设施;三家店—崔指挥营段地处北京市,两岸经济发展迅速,城镇密布,交通路网发达,生态整治类(湿地、公园、景观等)工程、跨河桥梁较多,且有 7 处高尔夫球场,局部段岸线现状利用程度较高,从保障防洪安全角度,需控制岸线开发利用程度。河道下游流经河北省廊坊市的固安、永清、广阳、安次,天津市的武清、北辰,该河段两岸村镇分布,廊坊市河段岸线的开发利用活动以排水闸、节制闸、引水闸等为主,天津市河段岸线的开发利用活动以跨河桥梁和泵站为主。

永定新河口左岸为滨海新区临海新城,右岸为天津港,防潮闸闸上0.5 km段河道两岸均靠堤防约束,闸下19.0 km以治导线控制。永定新河口岸线利用率为3.6%。

3)大清河系

规划范围内大清河系河道岸线总长186.5 km,岸线利用长度18.6 km,岸线总体利用率为10.0%。其中,新盖房分洪道、赵王新河岸线利用程度相对较低,分别为4.6%、8.9%;独流减河口岸线利用程度相对较高,为17.8%。

大清河系河道岸线现状利用情况汇总见表4-9。

表4-9　大清河系河道岸线现状利用情况汇总

河流水系	河流名称	重点河段	岸线长度/km	开发利用岸线长度/km						岸线利用率/%
				跨(穿)河设施	港口码头	取(排)水设施	生态整治类	其他	小计	
大清河系	赵王新河	枣林庄闸下—任庄子	87.7	6.9	0	0.9	0	0	7.8	8.9
	新盖房分洪道	新盖房—刘家铺	51.7	2.2	0	0.2	0	0	2.4	4.6
	独流减河口	独流减河防潮闸闸上0.5 km—闸下21.5 km	47.1	0.3	8.1	0	0	0	8.4	17.8
小计			186.5	9.4	8.1	1.1	0	0	18.6	10.0

(1)赵王新河、新盖房分洪道。

赵王新河、新盖房分洪道两岸均有连续堤防,河道岸线长度分别为87.7 km、51.7 km,现状岸线利用项目类型包括跨(穿)河设施、取(排)水设施2类。

赵王新河岸线利用程度为8.9%,岸线现状利用长度7.8 km。赵王新河主要涉及河北省沧州市和文安县,沧州市境内长约9 km,文安县境内长约33 km,两岸村镇较少,河道岸线利用以跨(穿)河设施为主。新盖房分洪道位于河北省雄安新区的昝岗、雄县两组团之间,区域内交通网络发达,跨河桥梁多,河道岸线利用以跨(穿)河设施为主。

赵王新河与新盖房分洪道的岸线利用对河道水资源、功能区、水质等不会造成影响;赵王新河与新盖房分洪道是大清河系南、北支洪水下泄的主要通道,防洪安全至关重要,从保障防洪安全角度,需控制岸线开发利用程度。

(2)独流减河。

独流减河防潮闸闸上0.5 km段两岸均有堤防,靠堤防约束,闸下21.5 km以治导线控制。两岸主要以工业开发区为主,岸线利用主要以码头、穿(跨)河建筑物、排泥场等项目为主。独流减河口岸线利用程度为17.8%,现状岸线利用长度为8.4 km,河口左岸为天津临港工业区,河口右岸为天津南港工业区。码头、排泥场等岸线利用项目均位于治导线以外,对河口河势及入海尾闾防洪安全基本无影响。

4)海河河口

海河河口岸线长 51.6 km,岸线现状利用长 27.7 km,岸线利用率相对较高,为53.7%。

海河河口岸线现状利用情况汇总见表 4-10。

表 4-10　海河河口岸线现状利用情况汇总

河流水系	河流名称	重点河段	岸线长度/km	开发利用岸线长度/km						岸线利用率/%
				跨(穿)河设施	港口码头	取(排)水设施	生态整治类	其他	小计	
海河干流	海河	海河防潮闸闸上 0.5 km—闸下 22 km	51.6	0.7	26.7	0.3	0	0	27.7	53.7
小计			51.6	0.7	26.7	0.3	0	0	27.7	53.7

海河防潮闸闸上 0.5 km 段两岸均有堤防,两岸均靠堤防约束,闸下 22 km 以治导线控制。河道两岸主要以工业开发区为主,岸线的开发利用活动主要以港口码头、跨(穿)河建筑物等项目为主。海河口岸线开发利用率为 53.7%,现状岸线利用长 27.7 km,河口左岸为天津港、中国渤海石油公司、天津港保税区、天津经开区,河口右岸为临港工业区、塘沽盐场、天津港散货物流中心和滨海风景旅游区等。港口码头等岸线利用项目均位于治导线以外,对河口河势及入海尾闾防洪安全基本无影响。

5)漳卫河系

规划范围内漳卫河系河道岸线总长 1 585.2 km,岸线现状利用长度 148.2 km,河系岸线总体利用率为 9.3%。其中,漳卫新河口的岸线利用程度相对较高,为 46.5%;漳河及卫运河岸线利用率较低,分别为 1.9%和 3.7%。

漳卫河系河道岸线开发利用汇总见表 4-11。

(1)漳河。

漳河岳城水库—徐万仓段,京广铁路桥以上两岸现状无堤,京广铁路桥以下自高庄、太平庄起至徐万仓两岸有堤防约束,漳河岸线总长 243.2 km,现状岸线利用项目类型主要为跨(穿)河设施,主要集中在上游京广铁路桥附近,有 4 座重要的大型跨河设施,下游近百千米河道有 3 座大型跨(穿)河建筑和 9 座中小型桥梁。

漳河现状岸线利用程度为 2.4%,利用长度 4.1 km。漳河岳城水库以下河道受上游来水来沙条件改变影响,河道演变趋势为缓慢下切,河道岸线相对稳定,但京广铁路桥—南尚村段约 46.2 km 河段属游荡型河道,河道岸线仍有演变可能。目前,漳河现状岸线利用程度较低,利用岸线的项目类型对河道水资源、生态环境等不会造成影响。漳河为漳卫河系骨干行洪河道,下游东王村口门承担着分泄洪水入大名泛区的分洪重任,从保障防洪安全角度考虑,应对游荡型河道岸线慎重利用,对分洪口门附近岸线利用进行严控。

表 4-11　漳卫河系河道岸线开发利用汇总

河流水系	河流名称	重点河段	岸线长度/km	开发利用岸线长度/km						岸线利用率/%
				跨(穿)河设施	港口码头	取(排)水设施	生态整治类	其他	小计	
漳卫河系	漳河	岳城水库—京广铁路桥	36.9	0.2	0	0	0	0	0.2	0.5
		京广铁路桥—徐万仓	206.3	1.1	0	2.8	0	0	3.9	1.9
	卫河	淇门—徐万仓	366.7	3.8	4.3	33.7	0	0	41.8	11.4
	共产主义渠	刘庄闸—老关嘴	76.2	3.4	0	6.0	0	0	9.4	12.3
	卫运河	徐万仓—四女寺枢纽	320.4	4.6	0	7.2	0	0	11.8	3.7
	岔河	四女寺枢纽—大王铺	84.5	4.9	0	4.8	0	0	9.7	11.5
	老减河	四女寺枢纽—大王铺	104.6	3.0	0	5.4	0	0	8.4	8.0
	漳卫新河	大王铺—辛集闸	245.3	3.7	0	11.3	0	0	15.0	6.1
		辛集闸—大口河	73.4	0.4	2.6	2.2	0	28.9	34.1	46.5
	南运河	四女寺枢纽—第三店	70.9	4.4	0	1.9	7.6	0	13.9	19.6
小计			1 585.2	29.5	6.9	75.3	7.6	28.9	148.2	9.3

（2）卫河、共产主义渠。

卫河淇门—徐万仓段两岸有连续堤防约束，共产主义渠刘庄闸—老关嘴段堤防尚不完整，卫河岸线总长 366.7 km，共产主义渠岸线总长 76.2 km，现状岸线利用项目类型主要为跨(穿)河设施及取(排)水设施，其中，跨河桥梁 61 座；取(排)水建筑物 629 座，主要承担两岸排涝和灌溉任务。

卫河岸线利用率为 11.4%，利用长度为 41.8 km，共产主义渠岸线利用率为 12.3%，利用长度 9.4 km。卫河、共产主义渠是漳卫河系防洪体系的重要组成部分，从河道岸线利用现状来看，取(排)水口、跨(穿)河桥梁等涉河建筑多，且河道蜿蜒曲折，险工险段多，两岸坡洼联合调度复杂，岸线开发利用及对防洪安全会有一定影响。

（3）卫运河。

卫运河两岸堤防连续、达标，岸线基本稳定，岸线总长 320.4 km，现状岸线利用项目类型主要为跨(穿)河建筑物及取(排)水设施，共利用岸线长度 11.8 km，占比 3.7%，岸线利用程度较低。

（4）漳卫新河。

漳卫新河四女寺枢纽—大口河(入海口)段河道，四女寺枢纽以下分为两汊，南汊为老减河，北汊为岔河，两汊于大王铺汇合。河口左岸海丰、河口右岸孟家庄以上有连续堤防约束,以下至大口河两岸无堤,以河口治导线控制,岸线相对稳定,岸线总长 507.8 km。现状岸线利用项目类型主要为跨(穿)河设施及取(排)水设施,辛集闸以下河口段有港口码头及虾池、晒盐场。其中,岔河岸线利用程度为 11.5%,利用岸线长 9.7 km;老减河岸线利用程度为 8.0%,利用岸线长 8.4 km;大王铺—辛集闸段岸线利用程度为 6.1%,利用岸线长度 15.0 km;辛集闸—大口河段岸线利用程度为 46.5%,利用岸线长度 34.1 km,主要为埕口以下的虾池、晒盐场利用岸线,利用长度为 28.9 km。

漳卫新河为洪涝合排河道,是漳卫河系中下游主要行洪通道及入海尾闾,防洪作用突出。从河道岸线利用现状来看,岔河、老减河、漳卫新河岸线总体利用程度不高。漳卫新河口岸线利用程度相对较高,从保障防洪安全的角度,需控制河口岸线开发利用程度。

(5)南运河。

南运河四女寺枢纽—第三店段,两岸堤防连续,岸线基本稳定,岸线总长 70.9 km。该段南运河穿过德州城区,两岸城市发展较快,交通相对发达,桥梁穿越次数较多,岸线的开发利用活动主要以沿岸城市建设发展为主。现状岸线利用项目类型主要包括跨(穿)河设施、拦河闸坝、取排水设施、生态整治类景观设施等,占用岸线长度 13.9 km,岸线利用率为 19.6%。

从河道的利用现状来看,城市景观治理较为完善,跨(穿)河桥梁、取(排)水口等涉河建筑相对较多,该段南运河承担分泄漳卫河系部分洪水及向北京、天津、河北的输水任务,是京杭大运河的一部分,未来有局部通航的可能,两岸岸线的开发利用控制不力会对河道防洪安全、生态环境产生影响。

2. 分行政区岸线利用现状

规划范围河道岸线开发利用汇总(分行政区)见表 4-12。

表 4-12　规划范围河道岸线开发利用汇总(分行政区)

省(市)	市(地)级行政区	县级行政区	岸线长度	开发利用岸线长度/km						岸线利用率/%
				跨(穿)河设施	港口码头	取(排)水设施	生态整治类	其他	小计	
北京市	顺义区	—	9.8	2.0	0	0.1	0	0	2.1	21.4
	通州区	—	103.3	8.1	0.5	4.0	3.3	1.8	17.7	17.1
	门头沟区	—	196.3	10.0	0	0.8	30.9	0	41.7	21.2
	石景山区	—	14.2	2.1	0.1	0.1	1.9	0	4.2	29.6
	房山区	—	29.6	0.8	0	0.1	2.4	12.5	15.8	53.4
	丰台区	—	20.9	3.7	0	0.2	9.8	1.0	14.7	70.3
	大兴区	—	57.0	2.0	0	0.1	0	2.3	4.4	7.7
	小计		431.1	28.7	0.6	5.4	48.3	17.6	100.6	23.3
天津市	蓟州区		18.2	0.4	0	0.2	0	0	0.6	3.3
	宝坻区		87.7	1.4	0	2.9	0	0	4.3	4.9
	滨海新区	—	142.9	1.5	35.9	0.3	0	0	37.7	26.4
	武清区	—	118.8	4.2	0	5.1	0	0	9.3	7.8
	北辰区		15.8	2.1	0	0.6	0	0	2.7	17.1
	小计		383.4	9.6	35.9	9.1	0	0	54.6	14.2

续表 4-12

省(市)	市(地)级行政区	县级行政区	岸线长度	开发利用岸线长度/km						岸线利用率/%
				跨(穿)河设施	港口码头	取(排)水设施	生态整治类	其他	小计	
河北省	邯郸市	磁县	21.7	0.1	0	0	0	0	0.1	0.5
		大名县	128.5	1.2	0	9.7	0	0	10.9	8.5
		馆陶县	43.1	0.4	0	1.4	0	0	1.8	4.2
		临漳县	87.3	0.4	0	0.4	0	0	0.8	0.9
		魏县	78.4	0.3	0	1.4	0	0	1.7	2.2
	廊坊市	大厂县	12.8	1.2	0	0.2	0	0	1.4	10.9
		三河县	18.8	0.9	0	0.4	0	3.5	4.8	25.5
		香河县	86.7	7.1	0	1.2	0	0	8.3	9.6
	衡水市	故城县	74.6	1.4	0	1.4	0	0	2.8	3.8
		景县	16.9	0.2	0	0	0	0	0.2	1.2
	邢台市	临西县	38.8	0.5	0	0.9	0	0	1.4	3.6
		清河县	21.5	0.2	0	0.3	0	0	0.5	2.3
	沧州市	海兴县	53.2	0.5	2.0	2.1	0	13.3	17.9	33.6
		吴桥县	79.7	2.1	0	3.0	0	0	5.1	6.4
		东光县	22.6	0.4	0	1.0	0	0	1.4	6.2
		南皮县	14.4	0.4	0	0.5	0	0	0.9	6.3
		盐山县	48.2	0.6	0	2.5	0	0	3.1	6.4
	唐山市	玉田县	41.3	0.3	0	1.7	0	0	2.0	4.8
	保定市	涿州市	7.4	0	0	0	0	0	0	0
	廊坊市	固安县	23.6	1.0	0	0	0	1.6	2.6	11.0
		永清县	24.6	1.4	0	0.3	0	0	1.7	6.9
		广阳区	16.9	0.4	0	0.7	0	0	1.1	6.5
		安次区	40.8	2.3	0	1.3	0	0	3.6	8.8
	张家口市	怀来县	52.8	1.7	0	0	0	0	1.7	3.2
	沧州市	任丘市	18.1	1.6	0	0	0	0	1.6	8.8
	廊坊市	文安县	68.7	4.9	0	0.9	0	0	5.8	8.4
		霸州市	0.9	0.4	0	0	0	0	0.4	44.4
	雄安新区	雄县	51.7	2.2	0	0.2	0	0	2.4	4.6
	小计		1 194.0	34.1	2.0	31.5	0	18.4	86.0	7.2

续表 4-12

省(市)	市(地)级行政区	县级行政区	岸线长度	开发利用岸线长度/km						岸线利用率/%
				跨(穿)河设施	港口码头	取(排)水设施	生态整治类	其他	小计	
河南省	鹤壁市	浚县	193.3	4.7	3.6	16.0	0	0	24.3	12.6
	安阳市	汤阴县	17.7	0.1	0	1.1	0	0	1.2	6.8
		安阳县	15.1	0.1	0	0	0	0	0.1	0.7
		滑县	13.2	0.3	0.7	0.7	0	0	1.7	12.9
		内黄县	78.5	0.8	0	8.2	0	0	9.0	11.5
	濮阳市	清丰县	9.4	0	0	0.6	0	0	0.6	6.4
		南乐县	34.4	0.5	0	3.4	0	0	3.9	11.3
	小计		361.6	6.5	4.3	30.0	0	0	40.8	11.3
山东省	德州市	德城区	157.2	9.5	0	8.1	7.6	0	25.2	16.0
		夏津县	20.1	0.1	0	1.0	0	0	1.1	5.5
		武城县	69.5	1.5	0	2.4	0	0	3.9	5.6
		宁津县	56.1	0.7	0	2.5	0	0	3.2	5.7
		乐陵县	35.5	0.5	0	1.5	0	0	2.0	5.6
		庆云县	33.0	0.5	0	1.9	0	0	2.4	7.3
	聊城市	冠县	35.9	0.3	0	1.1	0	0	1.4	3.9
		临清市	42.7	0.6	0	1.0	0	0	1.6	3.7
	滨州市	无棣县	44.7	0.5	0.6	1.3	0	15.6	18.0	40.3
	小计		494.7	14.2	0.6	20.8	7.6	15.6	58.8	11.9
总计			2 864.8	93.1	43.4	96.8	55.9	51.6	340.8	11.9

从行政区上看,北京市境内北运河、潮白河、永定河交通基础设施、沿河公园、景观步道、文化广场、高尔夫球场等城市建设、居民游览设施较多,北京市河段岸线利用率较高,为23.3%。其中,丰台区段永定河的园博湖景观设施及世纪森林公园占用大部分岸线,岸线利用程度为70.3%。

天津市境内北运河、潮白河、蓟运河、永定河、独流减河口、海河口除涉及滨海新区外,基本不涉及重要城区、城镇,岸线利用主要以港口码头、跨(穿)河设施为主,整体开发利用程度不高,境内河段开发利用率为14.2%。

河北省境内北运河、潮白河、蓟运河、永定河、赵王新河、新盖房分洪道、卫运河、卫河等主要以取(排)水设施和跨(穿)河设施为主,河段开发利用程度相对较低,为7.2%。

河南省境内漳河、卫河、共产主义渠河段基本不涉及景观设施的占用,主要以取(排)水设施为主,整体开发利用程度不高,开发利用率为11.3%。

山东省境内卫运河、漳河、岔河、老减河、漳卫新河、南运河主要以取(排)水设施和跨(穿)河设施为主,整体开发利用程度不高,河段开发利用率为11.9%。

4.1.3.4　岸线管理现状

规划范围内岸线保护和利用涉及水利、交通运输、自然资源、生态环境等多个部门,水利部门涉及岸线管理主要职责包括河道治理、取(排)水口、拦河建筑物等水利基础设施建设,岸线开发利用对河道防洪的影响等;交通运输部门涉及岸线管理的主要职责包括港口码头及跨桥梁建设等;自然资源部门涉及岸线管理的主要职责包括国土空间规划布局、用途管制和生态修复等;生态环境部门涉及岸线管理的主要职责包括与岸线水域相关的生态环境保护、污染防治等。

在国家全面推行河长制之前,各部门之间、流域与区域之间,由于缺乏有效的沟通协调机制及对岸线的防洪、供水、港口航运、生态环境保护等功能缺乏统筹,导致岸线的保护与开发利用及管理存在不合理情况。

2016年12月,中共中央办公厅、国务院办公厅印发《关于全面推行河长制的意见》,明确水域岸线管理保护是河长制的主要任务之一,各级党委和政府主要负责人将肩负起水域岸线管理保护责任,并可协调各有关部门关于岸线管理的权责,同时日常巡查执法监管的力量也得到加强。自全面推行河长制以来,水利部组织开展了河湖"清四乱"专项行动、"一河(湖)一策"方案编制、岸线保护与利用规划编制、管理范围划定等一系列管理保护行动,海河流域相继开展了河湖"清四乱"专项行动,流域各级人民政府、各级河长、水行政主管部门切实履行职责,健全河湖管理体制机制,强化河湖岸线保护与合理利用相结合,大力清理整治河湖"四乱"问题,河湖面貌持续改善,流域河湖管理与保护工作取得了明显成效。

为深入贯彻河长制湖长制要求,海委(水利部海河水利委员会,简称海委)会同北京市、天津市、河北省、山西省、河南省、山东省及内蒙古自治区河长制湖长制办公室联合印发了《海河流域河长制湖长制联席会议制度》,主要围绕水资源保护、河湖水域岸线管理保护、水污染防治、水环境治理、水生态修复、执法监管等河长制湖长制工作主要任务,研究探讨流域内省际边界河湖"一河(湖)一策"编制工作,流域内涉及上下游、左右岸、省际间的联防联治等问题,协调省际边界河流湖泊河长制湖长制工作相关事务,协调跨省河湖专项整治行动,协商解决河长制湖长制工作中有关的重大问题。为加快补齐水利信息化短板,高质有效管理河道岸线,海委紧密结合流域信息化资源整合工作的实际需求,着力持续推进水利信息化管理应用,初步构建了海委河湖管理信息系统,为各项工作的有效开展提供了安全稳定、高效协同的信息化手段,流域现状岸线保护和管理正走上规范高效的轨道。

4.2　聊城市19条河流基本情况

4.2.1　河流概况

4.2.1.1　赵王河

1. 地理位置

赵王河是聊城市阳谷县和旅游度假区的主要排涝河道,是徒骇河的一级支流,位于聊城市中南部,南靠金堤,北接徒骇河,起源于阳谷县金堤河赵升白闸,于阳谷县孟屯村东穿过位山三干渠,北流至四河头入徒骇河,全长 49.02 km,流域面积 692.5 km²,其中阳谷县段长 37.38 km,流域面积 318.7 km²,涉及阳谷县 15 个乡镇 505 个村庄 38.94 万人 62.3 万亩耕地;旅游度假区段长 11.64 km,流域面积 373.8 km²。南水北调东线占用 1.644 km。赵王河入徒骇河设计排涝流量 125 m³/s"64 年雨型",设计行洪流量 248 m³/s"61 年雨型"。

2. 水文气象

赵王河流域位于温带季风气候区,具有显著的季节变化和季风气候特征,属半干旱大陆性气候。春季干旱多风,回暖迅速,光照充足,辐射强;夏季湿热多雨,雨热同期;秋季天高气爽,气温下降快,辐射减弱;冬季寒冷干燥,雨雪稀少,常有寒流侵袭。四季的基本气候特点可概括为"春旱多风,夏热多雨,晚秋易旱,冬季干寒"。流域内年平均气温为 13.5 ℃。气温的季节变化明显,1 月最冷,平均气温为-1.8 ℃;7 月最热,平均气温为 26.8 ℃。极端最高气温为 41.8 ℃,极端最低气温为-22.3 ℃。全市无霜期平均为 208 d。流域内年平均降水量 540.4 mm,最多年降水量为 785.3 mm,最少年降水量为 312.7 mm。全年降水多集中在夏季,夏季易出现局部内涝。秋季雨量多于春季,春季干旱发生频繁,有"十年九春旱"之说,冬季降水最少,不足全年的 3%。年平均相对湿度 68%,其中,7—8 月相对湿度最大,为 79%~83%,2—3 月相对湿度最小,为 57%~59%。年蒸发量平均为 1 709 mm,每年中 6 月蒸发量最大,平均为 267 mm,1 月蒸发量最小,平均为 45 mm。流域内年平均风速为 2.3 m/s,春季风速较大,夏季风速较小。全年最多风向为南风、偏南风,以春季出现的频率最高,其次为北风、偏北风。年平均日照时数为 2 323 h,最多年 2 680 h,最少年 1 964 h。

3. 地形地貌

赵王河位于聊城南部,从属于鲁西黄河冲积平原,海拔在 31.70~34.36 m,相对高差为 2.66 m。由于历史上黄河多次改道、泛滥,形成了高中有洼、洼中有岗的微地貌。按其成因可分为缓平坡地、河滩高地、浅平洼地、背河槽状洼地 4 种类型。

4. 河道情况

1) 河道概况

赵王河起源于阳谷县金堤河赵升白闸,流经阳谷县、旅游度假区 2 个县(区)的 9 个乡(镇)(含街道),于四河头处流入徒骇河,河道总长度为 49.02 km。

(1)赵王河—阳谷县段(寿张镇赵升白闸—郭屯镇三干渠桥)。

赵王河—阳谷县段河道起源于阳谷县金堤河赵升白闸,流经阳谷县寿张镇等 6 个乡(镇)(街道),于郭屯镇孟屯村流入旅游度假区,本段河道长 37.38 km,现状河道最大宽度 52 m,最小宽度 15 m。从赵升白闸至于营村,长度 24.65 km,由于久未治理,其现状防洪标准不足 20 年一遇,现状排涝标准不足 5 年一遇。从于营村至三干渠桥,长度 12.73 km,已实施阳谷县中小河道治理(赵王河)工程,其现状防洪标准为 20 年一遇,现状排涝标准为 5 年一遇。

(2)赵王河—旅游度假区段(三干渠桥—徒骇河)。

赵王河—旅游度假区段河道由旅游度假区三干渠桥起,经朱老庄镇、湖西街道,在湖西街道四河头处入徒骇河,全长 11.64 km,2015—2016 年,旅游度假区农委对赵王河三干渠至南水北调苏里井闸段进行系统治理。恢复加固沿岸堤防,对沿河损毁严重的桥、涵、闸一并进行维修改造,有效提高了河道的排水能力,达到"61 年雨型"防洪标准、"64 年雨型"排涝标准。

2)堤防情况

(1)赵王河—阳谷县段(寿张镇赵升白闸—郭屯镇孟屯闸)。

赵王河—阳谷县段河道长度为 37.38 km,两岸均属于无堤防自然边坡形式,未见明显堤防。

(2)赵王河—旅游度假区段(三干渠桥—徒骇河)。

赵王河—旅游度假区段河道长度为 11.64 km,其中三干渠桥至小运河河道长 8.05 km,堤防形式为土堤,两岸长度为 15.80 km,堤防等级为 4 级。小运河至姚屯村段河道长度 1.50 km,堤防形式为土堤,长度为 3 km,现状已被南水北调东线占用。赵王河改道工程长度为 2.09 km。原姚屯村至四河头段河道现状已被望月湖工程占用。

5. 建筑物情况

1)穿河(堤)工程

经现场查勘,赵王河沿线共 132 处穿河(堤)建筑物,包括穿堤涵闸 46 座、穿堤涵洞(管涵)68 座、穿河管线 9 处、泵站 3 处、监测设施 1 处、支流入口处堤防连通桥 3 座、渡槽 2 座,其中阳谷县 54 座、旅游度假区 78 座。穿堤涵闸运行良好,穿堤涵洞(管涵)中 3 座病险,其余 65 座运行良好。泵站中,有 2 处为简易泵站,其中 1 处已基本废弃。2 座渡槽运行良好。穿河管线中,有 2 处供水管线不符合穿河要求,对河道水流形成一定的拦阻作用。

2)拦河闸坝工程

赵王河沿线共建闸、坝等拦河工程 13 座,其中节制闸 12 座(均已建设完成)、橡胶坝 1 座。拦河闸中,闫兴鲁闸、国庄闸、庄户闸均存在不同程度的病险,其余 9 座拦河闸均能正常运行。赵王河橡胶坝因凤凰湖水库建设工程待拆除。

3)建筑物占用岸线情况

建筑物占用岸线资源长度,一般以其工程自身长度加上管理范围确定。本次计算中,各类工程占用岸线资源长度详述如下。

(1)铁路桥梁。

根据《铁路安全管理条例》,铁路线路两侧应当设立铁路线路安全保护区。铁路线路安全保护区的范围,从铁路线路路堤坡脚、路堑坡顶或铁路桥梁外侧起向外的距离分别为:城市市区高速铁路为 10 m,其他铁路为 8 m;城市郊区居民居住区高速铁路为 12 m,其他铁路为 10 m;村镇居民居住区高速铁路为 15 m,其他铁路为 12 m;其他地区高速铁路为 20 m,其他铁路为 15 m。

铁路桥梁项目占用岸线资源长度一般为桥梁自身宽度与其安全保护区的范围之和。本次计算,铁路线路安全保护区的范围取 20 m。铁路桥梁项目占用岸线资源长度为桥梁自身宽度+上下游各 20 m。

(2)公路桥梁。

根据《公路安全保护条例》,公路建筑控制区的范围,从公路用地外缘起向外的距离标准为:国道不少于 20 m,省道不少于 15 m,县道不少于 10 m,乡道不少于 5 m。

公路桥梁项目占用岸线资源长度一般为桥梁自身宽度与其控制区的范围之和。本次计算,国道(高速公路)、省道、县道、乡道的控制区范围分别取 20 m、15 m、10 m、5 m。

(3)跨河管线。

根据《电力设施保护条例实施细则》,架空电力线路的管理范围为导线边线向外侧延伸所形成的两平行线内的区域,本次计算对于低压线、高压线、超高压线边线延伸距离分别取 5 m、10 m、15 m,通信线缆边线延伸距离取 5 m。根据《中华人民共和国石油天然气管道保护法》,在管道线路中心线两侧各 5 m 地域范围内,禁止危害管道安全的行为,本次输油(气)管道管理范围取 5 m。

(4)涵闸及取水口。

根据《水闸设计规范》,水闸工程的管理范围为水闸管理单位直接管理和使用的范围,包括工程自身覆盖范围及覆盖范围以外的管理范围。其中,工程覆盖范围以外的管理范围见表 4-13。取水口、穿堤涵闸上下游的管理范围宽度取 30 m。

表 4-13　水闸工程建筑物覆盖范围以外的管理范围

工程规模	大型	中型
上、下游边界以外的宽度/m	单侧不大于 300	单侧不大于 150
两侧边界以外的宽度/m	单侧不大于 100	单侧不大于 40

本次计算,水闸工程、取水口及穿河(堤)涵闸占用岸线资源长度一般以其工程自身长度加上管理范围确定。

赵王河河道岸线利用情况见表 4-14。

6. 环境与生态情况

1)河道水质状况

根据 2017 年对赵王河干流水质检测资料,赵王河各检测断面水质均不达标。污染主要来源于工业、企业及城市污水处理厂排污、农业面源污染、畜禽养殖污染、农村生活污水、渔业养殖及入河支流污染等。

2)生态环境状况

(1)河道淤积严重。

赵王河上游阳谷县河段兼有引金堤河灌溉的功能,加上河道坡降较小,水流缓慢,且多年未治理,因此造成上游河道淤积较为严重。河道淤积不仅影响河道的行洪能力,还会弱化河道的自然连通性,影响河道的自净能力和水生生态系统的生物多样性发展,造成河道水质污染和生态破坏。

(2)河道沿岸堆放农业、生活垃圾。

赵王河存在农业垃圾和生活垃圾乱堆乱弃现象,农业垃圾主要包括农作物秸秆、农业塑料、畜禽粪便等,此类垃圾长期堆放,任其日晒雨淋,致使空气恶臭,蚊蝇孳生,严重污染周边环境。另外,雨季,沿岸垃圾易随雨水进入河道,堵塞河道,影响防洪,并直接导致河道水质恶化。

表 4-14　赵王河河道岸线利用情况

县(区)	岸别	河段起止点 起点桩号	河段起止点 终点桩号	铁路桥梁 个数	铁路桥梁 占用岸线长度/m	公路桥梁 个数	公路桥梁 占用岸线长度/m	生产桥 个数	生产桥 占用岸线长度/m	跨河管线 个数	跨河管线 占用岸线长度/m	拦河闸坝 个数	拦河闸坝 占用岸线长度/m	穿河(堤)涵闸 个数	穿河(堤)涵闸 占用岸线长度/m	取水口 个数	取水口 占用岸线长度/m
阳谷县	左岸	0+000	2+990	0	0	3	68	0	0	1	10	1	500	1	30	0	0
		2+990	4+490	0	0	2	30	2	42	0	0	0	0	2	60	0	0
		4+490	26+230	1	65	7	188	4	80	24	560	3	80	6	180	1	60
		26+230	28+230	0	0	0	0	1	21	3	70	1	50	2	60	1	60
		28+230	37+380	0	0	1	32	0	0	8	190	1	40	3	90	1	60
	右岸	0+000	2+990	0	0	3	68	2	42	1	10	1	500	1	30	0	0
		2+990	4+490	0	0	2	30	4	80	0	0	0	0	6	180	0	0
		4+490	26+230	1	65	7	188	4	80	24	560	3	80	3	90	0	0
		26+230	28+230	0	0	1	21	0	0	3	70	1	50	8	240	1	60
		28+230	37+380	0	0	1	32	1	24	8	190	1	40	4	120	2	120
旅游度假区	左岸	37+380	44+630	0	0	4	82	1	24	9	210	0	0	4	120	1	60
		44+630	45+220	0	0	0	0	0	0	2	30	0	0	0	0	0	0
		45+220	49+020	0	0	1	20	0	0	0	0	0	60	1	30	0	0
	右岸	37+380	44+630	0	0	4	82	1	24	9	210	0	0	4	120	1	60
		44+630	45+220	0	0	0	0	0	0	2	30	0	0	0	0	0	0
		45+220	49+020	0	0	1	20	0	0	0	0	1	60	1	30	0	0

（3）河道两岸受人为干扰严重。

河道两岸多为农田，呈现典型的农业生态系统特征，扰动频繁，面源污染严重。因农业过度种植，河道基本无自然缓冲带。

（4）河道防护林、缓冲带体系不完善。

根据调查，赵王河河道两岸水土流失以轻度、微度为主，河道边坡基本被原生植被覆盖，明显裸露段不多。受两岸农耕活动影响，特别是在一些河道边坡较缓段，岸坡也被开发为农田进行耕种，长时间的耕作造成边坡土体松散、季节性裸露，易产生水土流失。

3）水功能区划情况

根据《聊城市水功能区划》，赵王河分为 1 个一级水功能区，下分 2 个二级水功能区，分别为赵王河阳谷农业用水区、赵王河旅游度假区景观娱乐用水区。

4.2.1.2　四新河

1.地理位置

四新河位于聊城市城区东部，是聊城市防洪河道之一，系徒骇河的一条支流。它起源于聊城市东阿县刘集镇查庄村西北部，流经东阿县、旅游度假区、高新区、经开区和茌平县（现为茌平区）5 个县区，于茌平县汇入徒骇河，河道长度为 40.90 km。

2.水文气象

区域处于暖温带季风气候区，属于半干旱半湿润大陆性气候。降水量年际变化较大，年内分配不均。流域多年平均降水量为 559.3 mm，降水主要集中在 6—9 月，降水量约占全年降水量的 70%以上。区域多年平均水面蒸发量 927.0 mm，单站最大年蒸发量 1 320 mm，最小年蒸发量 661 mm。多年平均大风日数为 22 d，以春季最多，最多年份可达 8 d，最少年份 1 d，大风风向以偏北风为主，最大 10 min 平均风速 17.0 m/s。最大冻土深度 0.47 m。四新河为鲁北平原中小河道，是徒骇河重要的支流之一，河道洪水主要出现在汛期，为降雨产生的径流，枯季基本处于低水或河干状态。

3.地形地貌

四新河地处黄泛冲积平原，地势平坦开阔，但有微倾斜。全区地面倾斜方向基本随河流流向由西南向东北微微倾斜，地面高程在 31.35～34.80 m，地面自然坡降为 1/2 500～1/7 000。由于黄河的多次决口泛滥，工程区微地貌相对较复杂，岗、坡、洼相间分布，高差不大。

4.河道情况

1）河道概况

四新河干流起源于聊城市东阿县刘集镇查庄村西北部，流经东阿县、旅游度假区、高新区、经开区和茌平县 5 个县（区），于茌平县汇入徒骇河，河道长度为 40.90 km。四新河全段均有淤积现象，其中上游东阿段淤积较为严重，淤积深度为 0.5～1.0 m，其余段轻微淤积，淤积深度为 0.3～0.5 m。

2）堤防情况

四新河现有堤防长度为 51.90 km，总干渠—老聊滑路段堤防级别为 5 级，老聊滑路段至徒骇河口段在 2013 年按设计标准进行清淤疏浚恢复堤防，除辽河路至东昌路中小河流保留原始段外，堤防级别为 4 级。

5.建筑物情况

1)穿河(堤)工程

四新河现有穿河(堤)工程 129 处,包括穿堤涵闸 35 座、穿堤涵洞(管涵)83 座、渡槽 11 处,其中东阿县 14 处、旅游度假区 48 处、高新区 49 处、经开区 18 处。

2)拦河闸坝工程

四新河现有邢庄闸、朱庄闸、后铺节制闸共计 3 座拦河闸,其中旅游度假区、高新区、经开区各 1 座。

3)跨河工程

四新河现有跨河工程 163 处,包括东阿县 68 处、旅游度假区 16 处、高新区 52 处、经开区 27 处;桥梁工程 65 座,包括生产桥 53 座、公路桥 12 座;管线工程 98 处,包括输电线路 58 处、通信线缆 33 处、输水(气)管线 7 处。

4)建筑物占用岸线情况

铁路桥梁、公路桥梁、跨河管线、穿河(堤)涵闸及取水口等各类工程占用岸线长度计算方法与赵王河相同。四新河规划范围内河道岸线利用情况见表 4-15。

6. 环境与生态情况

1)河道水质状况

农村径流排水通过排涝沟汇入河流,会给河道带来一定的污染。

2)生态环境状况

(1)水环境方面。

四新河干流无黑臭水体段,无富营养化段。四新河两岸村庄已经设置了垃圾收集系统,村庄及邻近河道卫生环境良好。

(2)水生态方面。

a.河道生态保护。

四新河沿线岸坡种植经济林现象普遍,主要是大面积的经济林(以黄桃树、杨树为主),部分为农田(以小麦为主)。施肥、喷洒农药等农业活动造成的面源污染可直接进入河道,会加速水体富营养化,破坏河道原生物群落结构,造成生物多样性减少。河道内无圈河养鱼侵占河道的现象。

b.河道保护林带。

四新河沿线两岸只有部分河段设置了保护林带。

c.河道岸坡生态防护。

四新河大多数河段为人工河道,岸坡护坡形式主要为自然护坡,总体植被覆盖 70%~80%。

3)水功能区划情况

根据《聊城市水功能区划》,四新河干流有 1 个一级水功能区,为四新河聊城开发利用区,下划 3 个二级水功能区,分别为四新河东阿县农业用水区、四新河东昌府区农业用水区和四新河开发区景观娱乐用水区。

表 4-15 四新河规划范围内河道岸线利用情况

县（区）	岸别	河段起止点		铁路桥梁		公路桥梁		生产桥		跨河管线		拦河闸坝		穿河（堤）涵闸		取水口	
		起点桩号	终点桩号	个数	占用岸线长度/m	个数	占用岸线长度/m	个数	占用岸线长度/m	个数	占用岸线长度/m	个数	占用岸线长度/m	个数	占用岸线长度/m	个数	占用岸线长度/m
东阿县	左岸	0+000	14+950	0	0	2	63	34	495	32	310	0	0	12	720	0	0
	右岸	0+000	14+950	0	0	2	63	34	495	32	310	0	0	10	600	0	0
旅游度假区	左岸	14+950	22+670	0	0	3	94	5	76	8	90	1	200	37	1 220	10	600
	右岸	14+950	22+670	0	0	3	94	5	76	8	90	1	200	20	870	10	600
高新区	左岸	22+670	32+200	0	0	3	163	7	213	42	380	1	200	30	1 080	10	420
	右岸	22+670	32+200	0	0	3	163	7	216	42	380	1	200	25	1 140	7	240
经开区	左岸	32+200	40+500	0	0	4	167	7	66	16	160	1（县界处）	50	9	480	3	180
	右岸	32+200	40+500	0	0	4	167	7	66	16	160	1（县界处）	50	12	660	4	240
茌平县	左岸	40+500	40+900	0	0	0	0	0	0	0	0	0	0	0	0	0	0
	右岸	40+500	40+900	0	0	0	0	0	0	0	0	0	0	0	0	0	0

4.2.1.3　茌新河

1. 地理位置

茌新河是聊城高新区、经开区东部,茌平县中部的主要排涝河道,是 1973 年冬茌平县人民自力更生开挖的新河,故名茌新河。该河源于高新区韩集乡门李村,向北流经经开区广平乡、茌平县振兴街道、温陈街道、信发街道,在白庄村入徒骇河,干流全长 28.01 km,流域面积 219 km²,设计排涝流量 62.0 m³/s"64 年雨型",设计行洪流量 122.1 m³/s"61 年雨型"。茌新河自 1973 年开挖以来发挥了很好的排涝、灌溉效益,汛期排涝,保障了工农业生产和人民生命财产安全,旱时引黄,促进了流域范围内农业经济发展。

2. 水文气象

茌新河流域处于暖温带季风气候区,属于半干旱半湿润大陆性气候。多年平均气温 13.1 ℃,光照充足,温度适宜,四季分明,春季南风大而多,降水稀少,空气干燥;夏季温度高,雨量大,雨热同期;秋季温和凉爽,降水减少;冬季寒冷干燥,雨雪稀少,常有寒流侵袭。这种气候属性和水文气象特征形成了"春季易旱、夏季易涝、晚秋又旱"的自然特点。降水时空分布不均,空间上自东南向西北依次递减,时间上年际与年内变化很大,区域多年平均(1956—2000 年)降水量为 572.8 mm,最大为 1 073.0 mm(1964 年),最小为 319.0 mm(1992 年)。1956—2000 年降水量观测资料分析表明,区域降水量年际变化较大,丰枯周期变化明显,既存在 1961—1964 年、1969—1971 年、1990—1991 年等连续丰水年,又存在 1959—1960 年、1965—1968 年、1978—1981 年、1986—1989 年等连续枯水年,年降水量总体上呈减少趋势。1956—2000 年的 45 年间,1956—1979 年多年均值为 604.5 mm,1980—2000 年多年均值为 536.5 mm,减少 68 mm,减少幅度为 11.2%。

多年平均水面蒸发量 927.0 mm,单站最大年蒸发量 1 320 mm,最小年蒸发量 661 mm。多年平均大风日数为 22 d,以春季最多,最多年份可达 8 d,最少年份 1 d,大风风向以偏北风为主,最大 10 min 平均风速 17.0 m/s。最大冻土深度 0.47 m。

3. 地形地貌

茌新河流域属黄河下游鲁西平原,地势低平,地形微起伏,地势自西南向东北倾斜,平均坡度 1/15 000。

4. 河道情况

1)河道概况

茌新河发源于聊城高新区韩集乡门李村,流经高新区、经开区和茌平县,在茌平县信发街道白庄村汇入徒骇河,干流总长 28.01 km。其中,高新区段河道长 4.70 km,经开区段河道长 7.30 km,茌平县段河道长 16.01 km。茌新河规划防洪标准为"61 年雨型",排涝标准为"64 年雨型",河道现状不满足设计标准。

2)堤防情况

茌新河规划堤防等级为 4 级,其规划标准为"61 年雨型"防洪,"64 年雨型"除涝。现状堤防沿线多段缺失,均不达标。

5. 建筑物情况

1)穿河(堤)工程

茌新河现有穿河(堤)工程 55 处,包括穿堤涵闸 25 座、穿堤涵洞(管涵)14 座、渡槽 3 处、堤防连通桥 3 处、穿河管线 6 处、泵站 4 处,其中高新区 11 处、经开区 10 处、茌平县 34 处。

2) 拦河闸坝工程

茌新河现有石海子闸、尹马闸、信源闸和白庄闸共计 4 座节制闸，其中高新区 1 座，经开区 1 座，茌平县 2 座。

3) 跨河工程

茌新河现有跨河工程 99 处，高新区 18 处、经开区 28 处、茌平县 53 处。其中桥梁工程 42 座，包括生产桥 22 座、公路桥 18 座、铁路桥 2 座；管线工程 57 处，包括输电线路 33 处、通信线缆 20 处、输水管线 2 处、工业管道 2 处。

4) 建筑物占用岸线情况

铁路桥梁、公路桥梁、跨河管线、穿河(堤)涵闸及取水口等各类工程占用岸线长度计算方法与赵王河相同。茌新河河道岸线利用情况见表 4-16。茌新河河道建筑物及设施利用岸线情况为公路根据《公路安全保护条例》，铁路根据《铁路安全管理条例》，电力线缆、石油天然气管道等根据《电力设施保护条例实施细则》《中华人民共和国石油天然气管道保护法》等分析确定建筑物占用岸线长度。

6. 环境与生态情况

1) 河道水质状况

茌新河沿线部分农村地区径流排水、生活垃圾未经集中处理，对河道水质造成一定影响。

2) 生态环境状况

(1) 水环境方面。

茌新河沿线有支流水体的汇入、工业企业排水和农村径流排水等。另外，茌新河上游河段少水或无水，水体流动性差。

(2) 水生态方面。

a. 河道生态保护。

茌新河两岸种植农作物较为普遍，施肥、喷洒农药等农业活动造成的面源污染可直接进入河道，加速水体富营养化，破坏河道原生物群落结构，造成生物多样性减少。

b. 河道保护林带。

茌新河高新区韩集乡门李村至陶海子村、茌平县小井李村至泥匠王村沿线基本未设置堤防防护林带，其他河段两岸乔木较多，生长旺盛。

茌新河干流水流较慢，整体水土流失不严重。受两岸农耕活动影响，易造成两岸土体松散，且受耕作制度影响，季节性裸露明显，易产生季节性的水土流失。另外，茌新河沿线排涝沟未进行护砌，排涝时水流较快，致使沟道两岸遭受水流冲刷，沟道下切，存在土壤逐渐流失现象。

c. 河道岸坡生态防护。

茌新河两岸岸坡主要为自然草皮和人工乔木相结合的方式。岸坡防护主要为人工速生林护坡，地被植物主要为原生植被，植被种类较为单一，生态防护及景观效果不佳。

3) 水功能区划情况

茌新河水功能一级分区共 1 个，为茌新河聊城开发利用区，二级分区共 2 个，分别为茌新河经开区农业用水区、茌新河茌平农业用水区。

表 4-16　在新河河道岸线利用情况

| 县(区) | 岸别 | 河段起止点 | | 铁路桥梁 | | 公路桥梁 | | 生产桥 | | 跨河管线 | | 拦河闸坝 | | 穿堤涵闸 | | 取水口 | |
		起点桩号	终点桩号	个数	占用岸线长度/m	个数	占用岸线长度/m	个数	占用岸线长度/m	个数	占用岸线长度/m	个数	占用岸线长度/m	个数	占用岸线长度/m	个数	占用岸线长度/m
高新区	左岸	0+000	4+700	0	0	2	76	6	101	10	90	1	400	7	300	2	120
	右岸	0+000	4+700	0	0	2	76	6	101	10	90	1	400	7	360	2	120
经开区	左岸	4+700	12+000	0	0	9	204	1	18	18	190	1	100	4	180	0	0
	右岸	4+700	12+000	0	0	9	204	1	18	18	190	1	100	7	390	0	0
茌平县	左岸	12+000	28+010	2	43	7	309	15	270	29	380	2	300	25	1 080	5	300
	右岸	12+000	28+010	2	43	7	309	15	270	29	380	2	300	15	780	1	60

4.2.1.4　赵牛新河

1. 地理位置

赵牛新河为聊城德州边界河道,是聊城市防洪河流之一,系徒骇河的一条支流。它起源于东阿县的鱼山镇大姜村北,在茌平县杜郎口镇张海子村东南入德州境。聊城市境内河道长度为 43.90 km,流域面积为 529 km^2。主要功能为排涝,兼顾灌溉,属季节性河道。主要支流有十六米沟、截碱沟、佛堂边界沟、丁刘沟等。

2. 水文气象

赵牛新河流域属暖温带半干旱季风气候区,温度适宜,光照充足,四季分明,且具有春旱多风、夏热多雨、秋旱少雨、冬寒少雪的自然特点。多年平均降雨量 560 mm 左右,历年最大降水量约为 990.0 mm,降水量主要集中在 7—9 月,约占全年降雨量的 70% 以上;多年平均水面蒸发量约为 1 300.0 mm;流域多年平均气温 13.4 ℃;全年无霜期 178~268 d;主导风向为东南和东北,年平均风速为 3.4~3.9 m/s,最大时速为 35 m/s。该流域地表土层的冻结厚度一般为 0.5 m 左右。

3. 地形地貌

赵牛新河流域属黄河冲积平原,地形复杂,微地貌变化起伏较大。该流域呈狭长形,地形自西南向东北倾斜,地面坡度一般为 1/5 000~1/8 000。流域内洼地较多,占总面积的 20.8%。该区地域广阔,地势低平,河床、岗地呈条带状分布,浅碟式洼地星散其间,平缓坡地在岗、洼地之中,形成岗、坡、洼相间的微起伏地形。低洼处地表水和地下水径流滞缓,易受涝、碱威胁。

4. 河道情况

1) 河道概况

赵牛新河起源于东阿县鱼山镇大姜村北,流经东阿县的鱼山镇、铜城街道、新城街道、姚寨镇和高集镇,茌平县的乐平铺镇和杜郎口镇共 7 个乡(镇、街道),在茌平县杜郎口镇张海子村东南入德州境地,聊城市境内河道总长度为 43.90 km。

(1)东阿县段(鱼山镇大姜村—新城街道刘道人堂子村—高集镇)。

赵牛新河东阿县段河道起源于东阿县鱼山镇大姜村北,流经东阿县洛神湖湿地公园,在刘道人堂子村流往东北方向,本段河道长 21.42 km,之后成为东阿县和茌平县的界河,即左岸为茌平县,右岸为东阿县,右岸河道为从新城街道刘道人堂子村到高集镇小胡村,本段河道长 22.48 km,因此,东阿县河道全长为 43.90 km。河道最大宽度 370 m,位于洛神湖湿地公园内;最小宽度 24 m,位于铜城街道大店子村拐弯处。自 2000 年以来,赵牛新河上游段(大姜村—大店子村)出现上游断流、河道淤积等情况。东阿县城区段因为洛神湖湿地公园的修建,极大地改善了城区生态环境,对保护两岸生态系统、维护区域生态平衡具有重要意义。

(2)茌平县段(乐平铺镇教场铺东街村—杜郎口镇张海子村)。

赵牛新河茌平县段河道由茌平县乐平铺镇教场铺东街村起,经乐平铺镇、杜郎口镇,在张海子村东流入德州境内,全长 22.48 km。2012—2013 年,茌平县水务局对赵牛新河茌平县段 22.48 km 进行清淤疏浚,恢复加固沿岸堤防,对沿河损毁严重的桥、涵、闸一并进行维修改造,使赵牛新河有效提高了河道排水能力,达到"61 年雨型"防洪标准、"64 年雨型"排涝标准,极大地促进了该地区工农业生产和社会经济的持续发展。在实际施工过程中,由于两县(茌平县与东阿县)意见不统一,仅对河道左岸归属茌平县的河道清淤疏浚。因此,河道的实际防洪及排涝标准均小于规划标准。

2)堤防情况

(1)东阿县段(鱼山镇大姜村—高集镇小胡村)。

赵牛新河总长 43.90 km,属于东阿县的河道有:右岸从鱼山镇大姜村至高集镇小胡村,长度共 43.90 km;左岸从鱼山镇大姜村至新城街道刘道人堂子村,长度共 21.42 km。

除东阿县城区段[聊滑公路桥—铜城南关花园小区、曙光街大桥—官路沟新河桥(洛神湖湿地公园)]为砌石堤外,其余两岸边坡均属于无堤防自然边坡。其中,自大姜村北至大店子村,因修建铜鱼路取土后重新筑坡,导致原有河道右岸边坡被破坏,现状边坡坡度较大,近似于 1∶1.0~1∶1.5,且坡上未采取铺植草皮等水土保持措施,水土易流失。铜鱼路的修建一方面使两岸居民交通出行更加便利,另一方面也有利于河道的管理维护。从大店子村至聊滑路公路桥,两岸堤顶道路狭窄,防汛公路缺失,给河道管理维护带来诸多不便。

从聊滑公路桥至铜城南关花园小区、曙光街大桥至官路沟新河桥,由于城区河道景观改造及洛神湖湿地公园的建成,两岸均为砌石护坡。

从官路沟新河桥至高集镇小胡村,因河道久未治理,原有堤防缺失或不明显,也无管理维护道路。

(2)茌平县段(乐平铺镇教场铺东街村—杜郎口镇张海子村)。

赵牛新河属于茌平县的有:从乐平铺镇教场铺东街村至杜郎口镇张海子村河道左岸,总长度为 22.48 km,因两岸农田种植侵占,原有堤防已缺失或不明显,堤顶道路也不完善。

5. 建筑物情况

1)穿河(堤)工程

赵牛新河沿线共 101 处(座)穿河(堤)建筑物,包括穿堤涵闸 36 座、穿堤涵洞(管涵) 40 座、穿河管线 8 处、渡槽 2 座、连通桥 4 座等,其中东阿县 61 座、茌平县 32 座。穿河(堤)涵闸中 5 座病险,其余 31 座运行良好,穿堤涵洞(管涵)中 9 座病险,其余 31 座运行良好。2 座渡槽中,班滑河渡槽已废弃,旧城分干渡槽运行良好。穿河管线中,有 2 处供水管线及 4 处污水管线不符合穿河要求,对河道水流形成一定的拦阻作用。

2)拦河闸坝工程

赵牛新河沿线共建节制闸、溢流坝等拦河工程 6 座,其中,节制闸 5 座(4 座已建、1 座在建)、溢流坝 1 座。拦河闸中,大店子村闸启闭设备缺失,加上河道内无水,基本上处于废弃状态,其余 3 座已建拦河闸均能正常运行(官路沟闸虽能正常运行,但属于超期运行),1 座丁刘庄拦河闸正在建设中,建设位置位于聊城、德州边界;1 座小周新村溢流坝,主要为洛神湖湿地公园拦蓄水流而建,汛期不利于防洪除涝。

3)跨河工程

赵牛新河跨河工程主要包括跨河交通桥、生产桥和跨河管线等。经现场查勘,赵牛新河沿线跨河工程共 80 处(座)(东阿县 66 座、茌平县 14 座)。其中,公路桥 16 座、生产桥

18 座、输电线路 34 处、通信光缆 8 处、传输线缆 2 处、输气管道 2 处。根据调查结果，跨河桥梁中有 9 座是危桥，其中东阿县 7 座、茌平县 2 座。赵牛新河跨河桥梁、管线统计为公路根据《公路安全保护条例》，铁路根据《铁路安全保护条例》，电力线缆、石油天然气管道等根据《电力设施保护条例实施细则》《中华人民共和国石油天然气管道保护法》等分析确定建筑物占用岸线长度。

4）建筑物占用岸线情况

铁路桥梁、公路桥梁、跨河管线、涵闸及取水口等各类工程占用岸线长度计算方法与赵王河相同。赵牛新河河道岸线利用情况见表 4-17。

6. 环境与生态情况

1）河道水质状况

农村径流排水通过排涝沟汇入河流，会给河道带来一定的污染。

2）生态环境状况

（1）水环境方面。

赵牛新河干流无黑臭水体段，无富营养化段。赵牛新河两岸村庄已经设置了垃圾收集系统，村庄及邻近河道卫生环境良好。

（2）水生态方面。

a. 河道生态保护。

赵牛新河沿线岸坡种植经济林现象普遍，主要是大面积的经济林，部分为农田（以小麦为主），水土流失较少。河道内无圈河养鱼侵占河道的现象。

b. 河道保护林带。

赵牛新河两岸沿线只有部分河段设置了保护林带。

c. 河道岸坡生态防护。

赵牛新河大多数河段为人工河道，岸坡护坡形式主要为自然护坡。

3）水功能区划情况

根据《聊城市水功能区划》，赵牛新河划分为 1 个水功能一级区，即赵牛新河聊城开发利用区，下分 3 个水功能二级区，为赵牛新河东阿农业用水区、赵牛新河东阿茌平农业用水区和赵牛新河东阿景观娱乐用水区。

4.2.1.5　周公河

1. 地理位置

周公河位于聊城西北部，北纬 36°23′～36°30′、东经 115°54′～116°03′，系徒骇河的一级支流，是聊城市主要防洪除涝河道之一。干流发源于东昌府区侯营镇芦庄村，流经东昌府区、旅游度假区、经开区 3 个区，在经开区北城街道刘刚村东北入徒骇河，河道长度为 24.69 km，流域面积 187 km²。

周公河分为三段，上游段为东昌府区侯营镇芦庄村—旅游度假区湖西街道八东村，共 6.70 km；中游段即与南水北调干渠重合段，为旅游度假区湖西街道八东村—东昌府区闫寺街道十里铺村，共 8.80 km；下游段为东昌府区十里铺村—北城街道刘刚村，共 9.19 km。

表 4-17　赵牛新河河道岸线利用情况

岸别	县	河段起止点		铁路桥梁		公路桥梁		生产桥		跨河管线		穿河（堤）涵闸		取水口		拦河闸坝	
		起点桩号	终点桩号	个数	占用岸线长度/m	个数	占用岸线长度/m	个数	占用岸线长度/m	个数	占用岸线长度/m	个数	占用岸线长度/m	个数	占用岸线长度/m	个数	占用岸线长度/m
左岸	东阿县	0+000	21+420	0	0	14	630	14	325	39	785	74	4 440	6	360	4	800
	茌平县	21+420	38+862	0	0	2	100	3	80	7	140	27	1 620	3	180	2	400
	东阿县	38+862	40+142	0	0	0	0	0	0	0	0	0	0	0	0	0	0
	茌平县	40+142	41+162	0	0	0	0	1	30	0	0	0	0	0	0	0	0
	东阿县	41+162	41+372	0	0	0	0	0	0	0	0	0	0	0	0	0	0
	茌平县	41+372	43+900	0	0	0	0	0	0	0	0	0	0	0	0	0	0
右岸	东阿县	0+000	21+420	0	0	14	630	14	325	39	785	74	4 440	5	300	4	800
	茌平县	21+420	43+900	0	0	2	100	4	120	7	140	27	1 620	2	120	2	400

2. 水文气象

周公河流域处于暖温带季风气候区,属于半干旱半湿润大陆性气候。多年平均气温12.9 ℃,光照充足,温度适宜,四季分明,春季南风大而多,降水稀少,空气干燥;夏季温度高,雨量大,雨热同期;秋季温和凉爽,降水减少;冬季寒冷干燥,雨雪稀少,常有寒流侵袭。这种气候属性和水文气象特征形成了"春季易旱、夏季易涝、晚秋又旱"的自然特点。

根据流域实测雨量资料统计,流域内多年平均年降水量 531.5 mm,由于本流域面积较小,处在同一气候区内,故年平均降水量在空间上的变化不明显。区域降水量年际变化较大,年际间丰、枯悬殊,最大年(1961 年)降水量 975.9 mm,为最小年(1992 年)降水量287.4 mm 的 3.4 倍,年际间变幅达 688.5 mm。历史上丰枯水年不仅交替出现,而且曾连续发生,流域降水量不仅年际变化较大,而且丰枯周期性变化比较明显。流域内降水年内分布极不平衡,春灌期(3—5 月)降水量仅为 84.1 mm,占年降水量的 15.6%,汛期(6—9月)降水量为 380.7 mm,占年降水量的 71.6%,且往往由几次大暴雨形成。

流域内水面蒸发量为 1 230~1 419 mm。区域多偏西南风,大风日数以春季最多,最大 10 min 平均风速 17.0 m/s,全年平均风速 3.6 m/s。区域地下水资源为第四纪孔隙水。

3. 地形地貌

周公河流域地处黄泛冲积平原,地势平坦开阔,但有微倾斜。全区地面倾斜方向基本随河流流向由西南向东北微微倾斜,地面高程为 21.3~23.6 m,地面自然坡降约为1/6 000。该区地域广阔,地势低平,河床、岗地呈条带状分布,浅碟式洼地星散其间,平缓坡地在岗、洼地之中,形成岗、坡、洼相间的微起伏地形。

4. 河道情况

1)河道概况

(1)周公河上游段。

周公河上游段自东昌府区侯营镇芦庄村起,向北而流,穿过南外环继续向北,穿郭白村至罗庄村东南,折向东偏北,穿过旅游度假区湖西街道前十里营、后十里营至八东村东南方向海源路八东闸上游,河道干流长度 5.65 km。

周公河上游段历史上没有进行过系统的治理,全段没有堤防,均为自然岸坡。2013年以来,气候干旱且上游河道流域面积小,河道出现断流情况。

(2)周公河中游段。

周公河中游段被南水北调借用,起自旅游度假区湖西街道八东村东南方向海源路八东闸,流向北偏东方向,于郭楼村东进入东昌府区闫寺街道前田新村,继续向北偏东方向流去,至闫寺街道十里铺村东北折而向东,一直至周公河节制闸,河道干流长度为 9.05 km。

周公河中游段自建成以来,运行良好。全段两岸均有堤防和防汛路,两侧堤坡均为混凝土护砌,两岸大部分河段均有防护林带,没有违章建筑和违法行为。

(3)周公河下游段。

周公河下游段起自周公河节制闸,一直向东偏南流去,至经开区北城街道刘刚村东北入徒骇河,河道干流长度 9.02 km。其中,卫育路—位山二干渠段为东昌府区和经开区界河,以河道中心线为界,左岸为经开区,右岸为东昌府区。

周公河下游段 2013 年进行过一次疏浚清淤，排涝泄洪顺畅；两岸均有堤防和土路。河道中心线左侧部分位于经开区，岸坡规整，大部分河段种植有防护林带；河道中心线右侧部分位于东昌府区，岸坡基本没有修整，为自然岸坡，防护林带不完整。

2) 堤防情况

周公河上游段历史上没有进行过系统的治理，全段没有堤防，均为自然岸坡；周公河中游段与南水北调干渠重合段两岸均有堤防和防汛路，两侧堤坡均为混凝土护砌；周公河下游段 2013 年进行过一次疏浚清淤，两岸均有堤防和土路，河道左岸岸坡规整，河道右岸岸坡基本没有修整，为自然岸坡。

5. 建筑物情况

1) 穿河(堤)工程

周公河现有穿河(堤)工程 87 处，包括穿堤涵闸 28 座、穿堤涵洞(管涵) 57 座、渡槽 2 处，其中东昌府区 41 处、旅游度假区 11 处、经开区 35 处。

2) 拦河闸坝工程

周公河现有前十里营节制闸、八东庄节制闸、周公河节制闸、库财刘村上游闸和库财刘村下游闸共计 5 座节制闸，其中东昌府区 3 座、旅游度假区 2 座。

3) 跨河工程

周公河现有跨河工程 95 处，东昌府区 60 处、旅游度假区 13 处、经开区 22 处，其中桥梁工程 43 座，包括生产桥 22 座、公路桥 15 座、铁路桥 6 座，管线工程 52 处，包括输电线路 30 处、通信线缆 9 处、输水(气、油)管线 13 处。

4) 建筑物占用岸线情况

铁路桥梁、公路桥梁、跨河管线、涵闸及取水口等各类工程占用岸线长度计算方法与赵王河相同。周公河规划范围内河道岸线利用情况见表 4-18。

6. 环境与生态情况

1) 河道水质状况

周公河上游段河道无水，中游与南水北调干渠重合段水质良好，下游段水质不达标。

2) 生态环境状况

(1) 水环境方面。

周公河全线无黑臭水体段，但部分河段存在水体富营养化的现象，水体藻类较多，有浮草生长。周公河水体富营养化的主要原因是部分河段水资源量较少，水体流动性差，外加沿岸农村径流及农业面源等排放的氮、磷物质较多，造成了周公河局部河段的富营养化。周公河全河段基本没有淤积，流域内径流可及时排出，洪涝灾害风险较小。

(2) 水生态方面。

a. 河道生态保护。

周公河上游河段两侧紧邻农田，部分河段岸坡已种有农作物或乔木，农作物主要以小麦、玉米、大豆为主，乔木主要为速生杨。施肥、喷洒农药等农业活动造成的面源污染可直接进入河道，会加速水体富营养化，破坏河道原生物群落结构，造成生物多样性减少。

b. 河道防护林带。

周公河上游河段两岸基本未设置河道防护林体系。

表 4-18　周公河规划范围内河道岸线利用情况

县(区)	岸别	河段起止点 起点桩号	河段起止点 终点桩号	铁路桥梁 个数	铁路桥梁 占用岸线长度/m	公路桥梁 个数	公路桥梁 占用岸线长度/m	生产桥 个数	生产桥 占用岸线长度/m	跨河管线 个数	跨河管线 占用岸线长度/m	拦河闸坝 个数	拦河闸坝 占用岸线长度/m	穿河(堤)涵闸 个数	穿河(堤)涵闸 占用岸线长度/m	取水口 个数	取水口 占用岸线长度/m
东昌府区	左岸	0+000	3+540	0	0	1	94	9	165	15	150	0	0	4	180	0	0
东昌府区	右岸	0+000	3+540	0	0	1	94	9	165	15	150	0	0	4	180	0	0
旅游度假区	左岸	3+540	5+650	0	0	1	30	1	18	5	80	2	150	2	120	0	0
旅游度假区	右岸	3+540	5+650	0	0	1	30	1	18	5	80	2	150	1	60	0	0
东昌府区、旅游度假区	两岸	5+650	14+700	与南水北调干渠重合段，本次不作规划													
经开区 1	左岸	14+700	16+640	1	27	2	54	0	0	3	40	0	0	5	360	0	0
经开区 1	右岸	14+700	16+640	1	27	2	54	0	0	3	40	0	0	8	480	0	0
东昌府区与经开区交界段	左岸	16+640	20+670	0	0	2	138	1	18	4	70	2	100	11	420	0	0
东昌府区与经开区交界段	右岸	16+640	20+670	0	0	2	138	1	18	4	70	2	100	14	600	0	0
经开区 2	左岸	20+670	23+720	0	0	2	118	7	121	9	110	0	0	7	360	0	0
经开区 2	右岸	20+670	23+720	0	0	2	118	7	121	9	110	0	0	5	240	0	0

c. 河道岸坡生态防护。

河道下游段于2014年进行了疏浚清淤治理,中游与南水北调干渠重合段两侧堤坡均为混凝土护砌,上游河段边坡基本被原生植被覆盖,明显裸露段不多。受两岸农耕活动影响,特别是在一些河道边坡较缓段,河道边坡也已被开发为农田进行耕种,长时间的耕作易造成边坡土体松散,且受耕作制度影响,季节性裸露明显,易产生季节性水土流失。河道弯道及排涝沟冲刷,也是造成河道水土流失的主要原因。两岸水土流失以轻度、微度为主。

3) 水功能区划情况

根据《聊城市水功能区划》,周公河划分为2个水功能一级区,即周公河聊城调水水源保护区和周公河聊城开发利用区,其中周公河聊城开发利用区下划1个水功能二级区,即周公河聊城景观娱乐用水区。

4.2.1.6　运河(东昌湖)

1. 地理位置

运河位于聊城市中部,北纬36°25′~36°32′、东经115°56~115°58′,是聊城市的主要景观河道,是古代京杭大运河的一部分。运河流经东昌府区、经开区2个区共4个乡镇(办事处),自上游至下游分别为东昌府区的古楼街道办事处、柳园街道办事处、新区街道办事处、经开区的北城街道办事处,在经开区的北城街道办事处辛闸村西北入西新河,河道长度为15.74 km。

东昌湖又名胭脂湖,与杭州西湖、南京玄武湖并称"全国三支市内名湖",素有"南有西湖,北有东昌"之称,是江北水城的一颗璀璨明珠。风光秀丽的东昌湖环绕聊城古城一周,始建于宋熙宁三年(1070年)。当时因修筑城墙及护城堤挖土而成,后经历代扩建,如今湖面面积已达6.3 km²,与杭州西湖面积相当,是济南大明湖面积的4~5倍。东昌湖由8个湖区和20余块水面组成,湖岸线长达16 km,是中国江北地区罕见的大型城内湖泊。东昌湖以黄河水为源,积水约1 680万 m³,水深3~5 m,常年不竭,湖水清澈,景色宜人。

2. 水文气象

运河(东昌湖)流域位于温带季风气候区,具有显著的季节变化和季风气候特征,属半干旱大陆性气候。春季干旱多风,回暖迅速,光照充足,辐射强;夏季湿热多雨,雨热同期;秋季秋高气爽,气温下降快,辐射减弱;冬季寒冷干燥,雨雪稀少,常有寒流侵袭。四季的基本气候特点可概括为"春旱多风,夏热多雨,晚秋易旱,冬季干寒。"流域内年平均气温为13.5 ℃。气温的季节变化明显,1月最冷,平均气温为-1.8 ℃;7月最热,平均气温为26.8 ℃。极端最高气温为41.8 ℃,极端最低气温为-22.3 ℃。流域内年平均降水量540.4 mm,最多年降水量为785.3 mm,最少年降水量为312.7 mm。全年降水多集中在夏季,夏季易出现局部内涝。秋季雨量多于春季,春季干旱发生频繁,有"十年九春旱"之说,冬季降水量最少,不足全年的3%。年平均相对湿度68%,其中,7—8月相对湿度最大,为79%~83%,2—3月最小,为57%~59%。年蒸发量平均为1 709 mm,每年6月蒸发量最大,平均为267 mm,1月蒸发量最小,平均为45 mm。流域内年平均风速为2.3 m/s,春季风速较大,夏季风速较小。全年最多为南风、偏南风,又以春季出现的频率最高,其次为北风、偏北风。年平均日照时数为 2 323 h,最多年 2 680 h,最少年 1 964 h。

3.河道情况

1)河道概况

运河河道长度为 15.74 km,河道最大宽度为 188 m,最小宽度为 13 m。经调查,发现运河干流共有 2 处较为明显的淤积段,分别为东昌府区段闫寺镇的 2.08 km 以及经开区段北城街道办事处的 5.17 km。

(1)运河—东昌府区段。

运河—东昌府区段经东昌府区的古楼街道办事处、柳园街道办事处、新区街道办事处至十里铺村,长度为 10.09 km。该段双力路以南为城区景观段,两岸为直立岸墙;双力路以北未经治理。

(2)运河—经开区段。

运河—经开区段经北城街道办事处,由辛闸村西北入西新河,长度为 5.65 km。目前尚未治理,部分河段断流。

2)堤防现状

运河河道两岸堤防总长度为 16.80 km,为东昌府区段,堤防形式为土堤,等级为Ⅳ级。

4.建筑物情况

1)穿河(堤)工程

运河干流现有穿河(堤)工程 10 处,其中穿堤涵闸 3 座、穿堤涵洞(管涵)4 座、连通桥 3 座。

(1)涵闸工程。

经全线排查,运河干流现有穿堤涵闸 3 座,能正常运行。

(2)涵洞(管涵)工程。

经全线排查,运河沿线穿堤涵洞(管涵)4 座,均能正常运行。

2)拦河闸坝工程

运河干流无水库,现有运河进水闸、新闸村节制闸 1、新闸村节制闸 2,3 座拦河闸。其中,正常运行的有 1 座,废弃 2 座(新闸村节制闸 1、新闸村节制闸 2)。

3)跨河工程

运河干流共有跨河工程 83 处,桥梁工程 56 座,跨越运河的管线工程共计 27 处。

(1)桥梁工程。

运河干流共有跨河工程 83 处,桥梁工程 56 座,其中生产桥 21 座、公路桥 33 座,铁路桥 2 座,桥梁工程中正常运行的有 55 座,危桥有 1 座,因建设标准低而阻水的 2 座。运河干流生产桥建设年代多久远,经多年运行,多数存在不同程度损坏,危及村民的交通安全,且部分生产桥的引路都建在滩地内,造成河道卡口,阻碍河道行洪安全。

(2)跨河管线。

跨越运河的管线工程共计 27 处,其中高压线 5 处、低压线 9 处、国防光缆 1 处、输气管道 7 处、通信线缆 3 处、输油管道 2 处。

输电线缆多数采用架空跨河,其中高压线净空较高,基本满足防洪要求。低压线、部分通信线缆架设高度较低,且存在乱扯线缆过河行为,需进行集中整治。

4)建筑物占用岸线情况

铁路桥梁、公路桥梁、跨河管线、涵闸及取水口等各类工程占用岸线长度计算方法与赵王河相同。

5.环境与生态情况

1)河道水质状况

经现场实地调查和河道水质断面水质监测,运河总体水质较好。其污染主要来源为城镇生活污水、农业面源污染、农村生活污染、渔业养殖污染等。

2)生态环境状况

(1)水环境方面。

运河主要流经东昌府区建成区,经多年治理,运河干流尤其是城区段打造了一批生态景观工程,营造了宜人的亲水空间,改善了滨水区生态环境。运河下游部分河段存在农村生活垃圾分散排放或堆放等现象,应加强对农村水环境的综合整治。

(2)水生态方面。

a.下游段河道两岸受人为干扰严重,生态功能基本丧失。

下游段河道两岸多为农田,呈现典型的农业生态系统特征,扰动频繁,面源污染严重。因农业种植,河道基本无自然缓冲带,其截污纳污、涵养水源的生态功能几乎完全丧失。

b.河道防护林、缓冲带体系不完善。

据调查,运河干流下游段两岸基本未设置河道防护林体系。两岸水土流失以轻度、微度为主,河道边坡基本被原生植被覆盖,明显裸露段不多。受两岸农耕活动影响,特别是在一些河道边坡较缓段,河道边坡也已被开发为农田进行耕种,长时间的耕作易造成边坡土体松散,且受耕作制度影响,季节性裸露明显,易产生季节性的水土流失。河道弯道及排涝沟冲刷也是造成河道水土流失的主要原因。

c.河湖岸坡生态防护。

据调查,东昌府区为减少城区占地,两岸岸坡主要采取工程护坡与植物护坡相结合的方式,其中主河槽两岸主要采用直挡墙或砌石护坡,堤防主要采用乔灌草结合的防护形式。

东昌府区以下河段岸坡防护以人工速生林护坡为主,树种主要为杨树、白蜡,地被植物主要为原生植被,植被种类较为单一,生态防护及景观效果不佳。

3)水功能区划情况

运河、东昌湖有1个二级水功能区,为东昌湖娱乐景观用水区,水质要求为Ⅲ类。

4.2.1.7　西新河

1.地理位置

西新河是徒骇河的一条重要支流河道,最早开挖于1949年,起源于东昌府区沙镇附近的聊莘公路沟,于东昌府区辛闸村北穿过运河故道,进入茌平县境内,在茌平县博平镇崔庄村南入徒骇河,共流经聊城市东昌府区和茌平县的10个乡镇(办事处)。河道全长

41.22 km,流域面积 467.53 km²,其中东昌府区境内长度 27.14 km,耕地面积 27.80 万亩❶,流域面积 232.45 km²,茌平县境内长度 14.08 km,耕地面积 5.36 万亩,流域面积 235.08 km²。

2. 水文气象

西新河流域处于暖温带季风气候区,属于半干旱半湿润大陆性气候。多年平均气温 13.1 ℃,光照充足,温度适宜,四季分明,春季南风大而多,降水稀少,空气干燥;夏季温度高,雨量大,雨热同期;秋季温和凉爽,降水减少;冬季寒冷干燥,雨雪稀少,常有寒流侵袭。这种气候属性和水文气象特征形成了"春季易旱、夏季易涝、晚秋又旱"的自然特点。降雨年际变化大,季节变化明显,降水在年内时间主要集中在汛期(6—9 月),占全年降水量的 70% 以上。降水时空分布不均,空间上自东南向西北依次递减,时间上年际与年内变化很大,全市区多年平均降水量为 559.3 mm,最大为 928.1 mm(1964 年),最小为 324.7 mm(1992 年),春季(3—5 月)与汛期(6—9 月)多年平均降水量分别为 84.3 mm 和 407.5 mm,水面蒸发量为 1 230~1 419 mm。区域多偏南风,偏东北风次之,大风日数以春季最多,最大 10 min 平均风速 17 m/s,全年平均风速 3.6 m/s。区域地下水资源为第四纪空隙水。西新河是聊城市主要排涝河道徒骇河的支流,径流主要由流域降雨产生。

3. 地形地貌

西新河位于本区黄河下游鲁西平原,因黄河多次在境内的改道中冲积,形成微度起伏的岗、坡、洼相间的主要地貌类型,属黄河冲积平原。地势自西南向东北倾斜,地面高程一般为 31.00~35.50 m,平均坡度 1/15 000。境内地形大体有以下几类,即岗地、坡地、洼地。该区古路沟多;土地高低不平,形状多样;碱地多土岭、土岗;黄河故道两岸有沙丘、沙岗;村庄周围洼坑多,影响耕作,给农田灌溉和排水造成困难。

4. 河道情况

1)河道概况

西新河道全长 41.22 km,流域面积 467.53 km²,其中东昌府区境内长度 27.14 km,耕地面积 27.80 万亩,流域面积 232.45 km²,茌平县境内长度 14.08 km,耕地面积 5.36 万亩,流域面积 235.08 km²。

西新河自 1949 年开挖以来发挥了很好的排涝防洪功能,保障了工农业生产和人民生命财产安全,促进了流域范围内工农业经济发展。

该河道自 1949 年开挖以来,1956 年、1969 年、2011 年进行过 3 次治理,目前河道护岸完整、边坡稳定、水流顺畅。

2)堤防情况

东昌府区河道全长 27.14 km,两岸边坡建有堤防,坡上无自然或铺植草皮等水土保持措施,水土有流失的可能。两岸有简易堤顶道路,防汛公路缺失,给河道管理维护带来诸多不便。

茌平县河道全长 14.08 km,两岸边坡均属于无堤防自然边坡。

西新河河道治理基本情况统计如表 4-19 所示。

---

❶　1 亩 = 1/15 hm²,下同。

表 4-19　西新河河道治理基本情况统计

河流	县(区)	河段起止点(桩号或地点等)	河段长度/km	防洪标准		堤防等级		险工段		治理情况及存在问题
				现状	规划	现状	规划	类型	长度/km	
西新河	东昌府区	沙镇—北城办事处辛闸村	27.65	不足 20 年	20 年一遇	无	无	—	—	淤积严重;有病险涵闸、涵洞、连通桥;有病险节制闸;有危桥
	茌平县	北城办事处辛闸村—博平镇崔庄	14.35	不足 20 年	20 年一遇	无	无	—	—	淤积严重;有病险涵洞、连通桥;有危桥

5. 建筑物情况

1) 穿河(堤)工程

经现场查勘,西新河现有穿河(堤)工程 40 处,包括穿堤涵闸 30 座、穿堤涵洞(管涵)10 座。目前,30 座穿堤涵闸、10 座穿堤涵洞(管涵)均能正常运行。

2) 拦河闸坝工程

西新河现有王连节制闸、西新河节制闸、西新河水闸、康营进水闸、康营西闸、陈化屯节制闸、坡舒节制闸和仁和大闸共计 8 座节制闸,其中东昌府区 7 座、茌平县 1 座。

3) 跨河工程

西新河现有跨河工程 91 处(东昌府区 73 处、茌平县 18 处),其中桥梁工程 40 座,包括生产桥 25 座、公路桥 12 座、铁路桥 3 座,管线工程 51 处,包括输电线路 40 处、通信线缆 10 处、输水管线 1 处。桥梁工程中正常运行的有 19 座,危桥有 21 座。

4) 建筑物占用岸线情况

铁路桥梁、公路桥梁、跨河管线、涵闸及取水口等各类工程占用岸线长度计算方法与赵王河相同。西新河河道岸线利用情况为公路根据《公路安全保护条例》,铁路根据《铁路安全管理条例》,电力线缆、石油天然气管道等根据《电力设施保护条例实施细则》《中华人民共和国石油天然气管道保护法》等分析确定建筑物占用岸线长度。

6. 环境与生态情况

1) 河道水质状况

农村径流排水通过排涝沟汇入河流,会给河道带来一定的污染。

2) 生态环境状况

(1) 水环境方面。

西新河干流无黑臭水体段,无富营养化段。西新河两岸村庄已经设置了垃圾收集系统,村庄及邻近河道卫生环境良好。

(2)水生态方面。

a. 河道生态保护。

西新河沿线岸坡种植经济林现象普遍,主要是大面积的经济林,部分为农田(以小麦为主),水土流失较少。河道内无圈河养鱼侵占河道的现象。

b. 河道保护林带。

西新河两岸沿线只有部分河段设置了保护林带。

c. 河道岸坡生态防护。

西新河大多数河段为人工河道,岸坡护坡形式主要为自然护坡,局部有护砌工程修建。

3)水功能区划情况

根据《聊城市水功能区划》,西新河划分为 1 个水功能一级区,即西新河聊城开发利用区,下分 2 个水功能二级区,为西新河东昌府区农业用水区与西新河茌平农业用水区。

4.2.1.8　德王东支

1. 地理位置

德王东支位于聊城西南部,系马颊河的一条支流。它起源于聊城市冠县柳林镇张四古庄村西南位山引黄三干渠,流经冠县、东昌府区和临清市 3 个县(市、区),于临清市魏湾镇汇入马颊河,河道长度为 20.00 km,流域面积 135 km²。

2. 水文气象

德王东支流域属暖温带半湿润大陆性季风气候,一年四季分明,温差变化大。冬季寒冷干燥,降雨量较少;夏季炎热,气温较高,暖空气活动较频繁,雨量较多。流域内年平均气温 13.1 ℃,无霜期在 200 d 左右。

根据流域实测降水资料统计分析,多年平均降水量为 550 mm,降水在年度内分布不均,其中6—9月多年平均降水量占全年的70%。受局部地形条件和暴雨区走向分布等因素的影响,年内降水在区域上的分布也不均匀,总的趋势为流域内上游区域降水量大,中下游区域降水量较少。

3. 地形地貌

德王东支流域地势平坦,自西南向东北倾斜,海拔 29~38 m(1956 年黄海高程系)。流域内地形简单,多为平原和洼地,坡度较缓。

4. 河道情况

1)河道概况

河道最大宽度为 40 m,最小宽度为 8 m。德王东支全线段均存在轻微淤积情况,淤积深度 0.3~0.5 m。

2)堤防情况

德王东支总长 20.00 km,仅在东昌府区段有堤防,现有堤防长度为 22.29 km,堤防级别为 5 级,形式为土堤,且有大段堤防缺失的情况。

5. 建筑物情况

1) 穿河(堤)工程

德王东支现有穿河(堤)工程 8 处,包括穿堤涵闸 5 座、穿堤涵洞(涵管)2 座、渡槽 1 处,其中冠县 3 处、东昌府区 4 处、临清市 1 处。

2) 拦河闸坝工程

德王东支现有北梁庄村拦河闸、张李节制闸、谭楼节制闸、谭楼村拦河闸共计 4 座节制闸,其中冠县 1 座、东昌府区 3 座。

3) 跨河工程

德王东支现有跨河工程 67 处(冠县 14 处、东昌府区 49 处、临清市 4 处),其中桥梁工程 26 座,包括生产桥 21 座、公路桥 4 座、铁路桥 1 座,管线工程 41 处,包括输电线路 23 处、通信线缆 16 处、输水管线 2 处。

4) 建筑物占用岸线情况

铁路桥梁、公路桥梁、跨河管线、涵闸及取水口等各类工程占用岸线长度计算方法与赵王河相同。德王东支河道岸线利用情况为公路根据《公路安全保护条例》,铁路根据《铁路安全管理条例》,电力线缆、石油天然气管道等根据《电力设施保护条例实施细则》《中华人民共和国石油天然气管道保护法》等分析确定建筑物占用岸线长度。

6. 环境与生态情况

1) 河道水质状况

德王东支干流污染主要来源于农村生活污水、农业面源污染、入河支流污染等。

2) 生态环境状况

(1) 水环境方面。

德王东支干流无黑臭水体段,无富营养化段。

(2) 水生态方面。

a. 河流生态保护。

德王东支沿线岸坡种植经济林现象普遍,以黄桃树、杨树为主,部分为农田(以小麦为主)。施肥、喷洒农药等农业活动造成的面源污染可直接进入河道,会加速水体富营养化,破坏河道原生物群落结构,造成生物多样性减少。河道内无圈河养鱼侵占河道的现象。

b. 河流防护林带。

德王东支干流两岸基本未设置河道防护林体系。

c. 河流岸坡生态防护。

河道边坡基本被原生植被覆盖,明显裸露段不多。受两岸农耕活动影响,特别是在一些河道边坡较缓段,已被开发为农田进行耕种,长时间的耕作,易造成边坡土体松散,且受耕作制度影响,季节性裸露明显,易产生季节性的水土流失。河道弯道及排涝沟冲刷,也是造成河道水土流失的主要原因。两岸水土流失主要以轻度、微度为主。

3) 水功能区划情况

根据《聊城市水功能区划》,德王东支划分为 1 个水功能一级区,即德王东支聊城开发利用区,下分有 1 个水功能二级区,为德王东支东昌府区农业用水区。

4.2.1.9　德王河

1. 地理位置

德王河流域属于华北平原的一部分,地理坐标为东经 115°51′~116°00′、北纬 36°42′~36°48′,总流域面积 218 km²。

2. 水文气象

德王河流域属暖温带半湿润大陆性季风气候,一年四季分明,温差变化大。冬季寒冷干燥,降雨量较少;夏季炎热,气温较高,暖空气活动较频繁,雨量较多。流域内年平均气温 13.1 ℃,无霜期在 200 d 左右。

根据流域实测降水资料统计分析,多年平均降水量为 550 mm,降水在年度内分布不均,其中 6—9 月多年平均降水量占全年的 70%。受局部地形条件和暴雨区走向分布等因素的影响,年内降水在区域上的分布也不均匀,总的趋势为流域内上游区域降水量大,中下游区域降水量较少。

3. 地形地貌

德王河流域地势平坦,自西南向东北倾斜,坡度 1/7 000,海拔 29~38 m(1956 年黄海高程系)。流域内地形简单,多为平原和洼地,坡度较缓,占流域面积的 95%。

4. 河道情况

1)河道概况

河道最大宽度为 50 m,最小宽度为 10 m。

德王河是临清市东南部重要的排灌两用骨干河道,经过十几年的引黄灌溉运行,全河段存在不同程度的淤积情况,临清市于 2014 年对德王河实施了清淤治理。

2)堤防情况

根据现场调查及水利普查等资料得知,德王河未进行堤防设计,德王河现状无堤防。

5. 建筑物情况

1)穿河(堤)工程

德王河沿线现有穿河(堤)工程共 5 处,包括穿堤涵闸 1 座、穿堤涵洞(涵管)4 座,其中临清市 4 处、茌平县 1 处。

2)拦河闸坝工程

德王河现有肖庄节制闸、康圣庄闸、张洼闸、张官营拦河闸、皮庄拦河闸 5 座拦河闸,其中临清市 4 座、高唐县 1 座。

3)跨河工程

德王河现有跨河工程 54 处(临清市 41 处、茌平县 3 处、高唐县 10 处),其中桥梁工程 22 座,包括生产桥 19 座、公路桥 3 座,管线工程 31 处,包括输电线路 27 处、通信线缆 3 处、输水管线 1 处。

4)建筑物占用岸线情况

铁路桥梁、公路桥梁、跨河管线、涵闸及取水口等各类工程占用岸线长度计算方法与赵王河相同。

6. 环境与生态情况

1）河道水质状况

德王河干流上共计排水口 41 处,其中农村径流排水口 4 处、排涝沟渠共计 37 处,农业面源污染和农村生活污染会经此渠道进入河道,对水质造成一定影响。

2）生态环境状况

（1）水环境方面。

德王河干流无黑臭水体段,无富营养化段。

德王河两岸部分村庄已经设置了垃圾收集系统,其相应河段卫生环境良好,但仍有少量沿河村民将垃圾直接倾倒在河边的现象;未设置垃圾收集系统的村庄一般卫生状况较差。

（2）水生态方面。

a. 河流生态保护。

德王河沿线岸坡种植经济林现象普遍,以黄桃树、杨树为主,部分为农田(以小麦为主)。施肥、喷洒农药等农业活动造成的面源污染可直接进入河道,会加速水体富营养化,破坏河道原生物群落结构,造成生物多样性减少。河道内无圈河养鱼侵占河道的现象。

b. 河流保护林带。

德王河两岸沿线只有部分河段设置了保护林带。

c. 河流岸坡生态防护。

两岸水土流失以轻度、微度为主。河道边坡基本被原生植被覆盖,明显裸露段不多。受两岸农耕活动影响,特别是在一些河道边坡较缓段,河道边坡也已被开发为农田进行耕种,长时间的耕作易造成边坡土体松散,且受耕作制度影响,季节性裸露明显,易产生季节性的水土流失。河道弯道及排涝沟冲刷也是造成河道水土流失的主要原因。

3）水功能区划情况

根据《聊城市水功能区划》得知,德王河共有 1 个一级水功能区,即德王河临清开发利用区,下分 1 个二级水功能区,即德王河临清农业用水区。

4.2.1.10　羊角河

1. 地理位置

羊角河位于聊城西南部,北纬 36°09′~36°23′、东经 115°48′~115°56′,系徒骇河的一级支流,是聊城市防洪除涝河道之一。羊角河分为上段、中段及下段,河道总长度为 37.40 km,其中上段起于阳谷县大布乡迷魂阵村,于郭屯镇后宋村入徒骇河,全长 16.85 km;中段自阳谷县定水镇徐庄村至韩庄西北位山三干渠,长 8.37 km,排涝流量 13.6 m³/s,担负着阳谷县石佛、定水、郭屯 3 个乡镇的排涝任务;下段自位山三干渠至旅游度假区湖西街道顾庄村西入徒骇河,全长 12.18 km。

2. 水文气象

羊角河流域位于温带季风气候区,具有显著的季节变化和季风气候特征,属半干旱大陆性气候。春季干旱多风,回暖迅速,光照充足,辐射强;夏季湿热多雨,雨热同期;秋季天高气爽,气温下降快,辐射减弱;冬季寒冷干燥,雨雪稀少,常有寒流侵袭。四季的基本气

候特点可概括为"春旱多风,夏热多雨,晚秋易旱,冬季干寒"。流域内年平均气温为 13.5
℃。气温的季节变化明显,1 月最冷,平均气温为-1.8 ℃;7 月最热,平均气温为 26.8 ℃。
极端最高气温为 41.8 ℃,极端最低气温为-22.3 ℃。全年≥0 ℃的积温平均为 5 086.6
℃,全市无霜期平均为 208 d。流域内年平均降水量 540.4 mm,最多年降水量为 785.3
mm,最少年降水量为 312.7 mm。全年降水多集中在夏季,夏季易出现局部内涝。秋季雨
量多于春季,春季干旱发生频繁,有"十年九春旱"之说,冬季降水最少,不足全年的 3%。
年平均相对湿度 68%,其中 7—8 月相对湿度最大,为 79%~83%,2—3 月最小,为 57%~
59%。年蒸发量平均为 1 709 mm,每年中 6 月蒸发量最大,平均为 267 mm,1 月最小,平
均为 45 mm。流域内年平均风速为 2.3 m/s,春季风速较大,夏季风速较小。全年最多风
向为南风、偏南风,又以春季出现的频率最高,其次为北风、偏北风。年平均日照时数为
2 323 h,最多年 2 680 h,最少年 1 964 h。

3. 地形地貌

羊角河流域基本处于洼地,南高北低,地貌以缓平坡地为主,属于易受灾区域。地下
水位常年偏高,造成该流域内大面积土地次生盐碱化,且在雨季易形成湿涝。

4. 河道情况

1)河道概况

(1)羊角河上段(迷魂阵村—后宋村)。

羊角河上段河道起源于阳谷县大布乡迷魂阵村,流经阳谷县大布乡、石佛镇、定水镇、
郭屯镇等 4 个乡镇,于郭屯镇后宋村入徒骇河。本段河道长 16.85 km,由于久未治理,河
道淤积较为严重,其现状不足"61 年雨型"防洪标准和"64 年雨型"排涝标准。

(2)羊角河中段(徐庄村—位山三干渠)。

羊角河中段河道经定水镇及郭屯镇流入位山三干渠,本段河道长 8.37 km,由于久未
治理,河道淤积较为严重,其现状不足"61 年雨型"防洪标准和"64 年雨型"排涝标准。

(3)羊角河下段(位山三干渠—顾庄村)。

羊角河下段河道由位山三干渠起,经朱老庄镇及湖西街道,在顾庄村汇入徒骇河,本
段河道长 12.18 km,排涝功能基本已被新羊角河所取代,现状由于久未治理,河道淤积较
为严重,不足"61 年雨型"防洪标准和"64 年雨型"排涝标准。

2)堤防情况

羊角河现状两岸均属于无堤防自然边坡形式,未见明显堤防。羊角河规划堤防等级
为 4 级,形式为土堤。

5. 建筑物情况

1)穿河(堤)工程

羊角河现有穿河(堤)工程 27 处,包括穿堤涵闸 3 座、穿堤涵洞(管涵)12 座、穿河管
线 10 处、泵站 2 处,其中阳谷县 15 处、旅游度假区 12 处。

2)拦河闸坝工程

羊角河现有 7 座拦河闸,其中阳谷县 4 座、旅游度假区 3 座。

3)跨河工程

羊角河现有跨河工程 124 处,阳谷县 88 处、旅游度假区 36 处,其中桥梁工程 55 座,

包括生产桥 43 座、公路桥 8 座、铁路桥 2 座、测流桥 2 座,管线工程 69 处,包括输电线路 35 处、通信线缆 21 处、输水(气)管线 13 处。

4)建筑物占用岸线情况

铁路桥梁、公路桥梁、跨河管线、涵闸及取水口等各类工程占用岸线长度计算方法与赵王河相同。

6. 环境与生态情况

1)河道水质状况

羊角河干流上共计农村径流排水口 13 个,支流汇入口 13 个,羊角河各监测断面水质均为劣 V 类。

2)生态环境状况

(1)水环境方面。

羊角河因久未治理,加上河道坡降较小,水流缓慢,因此造成河道淤积较为严重。除流速原因外,河道两侧岸坡耕种行为逐渐增多,农耕活动造成的土体松动、季节性裸露面易被冲刷,致使泥沙进入河道,造成淤积。河道淤积不仅影响河道的行洪能力,还会弱化河道自然连通性,影响河道的自净能力和水生生态系统的生物多样性发展,造成河道水质污染和生态破坏。

(2)水生态方面。

a. 河道生态保护。

羊角河两岸种植农作物、速生林较为普遍,农作物以小麦、玉米、大豆为主,乔木主要为速生杨。施肥、喷洒农药等农业活动造成的面源污染可直接进入河道,会加速水体富营养化,破坏河道原生物群落结构,造成生物多样性减少。

b. 河道保护林带。

羊角河两岸河道边坡外多被开垦为农田,沿线基本未设置防护林带。

c. 河道岸坡生态防护。

羊角河两岸水土流失以中度、轻度为主。河道边坡基本被原生植被覆盖,明显裸露段不多,加上干流坡度较缓,水流较慢,整体水土流失不严重。受两岸农耕活动影响,河道边坡也已被开发为农田进行耕种,长时间的耕作易造成边坡土体松散,且受耕作制度影响,季节性裸露明显,易产生季节性的水土流失。

4.2.1.11　新金线河

1. 地理位置

新金线河是徒骇河上游的一条重要支流,位于山东省聊城市中南部,起源于莘县樱桃园镇英西村道口干渠右岸,流经莘县柿子园乡、古城镇、朝城镇、徐庄乡,向东于阳谷县西湖镇范庄村进入阳谷县境内,流经西湖镇、大布乡、定水镇,最终于阳谷县定水镇李丙东村入徒骇河。新金线河是莘县、阳谷县主要的防洪排涝河道之一。

2. 水文气象

工程区处于暖温带半干旱大陆性季风气候区,四季分明,雨热同期,冬季寒冷干燥、雨雪稀少;春季干旱多风,光照充足;夏季炎热多雨,易成洪涝;秋季温和凉爽,降水减少,易出现晚秋干旱。多年平均气温为 13.2 ℃,极端最高气温 41.7 ℃,极端最低气温-22.7

℃;气温最高月为 7 月,多年平均为 26.8 ℃,气温最低月为 1 月,多年平均为-2.4 ℃。年平均无霜期 210 d,年结冰期 103 d,年最大冻土深 0.5 m。风向以南风为主,全年平均风速 3.4~3.9 m/s,最大瞬时风速 35.0 m/s。

区内地下水为第四纪孔隙潜水,以大气降水和引黄灌溉为补给来源,以地面蒸发、人工抽取及缓径流为排泄方式。由于地下水径流迟缓,水化学条件比较复杂,淡水与咸水在水平与垂直方向上相互交错。浅层地下水以重碳酸盐型为主。

3. 地形地貌

新金线河地处鲁西北黄河冲积平原,地势西南高、东北低,地面海拔为 35.25~43.50 m。按地貌成因可分为 5 种类型:缓平坡地、河滩高地、浅平洼地、决口扇形地、背河槽状洼地。区域浅层地表范围内岩性主要由素填土、粉质黏土、层粉土、黏土组成,各层交互出现、地层平稳,较有规律。

4. 河道情况

1) 河道概况

新金线河是莘县、阳谷县主要防洪排涝河道之一。干流全长 55.00 km,流域面积 518 km²。其中,莘县境内干流长 28.55 km,流域面积 259.3 km²,阳谷县境内干流长 26.45 km,流域面积 258.7 km²。

新金线河共有淤积河段 6 处,总淤积长度 22.36 km,淤积造成河道行洪断面减小,严重阻碍河道行洪排涝。

2) 堤防情况

新金线河干流两岸无明显筑堤,均为自然岸坡,河道治理防洪标准及排涝标准为按“61 年雨型”防洪,按“64 年雨型”排涝。

5. 建筑物情况

1) 穿河(堤)工程

经调查,新金线河干流穿河(堤)建筑物共 26 处,包括穿河(堤)涵闸 12 座(1 座已损坏,1 座闸孔堵塞)、穿河(堤)涵洞(管涵)14 座(1 座为桥涵且涵洞及桥面已损坏)。

(1)涵闸工程。

新金线河干流现有穿河(堤)涵闸共 12 座,其中正常运行的有 10 座,损坏的有 1 座,闸孔堵塞的有 1 座。

(2)涵洞(管涵)工程。

新金线河干流穿河(堤)涵洞(管涵)共 14 座。其中,正常运行的有 13 座,另外 1 座为桥涵且涵洞及桥面已损坏。穿堤涵洞(管涵)多为村民埋设的钢筋混凝土管或为村庄、农田排涝沟的涵桥。

2) 拦河闸坝工程

经调查,新金线河干流有节制闸、溢流坝等拦河工程共 7 座,其中节制闸 5 座(4 座正常运行,1 座节制闸闸门、检修桥及消力池损坏)、溢流坝 2 座(1 座已毁坏)。

3) 跨河工程

经调查,新金线河干流有跨河工程共 103 处,其中交通桥 9 座(包含 1 座人行便桥及 1 座施工便道)、生产桥 54 座(1 座已毁坏)、输电线路 34 处、通信线缆 2 处、输水管线 2

处、输气管线 2 处。

（1）桥梁工程。

经调查,新金线河干流共有桥梁 63 座,其中生产桥 54 座、交通桥 9 座,桥梁工程中 1 座已损毁,另有 1 座人行便桥及 1 座施工便道。部分桥梁因建设年代久远、建设标准低,经多年运行后存在不同程度阻水或损坏,危及村民的交通安全及河道行洪安全。

（2）跨河管线。

经调查,跨越新金线河的管线工程共计 40 处,其中输电线路 34 处、通信线缆 2 处、输水管线 2 处、输气管线 2 处。

输电线缆多数采用架空跨河,其中高压线净空较高,基本满足防洪要求,但调查中发现,多数低压线、部分通信线缆架设高度较低,且存在乱扯线缆过河行为,需进行集中整治。

4）建筑物占用岸线情况

铁路桥梁、公路桥梁、跨河管线、涵闸及取水口等各类工程占用岸线长度计算方法与赵王河相同。

6. 环境与生态情况

1）河道水质状况

根据 2017 年 7 月对新金线河沿线不同断面水样水质监测结果可知,新金线河现状水质为劣 V 类,不满足新金线河水水功能区目标水质的要求。畜禽养殖排污为新金线河 COD 及氨氮最主要来源,其次为农业面源污染。另外,农村生活污水、渔业养殖等产生的污染也会对新金线河水质产生一定影响。新金线河沿线部分村庄垃圾处置体系建设滞后,垃圾收集系统简陋,卫生状况较差,沿线河道水面有垃圾漂浮,生产废料、生活垃圾堆放于水域岸线,易随雨水排入干流,直接影响河流水质。

2）生态环境状况

（1）河湖生态保护。

根据调查,河道两岸多为农田,农作物以小麦、玉米、大豆为主,呈现典型的农业生态系统特征,扰动频繁,且农作物施肥、喷洒农药的残留物最后进入河道,面源污染严重。因农业种植,且河道基本无自然缓冲带,其截污纳污、涵养水源的生态功能几乎完全丧失。

（2）河湖保护林带。

根据调查,新金线河干流两岸多为农田,基本未设置河道防护林体系。两岸水土流失以轻度、微度为主,河道边坡基本被原生植被覆盖,明显裸露段不多。受两岸农耕活动影响,特别是在一些河道边坡较缓段,河道边坡也已被开发为农田进行耕种,长时间的耕作,易造成边坡土体松散,且受耕作制度影响,季节性裸露明显,易产生季节性的水土流失。

（3）河湖岸坡生态防护。

据调查,新金线河沿河岸植被护坡主要是灌乔木护坡及草皮等植物护坡。地被植物主要为原生植被,植被种类较为单一,生态防护及景观效果不佳。

3）水功能区划情况

根据《聊城市水功能区划》,新金线河划分为 1 个水功能一级区,即新金线河聊城开发利用区,下分为 2 个水功能二级区,即新金线河莘县农业用水区及新金线河阳谷县农业用水区。

4.2.1.12　七里河

1. 地理位置

七里河位于聊城市东北,地理坐标为东经 115°55′~116°15′、北纬 36°36′~36°45′。七里河干流起源于茌平县洪官屯镇老成庄村西北,在韩屯镇玉皇庙村北入高唐县,向东北至佟官屯北入徒骇河,全长 37.95 km,流域面积 362.2 km²,是聊城市东北部徒骇河、马颊河之间的主要排水河道。

2. 水文气象

七里河流域处于暖温带季风气候区,属于半干旱半湿润大陆性气候。多年平均气温 12.9 ℃,光照充足,温度适宜,四季分明,春季南风大而多,降水稀少,空气干燥;夏季温度高,雨量大,雨热同期;秋季温和凉爽,降水减少;冬季寒冷干燥,雨雪稀少,常有寒流侵袭。

根据流域实测雨量资料统计,流域内多年平均降水量 531.5 mm,区域降水量年际变化较大,年际间丰、枯悬殊,最大年(1961 年)降水量 975.9 mm,为最小年(1992 年)降水量 287.4 mm 的 3.4 倍,年际间变幅达 688.5 mm。流域内降水年内分布极不平衡,春灌期(3—5 月)降水量仅为 84.1 mm,占年降水的 15.6%,汛期(6—9 月)降水量 380.7 mm,占年降水量的 71.6%,且往往由几次大暴雨形成。

流域内水面蒸发量为 1 230~1 419 mm。区域多偏西南风,大风日数以春季最多,最大 10 min 平均风速 17 m/s,全年平均风速 3.6 m/s。区域地下水资源为第四纪孔隙水。

3. 地形地貌

七里河流域地处黄泛冲积平原,地势平坦开阔,但有微倾斜。全区地面倾斜方向基本随河流流向由西南向东北微微倾斜,地面高程为 21.29~23.6 m,地面自然坡降约为 1/6 000。该区地域广阔,地势低平,河床、岗地呈条带状分布,浅碟式洼地星散其间,平缓坡地在岗、洼地之中,形成岗、坡、洼相间的微起伏地形。低洼处地表水和地下水径流滞缓,易受涝碱威胁。

4. 河道情况

1) 河道概况

七里河茌平段长 28.05 km,历史上没有进行过系统的治理,全段没有堤防,均为自然岸坡;部分河段杂草丛生。高唐县境内河道现状均满足 20 年一遇设计洪水的防洪要求。

2) 堤防情况

(1) 七里河茌平段。

七里河总长 37.95 km,其中,茌平段长 28.05 km,该段河道历史上未进行过系统的治理,全段无堤防,为自然岸坡,河道沿线无道路,给河道巡视管理带来很大不便。

(2) 七里河高唐段。

七里河高唐段长 9.90 km。高唐县水务局于 2013 年实施了山东省高唐县七里河治理工程,修复填筑了两岸堤防,其中左堤顶宽 5 m,右堤顶宽 3 m,并新建了左岸管理道路,砂石路面宽 4 m。综合治理后,高唐县境内河道均满足 20 年一遇设计洪水的防洪要求,同时也方便了河道沿线交通和执法监管。

5. 建筑物情况

1）穿河（堤）工程

经现场查勘，七里河现有穿河（堤）工程 81 处，包括穿堤涵闸 41 座、穿堤涵洞（管涵）40 座、渡槽 0 处。目前，25 座穿堤涵闸、28 座穿堤涵洞（管涵）均能正常运行。

2）拦河闸坝工程

七里河现有小宋庄节制闸、落角园节制闸、茌平七里河节制闸、八刘节制闸、玉皇庙节制闸、五里铺节制闸与后屯节制闸共计 7 座节制闸，其中茌平县 5 座、高唐县 2 座。

3）跨河工程

七里河现有跨河工程 102 处（高唐县 28 处，茌平县 74 处），其中桥梁工程 34 座，包括生产桥 25 座、公路桥 9 座、铁路桥 0 座，管线工程 68 处，包括输电线路 49 处、通信线缆 16 处、输水管线 2 处、输气管线 1 处。

4）建筑物占用岸线情况

铁路桥梁、公路桥梁、跨河管线、涵闸及取水口等各类工程占用岸线长度计算方法与赵王河相同。

6. 环境与生态情况

1）河道水质状况

农村径流排水通过排涝沟汇入河流，会给河道带来一定的污染。

2）生态环境状况

（1）水环境方面。

七里河干流无黑臭水体段，无富营养化段。七里河两岸村庄已经设置了垃圾收集系统，村庄及邻近河道卫生环境良好。

（2）水生态方面。

a. 河道生态保护。

七里河沿线岸坡种植经济林现象普遍，主要是大面积的经济林，部分为农田（以小麦为主），水土流失较少。河道内无圈河养鱼侵占河道的现象。

b. 河道保护林带。

七里河两岸堤防外侧均为农田，沿线未设置专门的堤防防护林带，沿岸多为当地村民沿河道两岸种植的林木，一定程度上有防护林的作用。经现场排查发现，在高唐县韩庙村—佟官屯河道堤顶存在约 1 000 m 长的林木防护林带。

c. 河道岸坡生态防护。

七里河槽岸坡形式均为植物护坡，以自然草皮护坡为主，部分河段河槽为乔草护坡。堤防岸坡均为土质斜坡式岸坡，主要护坡形式为植物护坡，包括乔草护坡及乔灌草护坡两种类型。

3）水功能区划情况

根据《聊城市水功能区划》，七里河划分为 1 个水功能一级区，即七里河聊城开发利用区，下分 2 个水功能二级区，为七里河茌平区农业用水区与七里河高唐县农业用水区。

4.2.1.13　俎店渠

1. 地理位置

俎店渠系徒骇河的一条支流,位于聊城西南部,是聊城市防洪河流之一。它起源于莘县董杜庄镇张庄村南道口干渠右岸,流经莘县、东昌府区和阳谷县 3 个县(区)共 6 个乡镇(办事处),从上游至下游分别为莘县的董杜庄镇、俎店乡、燕塔街道办事处、莘亭街道办事处,东昌府区的沙镇、阳谷县定水镇,于东昌府区沙镇前化村东南汇入徒骇河,河道长度为 31.31 km,流域面积为 224.3 km²,耕地面积为 25.27 万亩。其中,莘县段长度为 26.38 km,东昌府区段长度为 2.70 km,阳谷段长度为 2.23 km。主要支流有冯海沟、河店沟等 13 条。

2. 水文气象

工程区处于暖温带季风气候区,具有明显的季风气候特征,为半干旱大陆性气候,春夏秋冬四季分明。春季(3—5 月)干旱多南风,回暖迅速,光照充足,降水稀少,气候干燥,常发生春旱。夏季(6—8 月)温度高,雨量大,少数年份也出现夏旱。秋季(9—11 月)气温下降,雨量减少,但有时出现连阴雨。冬季(12 月—翌年 2 月底)雨雪稀少,寒冷干燥,常有寒流侵袭,造成气温急剧下降。气候的基本特点是"春旱多风,夏热多雨,晚秋易旱,冬季干寒"。

该区域多年平均气温约 13.2 ℃,1 月气温最低,历年极端最低气温-22.7～-20.3 ℃,月平均气温-2.3～3.3 ℃;7 月气温最高,历年极端最高气温 40.8～41.9 ℃,月平均气温 27 ℃。年平均无霜期 210 d,结冰期 103 d,冻土深度约 0.5 m。

3. 河道情况

1) 河道概况

俎店渠干流发源于莘县董杜庄镇张庄村南道口干渠,自聊城市莘县张庄村闸起,流经莘县、东昌府区、阳谷县 3 个县(区),汇集 3 个县(区)的来水,河道最大宽度为 70 m,最小宽度为 10 m。经调查,俎店渠基本上全线段存在轻微淤积现象,淤积深度为 0.3～0.5 m。

2) 堤防情况

根据水利普查资料,俎店渠现有堤防长度为 45.22 km。俎店渠干流堤防形式为土堤,级别为 4 级,存在 665 m 的险工段。

4. 建筑物情况

1) 穿河(堤)工程

经过全线排查,俎店渠沿线穿河(堤)工程共 35 处,其中穿堤涵闸 14 座、穿堤涵洞(管涵)18 座、排水沟 3 处,均能正常运行。

2) 拦河闸坝工程

俎店渠干流现有西张庄闸、邢屯节制闸、俎店渠涵闸、于庙村拦河闸、前化村拦河闸 5 座拦河闸。其中正常运行的有 4 座,年久失修的有 1 座(前化村拦河闸),拦河闸均未鉴定。

3) 跨河工程

经调查,俎店渠干流共有跨河工程 53 处。

（1）桥梁工程。

经调查，俎店渠上共有桥梁 58 座，其中生产桥 40 座、公路桥 18 座，桥梁工程中正常运行的有 22 座，危桥有 25 座，因建设标准低而阻水的有 34 座。俎店渠干流生产桥建设年代久远，经多年运行，多数存在不同程度损坏，危及村民的交通安全，且部分生产桥的引路都建在滩地内，造成河道卡口，阻碍河道行洪安全。

（2）跨河管线。

经调查，跨越俎店渠的管线工程共计 57 处，其中高压线 7 处、低压线 35 处、通信线缆 8 处、输油管线 2 处、输气管线 5 处。

输电线缆多数采用架空跨河，其中高压线净空较高，基本满足防洪要求。低压线、部分通信线缆架设高度较低，且存在乱扯线缆过河行为，需进行集中整治。

4）建筑物占用岸线情况

铁路桥梁、公路桥梁、跨河管线、涵闸及取水口等各类工程占用岸线长度计算方法与赵王河相同。

5. 环境与生态情况

1）河道水质状况

根据 2017 年水质检测结果，俎店渠整体水质较差，水功能区水质不达标。俎店渠干流上共计排污（水）口 29 处，其中排涝沟、渠 15 处，是农业面源污染和农村生活污染的主要排放渠道。

2）生态环境状况

俎店渠是一条人工开挖河道，生态系统较为简单。根据调查，俎店渠干流两岸已部分设置河道防护林体系，多以村民自种的经济林为主。两岸水土流失以轻度、微度为主，河道边坡基本被原生植被覆盖，明显裸露段不多。受两岸农耕活动影响，特别是在一些河道边坡较缓段，河道边坡也被开发为农田进行耕种，长时间的耕作，易造成边坡土体松散。

俎店渠流经莘县、东昌府区、阳谷县 3 县（区），俎店渠沿线农村地区生活污水、生活垃圾大多数未经集中处理，分散排放或堆放，对水环境造成污染。

3）水功能区划情况

根据《聊城市水功能区划》得知，俎店渠干流有 1 个一级水功能区，为俎店渠莘县开发利用区，下有 1 个二级水功能区，为俎店渠临清市农业用水区。

俎店渠全线均划分了水功能分区，河道水功能定位和水质保护目标明确。

4.2.1.14　鸿雁渠

1. 地理位置

鸿雁渠干流由河北进入聊城市莘县西滩村，自西向东流经莘县、冠县 2 个县，汇集 2 个县的来水，于冠县定远寨镇李海子村注入马颊河，本次规划范围全长 34.34 km。鸿雁渠流域属于华北平原的一部分，地理坐标为东经 115°21′~115°40′、北纬 36°21′~36°25′，山东省内流域面积 259 km²，包括莘县 89 km²，冠县 170 km²。鸿雁渠为跨县渠道，担负着莘县、冠县 2 县的排涝任务。

2. 水文气象

鸿雁渠流域属暖温带半湿润大陆性季风气候，一年四季分明，温差变化大。冬季寒冷干燥,降雨量较少;夏季炎热,气温较高,暖空气活动较频繁,雨量较多。流域内年平均气温 13.1 ℃,无霜期在 200 d 左右。

根据流域实测降水资料统计分析,多年平均降水量为 550 mm,降水在年度内分布不均,其中 6—9 月多年平均降水量占全年的 70%。受局部地形条件和暴雨区走向分布等因素的影响,年内降水在区域上的分布也不均匀,总的趋势为流域内上游区域降水量大,中下游区域降水量较少。

3. 地形地貌

河道流经区域地处鲁西北黄河冲积平原,地势西南高、东北低,坡降约 1/8 000。地形地貌受黄河冲积泛滥的影响,沉积了深厚的黄泛物质。区内微地貌类型复杂,岗、坡、洼相间分布,以河滩高地、沙质河槽地为主。区域浅层地表范围内岩性主要由粉土、亚砂土、粉质黏土和粉细砂组成,各层交互出现、地层平稳,较有规律。勘察深度内,原始地层均为第四纪冲积、冲湖积堆积层。岩性主要为粉土、细砂、黏土,大致分为六层和三个亚层。

4. 河道情况

1)河道概况

鸿雁渠干流由河北进入聊城市莘县西滩村,自西向东流经莘县、冠县 2 个县,于冠县定远寨镇李海子村注入马颊河,本次规划范围全长 34.34 km。鸿雁渠干流全线段均存在轻微淤积现象,淤积深度在 0.3~0.6 m。

2)堤防情况

根据现场调查及水利普查资料,鸿雁渠未进行堤防设计,鸿雁渠现状无堤防。

5. 建筑物情况

1)穿河(堤)工程

鸿雁渠沿线现有穿河(堤)工程共 10 处,包括穿堤涵闸 4 座、穿堤涵洞(管涵)5 座、堤防连通桥 1 处。

2)拦河闸坝工程

鸿雁渠现有节制闸 2 座,均在莘县内。

3)跨河工程

鸿雁渠现有跨河工程 64 处(莘县 31 处、冠县 33 处),其中桥梁工程 26 座,包括生产桥 17 座、公路桥 9 座,管线工程 38 处,包括输电线路 29 处、通信线缆 6 处、输水管线 3 处。

4)建筑物占用岸线情况

铁路桥梁、公路桥梁、跨河管线、涵闸及取水口等各类工程占用岸线长度计算方法与赵王河相同。

6. 环境与生态情况

1)河道水质状况

鸿雁渠干流污染主要来源于农业种植面源、农村生活排水、入河支流污染等。

2)生态环境状况

(1)水环境方面。

鸿雁渠两岸部分村庄已经设置了垃圾收集系统,其相应河段卫生环境良好,但仍有少量沿河村民将垃圾直接倾倒在河边的现象;未设置垃圾收集系统的村庄一般卫生状况较差。

(2)水生态方面。

a.河流生态保护。

鸿雁渠沿线岸坡种植经济林现象普遍,主要是大面积的经济林(以黄桃树、杨树为主),部分为农田(以小麦为主)。施肥、喷洒农药等农业活动造成的面源污染可直接进入河道,加速水体富营养化,破坏河道原生物群落结构,造成生物多样性减少。河道内无圈河养鱼侵占河道的现象。

b.河流保护林带。

鸿雁渠两岸沿线只有部分河段设置了保护林带。

c.河流岸坡生态防护。

鸿雁渠河道岸坡大部分为土质斜坡式岸坡,主要护坡形式为植物护坡,包括乔草护坡及乔灌草护坡两种类型,总体植被覆盖率70%以上。两岸水土流失以中度、轻度为主,河道上游段岸坡基本被原生植被覆盖,明显裸露段不多,整体水土流失不严重。

3)水功能区划情况

根据《聊城市水功能区划》,鸿雁渠划分为1个水功能一级区,即鸿雁渠聊城开发利用区,下分2个水功能二级区,即鸿雁渠莘县农业用水区、鸿雁渠冠县农业用水区,水质目标均为Ⅳ类水。

4.2.1.15　金堤河

1.地理位置

金堤河是黄河下游一条支流,为平原型河道。该流域南临黄河大堤和天然文岩渠,北界卫河、马颊河、徒骇河,西起人民胜利渠灌区的七里营以东,在台前县的张庄汇入黄河。干流全长158.6 km,流域面积5 047 km²,人口约300万,耕地528万亩(其中河南514.4万亩,山东13.6万亩)。流域呈狭长三角形,上宽下窄,最宽处近60 km。从上自下流经河南的延津、封丘、新乡、卫辉、浚县、长垣、滑县、濮阳、范县、台前和山东省的莘县、阳谷等12个县(市)。本次规划范围内(高堤口闸—张庄入黄闸段)河道长80.45 km,区间流域面积817 km²。

2.水文气象

本流域气候温和,土质肥沃,属暖温带季风性气候,年平均气温13.7 ℃,年温差29.5 ℃,无霜期210 d,年平均降雨606.4 mm,适于耕作,为粮棉产区。金堤河为季节性河流,河水来源除流域降水外,还有引黄灌溉区弃水、退水和黄河干流侧渗补水等。干流濮阳、范县两站1965—1977年实测多年平均径流量为1.54亿 m³和2.67亿 m³,该两站年径流量大小之比分别为54∶1和14∶1,经常出现断流。地下水主要由降水和黄河侧渗补给,流向多由西南至东北,地下水埋深汛期1~2 m,枯水期2~3 m,井灌区大于3 m,水质一般。

3.地形地貌

金堤河历史上为黄河的故道,由于黄河多次决口改道,洪水漫流,形成岗洼相间的地貌,坡洼、沙岗很多。地势西南高、东北低,河源至河口高差近30 m,比降平缓,一般为1/6 000~1/15 000。五爷庙上游多为坡洼,主要有大沙河、道滑坡、宋庄坡、白马坡、金堤二节及卫南坡等;五爷庙下游多为宽浅的黄泛冲沟及自然坡洼。流域内主要为浅色草甸土和盐化浅色草甸土,沿黄一带有部分冲积土分布,还有半流动性和半固定性的沙丘。

4.河道情况

1)河道概况

金堤河干流起自河南滑县耿庄,于河南台前县张庄入黄,全长 158.6 km,流域面积5 047 km²。以下介绍涉及聊城市莘县和阳谷县的两段:

(1)金堤河—莘县段(古云镇高堤口闸—古城镇仲子庙闸)。

自古云镇高堤口闸起,流经莘县古云镇等 4 个乡镇,于古城镇仲子庙闸流入阳谷县,本段河道总长 32.95 km,其中河南省段长 6.35 km,山东省莘县段长 26.60 km,区间流域面积 474 km²,古城以上累计流域面积 4 704 km²。该河段最大宽度约 960 m,最小宽度约330 m,近期工程实施后,河道比降为 1/9 356。该河段现状防洪标准基本不足"61 年雨型"标准,现状排涝标准基本不足"64 年雨型"标准。区间最大的支流为孟楼河,其流域面积为 349 km²,东西贯穿范县。流域面积在 100 km² 以上的还有濮城干沟、总干排。

(2)金堤河—阳谷县段(古城镇仲子庙闸—吴坝乡张庄入黄闸)。

金堤河从仲子庙闸至张庄入黄闸,总长 47.50 km(其中河南省段长 12.21 km,山东省阳谷县段长 35.29 km),区间流域面积 343 km²,张庄以上累计流域面积 5 047 km²。近期工程实施后,仲子庙闸—梁庙河槽底宽 65~90 m,梁庙—张庄闸河槽底宽 10~65 m,河道比降为 1/16 480。该河段现状防洪标准基本达到"61 年雨型"标准,现状排涝标准基本达到"64 年雨型"标准。本段河道支流较多,均从右岸汇入,但规模相对较小,流域面积均在100 km² 以下,较大的有张庄沟、刘子鱼沟、梁庙沟、庙口沟等。

2)堤防情况

金堤河规划范围内堤防有三段,分别为北金堤、北小堤和南小堤。

(1)北金堤。

北金堤位于金堤河左岸,是黄河滞洪区的一道屏障,总长 83.4 km,形式为土堤,规划等级为 1 级,现状等级为 1 级,由聊城市黄河河务局管辖。

(2)北小堤。

北小堤位于金堤河左岸,形式为土堤,规划等级为 4 级,分为两段,总长度为 23.9 km,其中河南境内长 13.4 km,山东境内长 10.5 km,第 1 段为从斗虎店西村至东金一村,长度为 3.9 km,现状堤防等级基本不足 4 级。第 2 段为从莲花池一村至刘垓村,长度为20.0 km,现状堤防等级基本不足 4 级。

(3)南小堤。

南小堤位于金堤河右岸,规划等级为 4 级,总长度 80.0 km(河南省境内 18.1 km,山东省境内 61.9 km),南小堤莘县段(26.6 km)现状基本不足 4 级,南小堤阳谷县段(35.3 km)现状基本达到 4 级。

5.建筑物情况

1)穿河(堤)工程

金堤河高堤口闸—张庄入黄闸段现有穿河(堤)工程 57 处,包括穿堤涵闸 21 座、穿堤涵洞(管涵)23 座、穿堤管线 4 处、泵站 7 处、堤防连通桥 1 处、倒虹吸 1 处,其中莘县 23

处、阳谷县 34 处。

2）拦河闸坝工程

金堤河高堤口闸—张庄入黄闸段仅有 1 座拦河闸，为张庄入黄闸，位于河南省境内，直接管理单位为张庄入黄闸管理所，工程等别为 Ⅰ 等，主要建筑物级别为 1 级。

3）跨河工程

金堤河高堤口闸—张庄入黄闸段现有跨河工程 79 处，莘县 51 处、阳谷县 28 处，其中桥梁工程 43 座，包括生产桥 11 座、公路桥 32 座，管线工程 36 处，包括输电线路 28 处、通信线缆 8 处。

4）建筑物占用岸线情况

铁路桥梁、公路桥梁、跨河管线、涵闸及取水口等各类工程占用岸线长度计算方法与赵王河相同。

6. 环境与生态情况

1）河道水质状况

金堤河聊城段污染主要来源于上游河南省境内工业及企业排污、城乡生活排水、农业面源污染、入河支流污染等。该段干流上共计排水口 36 个，其中支流汇入口 22 个、农村径流排水口 14 个。

2）生态环境状况

（1）水环境方面。

a. 河道淤积。

金堤河为黄河下游支流，兼有引黄灌溉的功能，河道坡降较小，水流较缓慢，同时，河道两侧岸坡耕种行为逐渐增多，农耕活动造成的土体松动、季节性裸露面易被冲刷，致使泥沙进入河道，造成金堤河干流淤积较为严重。河道淤积不仅影响河道的行洪能力，还会弱化河道的自然连通性，影响河道的自净能力和水生生态系统的生物多样性发展，造成河道水质污染和生态破坏。

b. 水体富营养化。

金堤河水体存在富营养化情况，聊城段主要存在于莘县樱桃园镇付亭村—坊子铺村、阳谷县斗虎店西村—大寺二村，主要原因为上游河南省境内排污，导致下游水质变差。另外，河道内径流量较小，也影响了水体自我净化功能的实现。

（2）水生态方面。

a. 河道生态保护。

金堤河干流河道内存在非法采砂活动，主要集中在山东、河南 2 省交界处，河砂资源的开采，导致河床形成形状不规则且深度不等的槽、坑、窝，局部河道地形的改变造成河道局部水流流态和泥沙输移发生变化，使河砂覆盖层变薄。采砂的同时导致河道边坡及滩地植被破坏、土体裸露，易造成水土流失。此外，由于采砂活动的干扰，采砂河段水生生物生存环境发生变化，影响水生生物的栖息、觅食和产卵；河道漫滩湿地、林地逐步消失，各类水禽及鸟类难觅足迹，自然生态环境恶化，生态系统被破坏。

金堤河两岸种植农作物、速生林较为普遍，单一的植物种类及施肥、喷洒农药等农业活动，将破坏滩地原生态体系，降低生物多样性，同时，农业活动造成的面源污染可直接进入河道,会加速水体富营养化,破坏河道原生物群落结构,造成生物多样性减少。

　　b.河道保护林带。

　　金堤河干流河岸水土流失以中度、轻度为主。河道两侧边坡也基本被原生植被覆盖,明显裸露段不多,加上金堤河干流坡度较缓、水流较慢,整体水土流失不严重。受滩地内农耕活动影响,造成滩地内土体松散,且因耕作制度影响,季节性裸露明显,易产生季节性的水土流失。

　　c.河道岸坡生态防护。

　　金堤河聊城段干流河道岸坡防护主要为速生林护坡,树种主要为速生杨等,地被植物主要为原生植被,植被种类较为单一,生态防护及景观效果不佳。

　　3)水功能区划情况

　　根据《聊城市水功能区划》,金堤河聊城段划分为1个一级水功能区,为金堤河豫鲁缓冲区,水质目标为Ⅲ类。

4.2.1.16　位山一干渠

1.地理位置

　　位山引黄灌区是中国6个特大型灌区之一,规模宏大,作用重要。自1958年兴建位山枢纽工程开始,60多年间,经过了1962年停灌、1970年复灌、引黄济津及引黄入卫工程建设,1998年以来多年开展续建配套节水改造,历尽曲折,不断完善,现有位山引黄渠首闸,东、西2条输沙渠,2个沉沙区和3条干渠,分干渠53条,支渠385条,总长度3 335 km,各类水工建筑物5 000余座,设计灌溉面积540万亩,控制10个县(市、区)大部分区域。多年来,位山引黄灌区在为聊城农业供水的同时,还向东昌府区、茌平、临清、高唐城镇供给生活用水,向中华电厂、华能电厂供给工业用水,向东昌湖等城市景观供水。每年向东昌湖及工业企业供水5 000万 m³。实施引黄济津、引黄济冀工程,为支援国家经济建设作出突出贡献。

2.水文气象

　　位山一干渠(含东引水渠、东沉沙池、东西连渠)处于温带季风气候区,具有显著的季节变化和季风气候特征,属半干旱大陆性气候。春季干旱多风,回暖迅速,光照充足,辐射强;夏季湿热多雨,雨热同期;秋季天高气爽,气温下降快,辐射减弱;冬季寒冷干燥,雨雪稀少,常有寒流侵袭。四季的基本气候特点可概括为"春旱多风,夏热多雨,晚秋易旱,冬季干寒"。

　　位山一干渠(含东引水渠、东沉沙池、东西连渠)流经区域年平均气温为13.5 ℃,季节变化明显,冬季气温最低,1月最冷,平均气温为-1.8 ℃;夏季气温最高,7月最热,平均气温为26.8 ℃。极端最高气温为41.8 ℃(2002年、2009年),极端最低气温为-22.3 ℃(1990年)。全年≥0 ℃的积温平均为5 086.6 ℃,全市无霜期平均为208 d。

　　流经区域年平均降水量540.4 mm,最多年降水量为785.3 mm(2003年),最少年降水量为312.7 mm(1992年)。全年降水60%多集中在夏季,夏季易出现局部内涝。秋季雨量多于春季,春季干旱发生频繁,有"十年九春旱"之说,冬季降水最少,不足全年的3%。年平均相对湿度68%,其中,7—8月相对湿度最大,为79%~83%,2—3月最小,为57%~59%。年蒸发量平均为1 709 mm,每年6月蒸发量最大,平均为267 mm,1月蒸发量最小,平均为 45 mm。

3. 渠道地形

位山一干渠是位山灌区三条干渠之一,全长 88.96 km(含东引水渠、东沉沙池、东西连渠),其中,东引水渠 14.5 km,东沉沙池 4 km,东西连渠 7.4 km,一干渠 63.06 km。设计引水能力 72 m³/s,设计比降 1/14 000~1/12 000。自位山引黄节制闸起,往北流经东阿县、高新区、旅游度假区、经开区、茌平县、高唐县 6 个县(区),为灌区东部南北贯穿的输水"动脉",担负着沿线 6 个县(区)的灌溉任务。

4. 渠道情况

1)渠道概况

黄河水从位山引黄闸流出,历经东引水渠、东沉沙池,在东沉沙池出口处分为东西连渠和一干渠。

一干渠起于高新区顾官屯镇兴隆村,止于高唐县姜寺村,全长 63.06 km。现状渠道高新区段和茌平县段均已衬砌,渠道底宽 9~18 m,坡比 1∶2.0,上口宽度 24~36 m;高唐县段部分渠段有衬砌,为土质岸坡,渠道底宽 5~8 m,坡比 1∶2.0,上口宽度 10~18 m。东引水渠与东西连渠两岸也均有衬砌。

2)堤防情况

位山一干渠两岸堤防等级为 4 级,形式为土堤,经调查现状两岸堤防均完好。

5. 建筑物情况

1)穿渠(堤)工程

(1)东引水渠段。

东引水渠段沿线共 35 处穿河(堤)建筑物,包括穿堤涵闸 33 座均运行良好。

(2)一干渠段。

经现场查勘,一干渠段沿线共 146 处穿河(堤)建筑物,包括穿堤涵闸 134 座、穿堤涵洞(管涵)11 座、连通桥 1 座,均运行良好。

2)节制闸工程

经现场查勘,东引水渠段无节制闸工程,一干渠段节制闸工程共 6 座。

3)跨渠工程

位山一干渠(含东引水渠、东沉沙池、东西连渠)跨河工程主要包括跨河公路桥、生产桥和跨河管线等,临河工程主要包括临河输电线缆、通信线缆等。

(1)东引水渠段。

经现场查勘,东引水渠段沿线跨河工程共 40 处。包括公路桥 2 座、生产桥 16 座,输电线路 14 处、通信光缆 8 处。其中,兴隆村 2 座生产桥在建。

东引水渠段沿线无临河工程。

(2)一干渠段。

经现场查勘,一干渠段沿线跨河工程共 215 处。其中,公路桥 13 座、生产桥 60 座、铁路桥 1 座、水文测速桥 4 座、输电线路 79 处、通信光缆 47 处,输水管道 10 条、输油管道 1 处。跨河工程均运行良好。

4）建筑物占用岸线情况

铁路桥梁、公路桥梁、跨河管线、涵闸及取水口等各类工程占用岸线长度计算方法与赵王河相同。位山一干渠(含东引水渠、东沉沙池、东西连渠)岸线利用情况为公路根据《公路安全保护条例》,铁路根据《铁路安全管理条例》,电力线缆、石油天然气管道等根据《电力设施保护条例实施细则》《中华人民共和国石油天然气管道保护法》等分析确定建筑物占用岸线长度。

6. 环境与生态情况

1）渠道水质状况

根据 2017 年对位山一干渠水质检测的资料,一干渠现状水质较好,下游渠道污染主要为种植面源污染。

2）生态环境状况

(1)渠道部分渠段淤积严重。

位山一干渠系统为引黄渠道,主要功能为引黄灌溉,因此渠道淤积的主要因素为引黄水量及黄河水含沙量。经实地调查,东引水渠段淤积严重,茌平县部分渠段有较轻程度的淤积,高唐县段淤积较为严重。

(2)河道防护林、缓冲带体系不完善。

一干渠段两岸基本已种植防护林带,生态保护效果较好;下游高唐县段两岸基本为农田,岸坡被原生植被覆盖,全渠段没有防护林带。

3）水功能区划情况

目前未对位山一干渠(含东引水渠、东沉沙池、东西连渠)划分相应的水功能区。

4.2.1.17　位山二干渠

1. 地理位置

同位山一干渠所述,不再赘述。

位山二干渠是位山灌区三条干渠之一,设计引水能力 65 m^3/s,设计比降 1/14 000 ~ 1/12 000。自二干渠周店节制闸起,往北流经旅游度假区、东昌府区、经开区、茌平县、高唐县 5 个县(区)等 21 个乡镇,止于高唐县固河镇吴官屯闸。

2. 水文气象

位山二干渠灌区位于温带季风气候区,具有显著的季节变化和季风气候特征,属半干旱大陆性气候。春季干旱多风,回暖迅速,光照充足,辐射强;夏季湿热多雨,雨热同期;秋季天高气爽,气温下降快,辐射减弱;冬季寒冷干燥,雨雪稀少,常有寒流侵袭。四季的基本气候特点可概括为“春旱多风,夏热多雨,晚秋易旱,冬季干寒”。灌区内年平均气温为 13.5 ℃。气温的季节变化明显,1 月最冷,平均气温为 -1.8 ℃;7 月最热,平均气温为 26.8 ℃。极端最高气温为 41.8 ℃,极端最低气温为 -22.3 ℃。全年 ≥0 ℃的积温平均为 5 086.6 ℃,全市无霜期平均为 208 d。流域内年平均降水量 540.4 mm,最多年降水量为 785.3 mm,最少年降水量为 312.7 mm。全年降水多集中在夏季,易出现局部内涝。秋季雨量多于春季,春季干旱发生频繁,有“十年九春旱”之说,冬季降水最少,不足全年的 3%。年平均相对湿度 68%,其中,7—8 月相对湿度最大,为 79% ~ 83%,2—3 月最小,为 57% ~ 59%。年蒸发量平均为 1 709 mm,每年 6 月蒸发量最大,平均为 267 mm,1 月蒸发量最小,平均为45 mm。灌区内年平均风速为2.3 m/s,春季风速较大,夏季风速较小。全年最多风向为南风、偏南风,又以春季出现的频率最高,其次为北风、偏北风。年平均日照时数为2 323 h,最多年2 680 h,最少年1 964 h。

3. 渠道地形

位山二干渠是位山灌区三条干渠之一,全长87.17 km,设计引水能力65 m³/s,设计比降1/14 000~1/12 000。自二干渠周店节制闸起,往北流经旅游度假区、东昌府区、经开区、茌平县、高唐县5个县(区),止于高唐县吴官屯节制闸。

4. 渠道情况

1)渠道概况

(1)位山二干渠—周店所段(二干渠周店闸—八里庄村)。

位山二干渠—周店所段渠道起源于二干渠周店闸,流经旅游度假区于集镇、凤凰街道、湖西街道3个乡镇(街道办),本段渠道长13.0 km,现状渠道均已衬砌,渠道底宽18 m,坡比1:2.0,上口宽度36 m,渠道内基本衬砌完好。

(2)位山二干渠—陈口所段(八里庄村—碱刘渡槽)。

位山二干渠—陈口所段起于八里庄村,止于碱刘渡槽,流经湖西街道、柳园街道、古楼街道、新区街道、北城街道,全长20.0 km。其中,城区段总长11.3 km,南至新南环路,北至董桥节制闸,经过彻底整治,城区段已形成了水面洁净、边坡规整、沿岸整洁的良好环境,成功打造了"水畅、渠清、岸绿、景美"的水系景观带,成为一道靓丽的风景线。

(3)位山二干渠—高营所段(碱刘渡槽—高营测流站)。

位山二干渠—高营所段起于碱刘渡槽,止于高营测流站,流经茌平县博平镇、杨官屯乡、肖家庄镇、韩屯镇、菜屯镇5个乡镇,全长20.0 km,现状渠道均已衬砌,渠道底宽18 m,坡比1:2.0,上口宽度36 m,由于地处中下游,引黄流量较小,流速较缓,淤积程度较上游重。

(4)位山二干渠—高唐县段(高营测流站—吴官屯支渠闸)。

位山二干渠—高唐县段起于高营测流站,止于高唐县固河镇李四支渠,流经高唐县清平镇、赵寨子镇等7个乡镇(街道办),全长35.59 km,现状渠道部分已衬砌,区间(高营测流站—孙庄节制闸)长度为17.3 km,其余渠段尚未衬砌。

2)堤防情况

位山二干渠旅游度假区段渠道长度为15.9 km,两岸堤防形式为土堤,级别为4级。

位山二干渠陈口所段(八里庄村—碱刘渡槽)堤防形式为土堤,级别为4级。

位山二干渠高营所段(碱刘渡槽—高营测流站)堤防形式为土堤,级别为4级。

位山二干渠高唐县段渠道总长度为35.59 km,现状下游部分渠段尚未衬砌。经开区街道东孙村—鱼邱湖街道周官屯村渠段两岸为砌石堤,鱼邱湖街道周官屯村—固河镇吴官屯村渠段渠道无堤防,其余渠段堤防形式为土堤,级别为4级。

5. 建筑物情况

1)穿渠工程

经现场查勘,位山二干渠沿线共282处(座)穿河(堤)建筑物,包括穿堤涵闸118座,穿堤涵洞(管涵)111座,泵站15处,连通桥1座,倒虹吸1座,穿河管线(管道)36处,通信线缆4处。

2)节制闸工程

位山二干渠沿线共建节制闸13座。

3)跨渠工程

位山二干渠跨渠工程主要包括跨河公路桥、生产桥和跨河管线等。经现场查勘,位山二干渠沿线跨河工程共198处。其中,公路桥46座、铁路桥1座、生产桥43座、渡槽1座、输电线路64处、通信光缆35处、输水管线1处、输气管线7处。

4)建筑物占用岸线情况

铁路桥梁、公路桥梁、跨河管线、涵闸及取水口等各类工程占用岸线长度计算方法与赵王河相同。位山二干渠岸线利用情况为公路根据《公路安全保护条例》,铁路根据《铁路安全管理条例》,电力线缆、石油天然气管道等根据《电力设施保护条例实施细则》《中华人民共和国石油天然气管道保护法》等分析确定建筑物占用岸线长度。

6.环境与生态情况

1)渠道水质状况

根据2017年对位山二干渠干流水质检测的资料,结果显示:二干渠从周店闸至东昌府区前罗村,现状水质为Ⅳ类,城区段渠道现状水质为Ⅲ类,从碱刘渡槽至高唐县清平镇,现状水质为Ⅳ类,自周店闸至高唐县清平镇,水质较好,所有已衬砌段渠道水质良好,均在Ⅳ类以上。

2)生态环境状况

位山二干渠为引黄渠道,主要功能为引黄灌溉,因此渠道淤积的主要因素为引黄水量及黄河水含沙量,其中引黄水量直接影响灌区调度方式及渠道水流流速。经实地调查,二干渠上游及中游段淤积情况轻微,二干渠高营所段淤积略严重,深度为0.5~1.0m,二干渠高唐县经开区街道东孙村—固河镇吴官屯村段由于多年未治理,淤积严重,深度达0.8~1.2m。

3)水功能区划情况

根据《聊城市水功能区划》,区划中未对位山二干渠划分相应的水功能区。

4.2.1.18　位山三干渠

1.地理位置

同位山一干渠所述,不再赘述。

位山三干渠是位山灌区三条干渠之一。黄河水从位山引黄闸流出,历经西引水渠、西沉沙池、总干渠,在周店村分为二干渠及三干渠,位山三干渠(含西引水渠、西沉沙池、总干渠)全长104.8km,其中西引水渠15km,西沉沙池7.8km,总干渠3.4km,三干渠78.6km。

三干渠分别由位山灌区管理处的周店管理所、王堤口管理所、张炉集管理所、王铺管理所、郭庄管理所和临清市水务局管辖。

2.水文气象

位山三干渠(含西引水渠、西沉沙池、总干渠)位于温带季风气候区,具有显著的季节变化和季风气候特征,属半干旱大陆性气候。春季干旱多风,回暖迅速,光照充足,辐射强;夏季湿热多雨,雨热同期;秋季天高气爽,气温下降快,辐射减弱;冬季寒冷干燥,雨雪稀少,常有寒流侵袭。四季的基本气候特点可概括为"春旱多风,夏热多雨,晚秋易旱,冬季干寒"。流域内年平均气温为 13.5 ℃。气温的季节变化明显,1 月最冷,平均气温为-1.8 ℃;7 月最热,平均气温为 26.8 ℃。极端最高气温为 41.8 ℃,极端最低气温为-22.3 ℃。全年≥0 ℃的积温平均为 5 086.6 ℃,全市无霜期平均为 208 d。流域内年平均降水量 540.4 mm,最多年降水量为 785.3 mm,最少年降水量为 312.7 mm。全年降水多集中在夏季,夏季易出现局部内涝。秋季雨量多于春季,春季干旱发生频繁,有"十年九春旱"之说,冬季降水量最少,不足全年的 3%。年平均相对湿度 68%,其中,7—8 月相对湿度最大,为 79%~83%,2—3 月最小,为 57%~59%。年蒸发量平均为 1 709 mm,每年 6 月蒸发量最大,平均为 267 mm,1 月最小,平均为 45 mm。流域内年平均风速为 2.3 m/s,春季风速较大,夏季风速较小。全年最多风向为南风、偏南风,又以春季出现的频率最高,其次为北风、偏北风。年平均日照时数为 2 323 h,最多年 2 680 h,最少年 1 964 h。

3. 渠道地形

位山三干渠是位山灌区三条干渠之一。黄河水从位山引黄闸流出,历经西引水渠、西沉沙池、总干渠,在周店村分为二干渠及三干渠,西引水渠、西沉沙池、总干渠、位山三干渠往北依次流经东阿县、阳谷县、旅游度假区、东昌府区、冠县和临清市 6 个县(市、区)。

4. 渠道情况

1)渠道概况

位山三干渠为引黄渠道,主要功能为引黄灌溉,因此渠道淤积的主要因素为引黄水量及黄河水含沙量。西引水渠淤积深度为 1.0~1.5 m,总干渠淤积深度为 1.0 m,三干渠淤积深度为 0.6~1.0 m,西沉沙池淤积深度约为 2.0 m。

位山三干渠除下游少部分渠段为土渠以外,其余边坡均为混凝土衬砌,西引水渠与总干渠两岸边坡也均有衬砌。

2)堤防情况

位山三干渠两岸堤防等级为 4 级,形式为土堤,经调查,两岸堤防现状基本完好。

5. 建筑物情况

1)穿渠工程

位山三干渠沿线穿河(堤)工程共 403 处(座),其中穿堤涵闸 143 座、穿堤涵洞(管涵)206 座、泵站 54 座。

2)节制闸工程

经调查,从位山三干渠取水的水库有 1 座,节制闸工程有 11 座。

(1)水库。

临清市城南水库是为缓解当地水资源供需矛盾,保障临清市城区及附近居民生活用水、改善生态环境,促进经济社会可持续发展,由临清市政府兴建的调蓄利用黄河水的平原水库。水库利用聊城位山灌区三干渠引水充库,经水库调蓄净化后,向临清市第二水厂供水。水库工程主要包括引水工程、主体工程、供水工程及净水工程等部分。

(2)节制闸工程。

位山三干渠现有三干渠周店节制闸、王堤口上游钢坝节制闸、王堤口下游钢坝节制闸、王铺节制闸、郭庄节制闸、冶庄节制闸、邱屯节制闸、临清钢坝节制闸、入卫节制闸、穿卫节制闸 10 座节制闸,另有沉沙池出口闸 1 座,现已废弃。

3)跨渠工程

经调查,位山三干渠共有跨渠工程 203 处。

(1)桥梁工程。

经调查,位山三干渠上共有桥梁 76 座,其中生产桥 60 座、公路桥 13 座、景观桥 1 座、铁路桥 2 座。

(2)跨渠管线。

经调查,跨越位山三干渠的管线工程共计 127 处,其中高压线 45 处、低压线 52 处、通信线缆 18 处、输水管道 7 处、输油管道 2 处、输气管道 1 处、渡槽 2 处。

4)建筑物占用岸线情况

铁路桥梁、公路桥梁、跨河管线、涵闸及取水口等各类工程占用岸线长度计算方法与赵王河相同。

6. 环境与生态情况

1)渠道水质状况

据现场观察,位山三干渠干流水质整体情况较好,目前存在的污染源主要为种植面源污染。

2)生态环境状况

渠道防护林、缓冲带体系不完善。根据调查,位山三干渠干流两岸部分渠段未设置渠道防护林体系。两岸水土流失主要以轻度为主,渠道边坡基本被原生植被覆盖,明显裸露段不多。

经现场排查,位山三干渠两岸部分村庄已经设置了垃圾收集系统,该部分村庄及邻近渠道虽然卫生环境良好,但仍有部分村民环保意识不强,直接将垃圾随意堆放在渠道旁边,对渠道的水环境产生不利影响。

3)水功能区划情况

根据《聊城市水功能区划》,位山三干渠有 1 个一级水功能区,为位山引黄三干渠聊城开发利用区,下划 3 个二级水功能区,为位山引黄三干渠临清农业用水区、位山引黄三干渠冠县农业用水区、位山引黄三干渠东昌府区工业用水区。

位山三干渠全线均划分了水功能分区,渠道水功能定位和水质保护目标明确。

4.2.1.19　彭楼干渠

1. 地理位置

彭楼引黄灌区位于山东省聊城市西部,地处东经 115°16′ ~ 115°47′、北纬 35°46′ ~ 36°42′,与冀、豫两省毗邻,南依金堤,北至临清城区,东临陶城铺灌区和位山灌区,西靠冀、豫、鲁省界和漳卫河,总面积 2 580.45 km²,涉及莘县、冠县、临清市的 43 个乡(镇)1 895 个行政村,总人口 187.02 万,其中农业人口 124.91 万,灌区规划范围内有耕地面积 233.54 万亩。

彭楼干渠是聊城市彭楼引黄灌区内一条极为重要的渠道,彭楼干渠位于山东省聊城市西部,涉及莘县、冠县、临清市 3 个县(市),承担沿线地区的灌溉任务,干渠全长为 146.70 km,其中临清市段长度约为 30.00 km,冠县段长度为 39.20 km,莘县段长度为 77.50 km。

2. 水文气象

区域属暖温带半干旱大陆性季风气候区,光照充足,温度适宜,四季分明。春季降雨稀少,干燥多风,夏季高温多雨,秋季气温下降,雨量减少,冬季雨雪稀少,寒冷干燥。区域多年平均年降水量 528.7 mm,其降水特点:一是年际间丰、枯悬殊,最大年(1964 年)降水量 993.55 mm,为最小年(2002 年)降水量 288.1 mm 的 3 倍多,年际间变幅达 705.4 mm。二是年内分布极不平衡,春灌期(3—5 月)降水量仅为 84.3 mm,占年降水的 15.2%,汛期(6—9 月)降水量 397.7 mm,占年降水的 71.9%,且往往由几次大暴雨形成。历史上丰枯水年不仅交替出现,而且曾连续发生,这种降水特点形成了春季易旱、夏季易涝、晚秋又旱的自然特点。

区域内多年平均蒸发量 1 218 mm,是降雨量的 2.3 倍。多年平均气温为 13.2 ℃,极端最高气温为 41.7 ℃,极端最低气温为 -22.7 ℃,气温最高月为 7 月,多年平均为 26.8 ℃,气温最低月为 1 月,多年平均为 -2.4 ℃。日均气温 ≥0 ℃的平均初日为 2 月 20 日,平均终日为 12 月 9 日。平均无霜期 199 d。年最大冻土深 39 cm,年平均风速 3.2 m/s,10 min 最大风速 20.3 m/s,冬季多偏北风,其他季节多偏南风。

3. 渠道地形

彭楼干渠所属区域属黄河冲积平原,地势较平坦,但有微倾斜。全区地面倾斜方向基本随河流流向自西南向东北倾斜,南北向地面坡降 1/10 000 左右,西东向地面坡降为 1/5 000~1/8 000。由于受历史上黄河泛滥沉积影响,灌区微地貌类型复杂,岗、坡、洼相间分布,以河滩高地和缓平坡地为主,其余为决口扇形地、背河槽洼地、河间浅平洼地和砂质河槽地。

4. 渠道情况

1) 渠道概况

彭楼干渠位于山东省聊城市西部,涉及莘县、冠县、临清市 3 个县(市),干渠全长为 146.70 km,其中临清市段长度约为 30.00 km,冠县段长度为 39.20 km,莘县段长度为 77.50 km。

彭楼干渠为引黄渠道,主要功能为引黄灌溉,因此渠道淤积的主要因素为引黄水量及黄河水含沙量。经现场调查及收集资料整理,调查范围内彭楼干渠共有淤积河段 6 处,总淤积长度 71.02 km。

2) 堤防情况

据调查,彭楼干渠两岸部分渠段有堤防,堤防不连续,部分渠道为自然岸坡,河道总长度为 146.70 km。治理标准为按"64 年雨型"排涝,相当于 5 年一遇排涝标准;按"61 年雨型"防洪,相当于 20 年一遇防洪标准,河道两岸现状防洪及排涝标准均未达标。另有险工段 1 处,长度约为 1 300 m,位于莘县古云镇商王庄至秦庄处。

5. 建筑物情况

1) 穿渠工程

经过现场调查,彭楼干渠穿渠建筑物共 97 处(座),包括穿渠涵闸 51 座(1 座已废弃)、穿渠涵洞 33 座、穿渠泵站 5 座、其他穿渠建筑物及管线 8 处。

2）节制闸工程

经调查,彭楼干渠共有节制闸工程 13 座。

3）跨渠工程

（1）桥梁工程。

经调查,彭楼干渠共有跨渠桥梁 173 座,其中交通桥 26 座、生产桥 144 座、连通桥 2 座、测流桥 1 座。

（2）跨渠管线。

经调查,彭楼干渠各类跨渠管线共 241 处,其中输电线缆 155 处、通信线缆 63 处、输水管线 10 处、输油管线 10 处、输气管线 3 处。

4）建筑物占用岸线情况

铁路桥梁、公路桥梁、跨河管线、涵闸及取水口等各类工程占用岸线长度计算方法与赵王河相同。

6. 环境与生态情况

1）渠道水质状况

根据 2017 年 7 月对彭楼干渠及部分支流水质检测资料,彭楼干渠莘县段各检测点水质均为劣Ⅴ类;冠县段各检测点水质为Ⅴ类～劣Ⅴ类;临清市段各检测点水质为Ⅳ类～劣Ⅴ类。

2）生态环境状况

（1）河道两岸受人为干扰严重,生态功能减弱。

河道两岸多为农田,呈现典型的农业生态系统特征,扰动频繁,面源污染严重。因农业种植,且河道基本无自然缓冲带,其截污纳污、涵养水源的生态功能减弱。

（2）河道防护林、缓冲带体系不完善。

根据调查,彭楼干渠两岸基本未设置河道防护林体系。两岸水土流失主要以轻度、微度为主,河道边坡基本被原生植被覆盖,明显裸露段不多。受两岸农耕活动影响,特别是在一些河道边坡较缓段,河道边坡也已被开发为农田进行耕种,长时间的耕作易造成边坡土体松散,且受耕作制度影响,季节性裸露明显,易产生季节性的水土流失。

3）水功能区划情况

根据《聊城市水功能区划》,彭楼干渠共划分为 2 个水功能一级区,即尚潘渠临清开发利用区及长顺渠聊城开发利用区。其中,尚潘渠临清开发利用区划分为 1 个水功能二级区,即尚潘渠临清市农业用水区;长顺渠聊城开发利用区划分为 2 个水功能二级区,即长顺渠临清农业用水区及长顺渠冠县农业用水区。

4.2.2　社会经济概况

赵王河流经阳谷县、旅游度假区 2 个县（区）;四新河流经东阿县、旅游度假区、高新区、经开区和茌平县 5 个县（区）;茌新河流经高新区、经开区、茌平县 3 个县（区）;赵牛新河流经东阿县与茌平县;周公河流经东昌府区、旅游度假区、经开区 3 个区;运河流经东昌府区、经开区 2 个区;西新河流经东昌府区和茌平县 2 个县（区）;德王东支流经冠县、东昌府区和临清市 3 个县（市、区）;德王河流经临清市、茌平县、高唐县 3 个县（市）;羊角河流经阳谷县、旅游度假区 2 个县（区）;新金线河流经莘县、阳谷县 2 个县;七里河流经茌平县与高唐县 2 个县;俎店渠流经莘县、东昌府区与阳谷县 3 个县(区);鸿雁渠流经莘县、冠县 2 个县;金堤河涉及聊城市阳谷县、莘县 2 个县;位山一干渠(含东引水渠、东沉沙池、东西连渠)自位山引黄节制闸起,往北流经东阿县、高新区、度假区、经开区、茌平县和高唐县 6 个县(区);位山二干渠自二干渠周店节制闸起,往北流经度假区、东昌府区、经开区、茌平县、高唐县 5 个县(区),止于高唐县固河镇吴官屯闸;位山三干渠(含西引水渠、西沉沙池、总干渠)流经东阿县、阳谷县、旅游度假区、东昌府区、冠县和临清市 6 个县(区);彭楼干渠位于山东省聊城市西部,涉及莘县、冠县、临清市 3 个县(市)。

阳谷县位于聊城市南部,面积 1 008 km²,共辖 15 个乡镇 3 个街道办事处,人口 79.63 万人,生产总值 315.58 亿元。其中,第一产业增加值为 45.37 亿元,第二产业增加值为 169.66 亿元,第三产业增加值为 100.55 亿元。度假区位于聊城市中部,总人口 13.2 万人。

东阿县位于聊城市东部,面积 727 km²,共辖 8 个乡镇 2 个街道办事处,人口 38.02 万人,生产总值 199.92 亿元。其中,第一产业增加值为 20.65 亿元,第二产业增加值为 101.97 亿元,第三产业增加值为 77.3 亿元。

旅游度假区位于聊城市中部,共辖 2 个乡镇 2 个街道办事处,总人口 13.20 万人。高新区位于聊城市中东部,区辖 3 个乡镇,总人口 12.64 万人。经开区位于聊城市中东部,区辖 1 个乡镇 3 个街道办事处,总人口 15.79 万人。

茌平县位于聊城市东部,面积 1 003 km²,共辖 11 个乡镇 3 个街道办事处,人口 54.11 万人,生产总值 468.02 亿元。其中,第一产业增加值为 52.07 亿元,第二产业增加值为 294.20 亿元,第三产业增加值为 121.75 亿元。

东昌府区位于聊城市中部,共辖 13 个乡镇 10 个街道办事处,人口 89.85 万人,生产总值 520.83 亿元。其中,第一产业增加值为 54.87 亿元,第二产业增加值为 236.53 亿元,第三产业增加值为 229.43 亿元。

冠县位于聊城市西部,面积 1 161 km²,共辖 11 个乡镇 3 个街道办事处 4 个乡,人口 78.77 万人,生产总值 287.19 亿元。其中,第一产业增加值为 48.20 亿元,第二产业增加值为 136.04 亿元,第三产业增加值为 102.95 亿元。

临清市位于聊城市北部,面积 951 km²,共辖 12 个乡镇 4 个街道办事处,人口 74.73 万人,生产总值 389.68 亿元。其中,第一产业增加值为 26.06 亿元,第二产业增加值为 223.25 亿元,第三产业增加值为 140.37 亿元。

高唐县位于聊城市北部,面积 947 km²,共辖 1 个经开区 9 个乡镇 3 个街道办事处,人口 49.16 万人,生产总值 388.05 亿元。其中,第一产业增加值为 38.71 亿元,第二产业增加值为 245.96 亿元,第三产业增加值为 103.38 亿元。

莘县位于聊城市南部,面积 1 388 km²,共辖 20 个乡镇 4 个街道办事处,人口 97.78 万人,生产总值 319.11 亿元。其中,第一产业增加值为 52.33 亿元,第二产业增加值为 143.42 亿元,第三产业增加值为 123.36 亿元。

4.2.3　岸线保护和利用现状

4.2.3.1　岸线资源情况

岸线利用管理的规划范围包括赵王河 49.02 km、四新河 40.90 km、茌新河 28.01 km、

赵牛新河 43.90 km、周公河 14.67 km(不包括与南水北调干渠重合段)、运河(东昌湖)
15.74 km(包括东昌湖)、西新河 41.22 km、德王东支 20.00 km、德王河 21.00 km、羊角河
37.40 km、新金线河 55.00 km、七里河 37.95 km、俎店渠 31.31 km、鸿雁渠 34.34 km、金
堤河 80.45 km、位山一干渠 63.06 km(东引水渠 14.50 km、东沉沙池 4.00 km、东西连渠
7.40 km)、位山二干渠 87.17 km、位山三干渠 78.60 km、西引水渠 15.00 km、西沉沙池
7.80 km、总干渠 3.40 km、彭楼干渠 146.70 km。具体见表 4-20、表 4-21。

表 4-20　各河道岸线利用管理规划范围情况

河流	县级行政区	起点坐标	讫点坐标	河段长度/km	岸线长度/km
赵王河	阳谷县	115°48′14.76″E, 36°00′39.38″N	115°56′14.40″E, 36°18′00.77″N	37.38	75.62
	旅游度假区	115°56′14.40″E, 36°18′00.77″N	115°58′23.38″E, 36°24′51.40″N	11.64	23.91
	合计			49.02	89.53
四新河	东阿县	116°5′26.80″E, 36°10′08.65″N	116°4′21.20″E, 36°17′41.06″N	14.95	29.98
	旅游度假区	116°4′21.20″E, 36°17′41.06″N	116°04′21.95″E, 36°17′40.73″N	7.72	14.68
	高新区	116°04′21.95″E, 36°17′40.73″N	116°03′57.12″E, 36°21′34.54″N	9.53	18.72
	经开区	116°03′57.12″E, 36°21′34.54″N	116°04′26.54″E, 36°26′19.08″N	8.30	17.53
	茌平县	116°04′26.54″E, 36°26′19.08″N	116°04′56.26″E, 36°30′47.77″N	0.40	0
	合计			40.90	80.91
茌新河	高新区	116°11′08.93″E, 36°24′05.69″N	116°11′23.28″E, 36°26′43.69″N	4.70	9.42
	经开区	116°11′23.28″E, 36°26′43.69″N	116°11′41.55″E, 36°30′31.59″N	7.30	14.63
	茌平县	116°11′41.55″E, 36°30′31.59″N	116°12′20.55″E, 36°39′04.56″N	16.01	31.77
	合计			28.01	55.82

续表 4-20

河流	县级行政区	起点坐标	讫点坐标	河段长度/km	岸线长度/km
赵牛新河	东阿县	116°13′10.45″E, 36°12′15.02″N	116°23′13.36″E, 36°31′17.91″N	21.42	43.20
	茌平县	116°23′13.36″E, 36°31′17.91″N	116°23′36.56″E, 36°32′03.09″N	22.48	45.32
	合计			43.90	88.52
周公河	东昌府区	115°53′48.10″E, 36°23′32.68″N	115°53′52.70″E, 36°25′26.95″N	4.64	7.41
	旅游度假区	115°53′52.70″E, 36°25′26.95″N	115°55′14.64″E, 36°25′47.84″N	2.16	3.93
	经开区段1	115°56′58.89″E, 36°30′10.54″N	115°58′21.20″E, 36°30′04.00″N	2.00	4.06
	东昌府区与 经开区交界段	115°58′21.20″E, 36°30′04.00″N	116°00′57.22″E, 36°29′50.41″N	12.80	8.04
	经开区段2	116°00′57.22″E, 36°29′50.41″N	116°03′02.87″E, 36°29′33.32″N	3.09	6.13
	合计			24.69	29.57
运河 (东昌湖)	东昌府区	115°58′36.30″E, 36°25′09.76″N	115°57′12.70″E, 36°29′39.37″N	10.09	20.13
	经开区	115°57′12.70″E, 36°29′39.37″N	115°56′54.47″E, 36°32′24.62″N	5.65	11.33
	合计			15.74	31.46
	东昌湖	—	—	—	17.71
西新河	东昌府区	115°47′55.30″E, 36°20′37.00″N	115°56′54.24″E, 36°32′25.99″N	27.14	55.72
	茌平县	115°56′54.24″E, 36°32′25.99″N	116°06′01.40″E, 36°32′54.47″N	14.08	28.84
	合计			41.22	84.56

续表 4-20

河流	县级行政区	起点坐标	讫点坐标	河段长度/km	岸线长度/km
德王东支	冠县	115°43′09.29″E，36°37′49.70″N	115°46′10.93″E，36°38′46.62″N	5.75	11.5
	东昌府区	115°46′10.93″E，36°38′46.62″N	115°52′46.50″E，36°40′17.60″N	10.80	21.42
	临清市	115°52′46.50″E，36°40′17.60″N	115°54′48.95″E，36°40′27.30″N	3.45	6.75
	合计			20.00	39.67
德王河	临清市	115°51′13.11″E，36°42′47.61″N	115°59′27.60″E，36°44′56.40″N	14.00	28.88
	茌平县	115°59′27.60″E，36°44′56.40″N	116°00′36.00″E，36°46′01.20″N	2.98	5.71
	高唐县	116°00′36.00″E，36°46′01.20″N	116°00′54.16″E，36°48′06.50″N	4.02	7.81
	合计			21.00	42.40
羊角河	阳谷县上段	115°48′42.50″E，36°09′28.74″N	115°50′30.68″E，36°17′28.63″N	16.85	33.54
	阳谷县中段	115°50′18.28″E，36°15′44.08″N	115°53′46.84″E，36°18′16.22″N	8.37	16.66
	旅游度假区下段	115°53′46.84″E，36°18′16.22″N	115°56′22.23″E，36°23′45.84″N	12.18	23.92
	合计			37.40	74.12
新金线河	莘县	115°28′29.05″E，35°53′32.89″N	115°40′42.23″E，36°02′15.93″N	28.55	57.12
	莘县、阳谷县交叉段	115°40′42.23″E，36°02′15.93″N	115°43′52.96″E，36°15′26.63″N	26.45	53.88
	合计			55.00	111.00

续表 4-20

河流	县级行政区	起点坐标	讫点坐标	河段长度/km	岸线长度/km
七里河	茌平县	115°55′38.79″E, 36°35′54.85″N	116°10′29.85″E, 36°42′57.97″N	28.05	57.11
	高唐县	116°10′29.85″E, 36°42′57.97″N	116°15′42.43″E, 36°44′58.45″N	9.90	20.17
	合计			37.95	77.28
俎店渠	莘县段	115°28′44.01″E, 36°13′22.30″N	115°43′19.20″E, 36°17′06.00″N	26.38	52.08
	东昌府区段	115°43′19.20″E, 36°17′06.00″N	115°45′57.60″E, 36°16′12.00″N	2.70	5.28
	阳谷段	115°45′57.60″E, 36°16′12.00″N	115°45′58.02″E, 36°16′6.88″N	2.23	3.83
	合计			31.31	61.19
鸿雁渠	莘县	115°21′16.42″E, 36°21′05.32″N	115°27′21.60″E, 36°22′33.60″N	11.03	16.71
	冠县	115°27′21.60″E, 36°22′33.60″N	115°30′00.00″E, 36°22′37.20″N	4.74	9.45
	莘县	115°30′00.00″E, 36°22′37.20″N	115°33′36.00″E, 36°23′20.40″N	6.40	12.71
	冠县	115°33′36.00″E, 36°23′20.40″N	115°40′21.00″E, 36°25′45.12″N	12.17	23.75
	合计			34.34	62.62
金堤河	莘县(高堤口闸—仲子庙闸段)	115°21′29.50″E, 35°46′37.80″N	115°38′51.88″E, 35°55′42.49″N	32.95	62.00
	阳谷县(仲子庙闸—张庄入黄闸段)	115°38′51.88″E, 35°55′42.49″N	116°04′53.80″E, 36°06′20.85″N	47.50	68.85
	合计			80.45	130.85

表 4-21　各渠道岸线利用管理规划范围情况

河流	县（区）	河段长度/km
东引水渠	东阿县	14.50
东沉沙池	东阿县、高新区	4.00
东西连渠	高新区、东阿县、度假区	7.40
位山一干渠	高新区	16.20
	经开区	8.70
	茌平县	32.00
	高唐县	6.16
	小计	63.06
位山二干渠	旅游度假区	15.90
	东昌府区	10.50
	经开区	6.30
	茌平县	18.88
	高唐县	35.59
	小计	87.17
西引水渠	东阿县、阳谷县	15.00
西沉沙池	旅游度假区、东阿县、阳谷县	7.80
总干渠	旅游度假区	3.40
位山三干渠	旅游度假区	13.70
	东昌府区	30.40
	冠县	15.10
	临清市	19.40
	小计	78.60
彭楼干渠	莘县	77.50
	冠县	39.20
	临清市	30.00
	小计	146.70

注:本规划涉及的河道长度、岸线长度、功能区长度定义如下:

(1)河道长度:相应河段的河道中心线长度;

(2)岸线长度:分左右岸,分别为相应临水线长度和外缘线长度的均值;

(3)功能区长度:该功能区对应的岸线长度。

4.2.3.2　岸线保护现状

聊城市 19 条河规划范围内岸线现状未涉及生态敏感区。

4.2.3.3　岸线利用现状

根据河道(湖泊)实际情况,现状岸线开发利用主要有取水口、拦河建筑物和跨(穿)

河建筑物三种开发利用类型。根据调查资料,分析编制对象各岸线功能区的岸线利用类型、土地利用现状等,列出各河系及相关河段岸线功能区现状利用情况。

根据岸线功能区功能属性和控制利用要求,结合岸线利用项目的具体情况,对沿河地区岸线利用项目进行了分析,以各岸线功能区的岸线利用率来评价现状岸线利用程度,并对岸线功能区利用现状提出评价意见。各河系及相关河段岸线具体情况如下。

1. 赵王河

1)岸线利用现状分析

根据河道实际情况,现状岸线开发利用主要有取水口、拦河建筑物和跨(穿)河建筑物三种开发利用类型。根据调查资料,分析编制对象各岸线功能区的岸线利用类型、土地利用现状等,其岸线功能区利用现状及土地利用区现状详见表4-22、表4-23。

2)岸线利用现状评价

根据岸线功能区功能属性和控制利用要求,结合岸线利用项目的具体情况,对沿河地区岸线利用项目进行了分析,以各岸线功能区的岸线利用率来评价现状岸线利用程度,并对岸线功能区利用现状提出评价意见。

各岸线功能区的岸线利用率是指每种功能区已利用岸线长度占总岸线长度的比率。赵王河左岸:岸线保护区总长4.34 km,已利用岸线0.17 km,利用率3.92%;岸线控制利用区总长3.51 km,已利用岸线0.51 km,利用率14.53%;岸线开发利用区总长41.01 km,已利用岸线2.79 km,利用率6.80%。赵王河右岸:岸线保护区总长4.45 km,已利用岸线0.17 km,利用率3.82%;岸线控制利用区总长2.01 km,已利用岸线0.35 km,利用率17.41%;岸线开发利用区总长42.47 km,已利用岸线3.32 km,利用率7.82%。

赵王河现状已利用岸线情况详见表4-24。

2. 四新河

1)岸线利用现状分析

根据河道实际情况,现状岸线开发利用主要有取水口、拦河建筑物和跨(穿)河建筑物三种开发利用类型。根据调查资料,分析编制对象各岸线功能区的岸线利用类型、土地利用现状等,其岸线功能区利用现状及土地利用区现状详见表4-25、表4-26。

2)岸线利用现状评价

根据岸线功能区功能属性和控制利用要求,结合岸线利用项目的具体情况,对沿河地区岸线利用项目进行了分析,以各岸线功能区的岸线利用率来评价现状岸线利用程度,并对岸线功能区利用现状提出评价意见。

各岸线功能区的岸线利用率是指每种功能区已利用岸线长度占总岸线长度的比率。四新河左岸:岸线控制利用区总长16.32 km,已利用岸线1.65 km,利用率10.11%;岸线开发利用区总长24.05 km,已利用岸线3.31 km,利用率13.76%;岸线总长40.37 km,已利用岸线4.96 km,利用率12.29%。四新河右岸:岸线控制利用区总长16.31 km,已利用岸线1.57 km,利用率9.63%;岸线开发利用区总长24.23 km,已利用岸线3.21 km,利用率13.25%;岸线总长40.54 km,已利用岸线4.78 km,利用率11.79%。

四新河现状已利用岸线情况详见表4-27。

表 4-22　赵王河岸线功能区利用现状分析

县（区）	岸别	功能区名称	功能区起止点（桩号或地点）		自然岸线长度/m	现状利用岸线长度/m	桥梁/m	拦河闸/坝/m	穿堤涵闸/m	取水口/m	跨河管线/m
阳谷县	左岸	阳谷县开发利用区 1	0+000	2+990	3 000	138	68	0	60	0	10
		阳谷县控制利用区 1	2+990	4+490	1 510	192	72	0	120	0	0
		阳谷县开发利用区 2	4+490	26+230	21 750	1 333	333	80	360	0	560
		阳谷县控制利用区 2	26+230	28+230	2 000	321	21	50	120	60	70
		阳谷县开发利用区 3	28+230	37+380	9 140	502	32	40	180	60	190
	右岸	阳谷县开发利用区 1	0+000	2+990	2 970	428	68	200	60	0	100
		阳谷县开发利用区 2	2+990	4+490	1 510	72	72	0	0	0	0
		阳谷县开发利用区 3	4+490	26+230	21 730	1 333	333	80	360	0	560
		阳谷县控制利用区 2	26+230	28+230	2 010	351	21	50	150	60	70
		阳谷县开发利用区 4	28+230	37+380	9 170	862	32	40	480	120	190
旅游度假区	左岸	旅游度假区开发利用区 1	37+380	44+630	7 120	616	106	0	240	60	210
		旅游度假区保护区 1	44+630	45+220	510	30	0	0	0	0	30
		旅游度假区保护区 2	45+220	49+020	3 830	140	20	60	60	0	0
	右岸	旅游度假区开发利用区 1	37+380	44+630	7 090	613	103	0	240	60	210
		旅游度假区保护区 1	44+630	45+220	660	30	0	0	0	0	30
		旅游度假区保护区 2	45+220	49+020	3 790	140	20	60	60	0	0

表 4-23　赵王河岸线功能区土地利用现状

县（区）	岸别	功能区名称	功能区起止点（桩号或地点）		功能区面积/m²	农业用地/m²	建筑占地/m²	景观占地/m²	湿地占地/m²
阳谷县	左岸	阳谷县开发利用区 1	0+000	2+990	27 170	24 180	—	—	—
		阳谷县控制利用区 1	2+990	4+490	10 850	9 660	—	—	—
		阳谷县开发利用区 2	4+490	26+230	218 940	194 860	—	—	—
		阳谷县控制利用区 2	26+230	28+230	10 150	9 030	—	—	—
		阳谷县开发利用区 3	28+230	37+380	89 410	79 580	—	—	—
	右岸	阳谷县开发利用区 1	0+000	2+990	28 730	25 570	—	—	—
		阳谷县开发利用区 2	2+990	4+490	15 090	13 430	—	—	—
		阳谷县开发利用区 3	4+490	26+230	206 160	183 480	—	—	—
		阳谷县控制利用区 2	26+230	28+230	18 540	16 500	—	—	—
		阳谷县开发利用区 4	28+230	37+380	95 810	85 270	—	—	—
旅游度假区	左岸	旅游度假区开发利用区 1	37+380	44+630	118 860	105 790	—	—	—
		旅游度假区保护区 1	44+630	45+220	6 720	5 980	—	—	—
		旅游度假区保护区 2	45+220	49+020	63 710	56 700	—	—	—
	右岸	旅游度假区开发利用区 1	37+380	44+630	120 660	107 390	—	—	—
		旅游度假区保护区 1	44+630	45+220	10 350	9 210	—	—	—
		旅游度假区保护区 2	45+220	49+020	29 030	25 840	—	—	—

表 4-24　赵王河现状已利用岸线情况统计

县(区)	项目	左岸岸线功能区分区/km					右岸岸线功能区分区/km				
		保护区	保留区	控制区	开发区	合计	保护区	保留区	控制区	开发区	合计
阳谷县	岸线总长度/km	0	—	3.51	33.89	37.40	0	—	2.01	35.38	37.39
	现状利用长度/km	0	—	0.51	2.17	2.68	0	—	0.35	2.70	3.05
	岸线利用率/%	0	—	14.53	6.40	7.17	0	—	17.41	7.63	8.16
旅游度假区	岸线总长度/km	4.34	—	—	7.12	11.46	4.45	—	—	7.09	11.54
	现状利用长度/km	0.17	—	—	0.62	0.79	0.17	—	—	0.62	0.79
	岸线利用率/%	3.92	—	—	8.71	6.89	3.82	—	—	8.74	6.85
合计	岸线总长度/km	4.34	—	3.51	41.01	48.86	4.45	—	2.01	42.47	48.93
	现状利用长度/km	0.17	—	0.51	2.79	3.47	0.17	—	0.35	3.32	3.84
	岸线利用率/%	3.92	—	14.53	6.80	7.10	3.82	—	17.41	7.82	7.85

表4-25 四新河岸线功能区利用现状分析

县（区）	岸别	功能区名称	功能区起止点（桩号或地点）		自然岸线长度/m	现状利用岸线长度/m	岸线利用类型及长度/m				
							穿堤工程	拦河闸坝	桥梁	管线	取水口
东阿县	左岸	东阿县控制利用区1	0+000	14+950	14 980	1 388	720	0	558	310	0
	右岸	东阿县控制利用区2	0+000	14+950	15 000	1 328	600	0	558	310	0
旅游度假区	左岸	旅游度假区控制利用区1	14+950	15+200	260	60	60	0	0	0	0
		相交总干渠段	15+200	15+600	—	—	—	—	—	—	—
		旅游度假区开发利用区1	15+600	22+670	7 090	1 393	1 220	200	170	90	600
	右岸	旅游度假区控制利用区2	14+950	15+200	250	0	0	0	0	0	0
		相交总干渠段	15+200	15+600	—	—	—	—	—	—	—
		旅游度假区开发利用区2	15+600	22+670	7 080	1 123	870	200	170	90	600

续表 4-25

县（区）	岸别	功能区名称	功能区起止点（桩号或地点）		自然岸线长度/m	现状利用岸线长度/m	穿堤工程	拦河闸坝	桥梁	管线	取水口
							岸线利用类型及长度/m				
高新区	左岸	高新区开发利用区 1	22+670	27+690	5 060	743	600	0	176	200	240
		高新区控制利用区 1	27+690	28+740	1 080	197	180	0	34	60	60
		高新区开发利用区 2	28+740	32+200	2 980	458	300	200	166	120	120
	右岸	高新区开发利用区 3	22+670	27+690	5 080	715	660	0	176	200	60
		高新区控制利用区 2	27+690	28+740	1 060	240	240	0	34	60	60
		高新区开发利用区 4	28+740	32+200	3 460	472	240	200	166	120	120
经开区	左岸	经开区开发利用区 1	32+200	40+500	8 920	719	480	50	233	160	180
	右岸	经开区开发利用区 2	32+200	40+500	8 610	901	660	50	233	160	240
茌平县	左岸	—	40+500	40+900	—	—	—	—	—	—	—
	右岸	—	40+500	40+900	—	—	—	—	—	—	—

表 4-26　四新河岸线功能区土地利用现状表

县（区）	岸别	功能区名称	功能区起止点（桩号或地点）		功能区面积/m²	农业用地/m²	建筑占地/m²	景观占地/m²	湿地/m²	备注
东阿县	左岸	东阿县控制利用区1	0+000	14+950	217 400	195 660	0	—	—	—
	右岸	东阿县控制利用区2	0+000	14+950	217 200	195 480	0	—	—	—
旅游度假区	左岸	旅游度假区控制利用区1	14+950	15+200	4 010	3 610	0	—	—	—
		相交总干渠段	15+200	15+600	—	—	—	—	—	—
		旅游度假区开发利用区1	15+600	22+670	214 180	192 760	0	—	—	—
	右岸	旅游度假区控制利用区2	14+950	15+200	1 010	910	0	—	—	—
		相交总干渠段	15+200	15+600	—	—	—	—	—	—
		旅游度假区开发利用区2	15+600	22+670	141 040	126 940	0	—	—	—
高新区	左岸	高新区开发利用区1	22+670	27+690	187 950	169 160	0	—	—	—
		高新区控制利用区1	27+690	28+740	40 900	0	0	—	—	—
		高新区开发利用区2	28+740	32+200	119 400	0	0	—	—	—
	右岸	高新区开发利用区3	22+670	27+690	186 390	167 750	0	—	—	—
		高新区控制利用区2	27+690	28+740	42 730	0	0	—	—	—
		高新区开发利用区4	28+740	32+200	164 450	0	0	—	—	—
经开区	左岸	经开区开发利用区1	32+200	40+500	489 880	0	0	—	—	—
	右岸	经开区开发利用区2	32+200	40+500	545 900	0	0	—	—	—
茌平县	左岸	—	40+900	40+900	—	—	—	—	—	—
	右岸	—	40+900	40+900	—	—	—	—	—	—

表4-27　四新河现状已利用岸线情况统计

县（区）	项目	左岸岸线功能区分区					右岸岸线功能区分区				
		保护区	保留区	控制区	开发区	合计	保护区	保留区	控制区	开发区	合计
东阿县	岸线总长度/km	0	0	14.98	0	14.98	0	0	15.00	0	15.00
	现状利用长度/km	0	0	1.39	0	1.39	0	0	1.33	0	1.33
	岸线利用率/%	0	0	9.28	0	9.28	0	0	8.87	0	8.87
旅游度假区	岸线总长度/km	0	0	0.26	7.09	7.35	0	0	0.25	7.08	7.33
	现状利用长度/km	0	0	0.06	1.39	1.45	0	0	0	1.12	1.12
	岸线利用率/%	0	0	23.08	19.61	19.73	0	0	0	15.82	15.28
高新区	岸线总长度/km	0	0	1.08	8.04	9.12	0	0	1.06	8.54	9.60
	现状利用长度/km	0	0	0.20	1.20	1.40	0	0	0.24	1.19	1.43
	岸线利用率/%	0	0	18.52	14.93	15.35	0	0	22.64	13.93	14.90
经开区	岸线总长度/km	0	0	0	8.92	8.92	0	0	0	8.61	8.61
	现状利用长度/km	0	0	0	0.72	0.72	0	0	0	0.90	0.90
	岸线利用率/%	0	0	0	8.07	8.07	0	0	0	10.45	10.45
茌平县	岸线总长度/km	0	0	0	0	0	0	0	0	0	0
	现状利用长度/km	0	0	0	0	0	0	0	0	0	0
	岸线利用率/%	0	0	0	0	0	0	0	0	0	0
合计	岸线总长度/km	0	0	16.32	24.05	40.37	0	0	16.31	24.23	40.54
	现状利用长度/km	0	0	1.65	3.31	4.96	0	0	1.57	3.21	4.78
	岸线利用率/%	0	0	10.11	13.76	12.29	0	0	9.63	13.25	11.79

注：表中控制区指控制利用区，开发区指开发利用区，下同。

3）现状岸线利用管理存在的主要问题

由于历史原因,加上缺乏岸线统一规划,目前岸线利用管理存在以下主要问题:

（1）岸线利用项目日益增多,防洪、供水安全和生态环境功能受到影响。

近年来,随着国家经济建设的加快,涉水建筑物逐渐增多,河道岸线开发利用程度逐步提高,对河道行洪、河流水质、防汛抢险和防洪工程日常管理有着直接影响。四新河沿河共建有桥梁工程 65 座,包括生产桥 53 座、公路桥 12 座,对河道行洪有一定的影响。干流上有农村径流排水口 99 个,一定程度上影响了水质和生态环境。

（2）岸线利用存在多头管理现象,开发利用与保护不够协调。

目前,岸线的开发利用涉及水利、交通、市政、环保等行业或部门,对岸线的防洪、供水、生态环境以及开发利用功能缺乏统筹协调,部门间和行业间缺乏统一协调,造成岸线资源的配置不够合理。有些建设项目立足于局部利益,缺乏与其他行业规划的协调,存在多占少用和重复建设现象,造成岸线资源的浪费。有些地区对岸线无序开发和过度开发,不注意治理保护,缺乏有效的控制手段,影响河道行洪安全和河势稳定。开发利用行为缺乏总体的指导,缺乏对岸线利用与治理保护的系统认识,开发利用与治理保护不够协调,缺乏有效的控制措施。

（3）岸线利用执法力度不足。

由于缺乏具有法律效力的岸线资源利用规划,四新河干流河道岸线界定没有统一的标准,岸线界限范围不明确,涉河项目开发建设利用的区域是否侵占岸线难以确定,管理和审批依据不足、难度大,造成岸线利用管理不到位。此外,岸线控制和利用常涉及不同部门不同行业,而部门间和行业间缺乏统一协调,各职能部门职责不清、各自为政,多头管理现象突出。

目前,岸线申请使用不仅无其他附加条件,还缺少有效的经济调控手段,现行的无偿获取岸线资源的办法与国家为保障行洪安全、稳定岸线、整治河道、控制河势的投入极不相应,不利于岸线资源的节约使用和合理开发,造成岸线资源浪费。

总体上,目前岸线利用管理机制不完善,缺乏规范的管理制度和政策,难以有效地规范和调节岸线利用行为。

3. 茌新河

1）岸线利用现状分析

根据河道实际情况,现状岸线开发利用主要有取水口、拦河建筑物和跨（穿）河建筑物三种开发利用类型。根据调查资料,分析编制对象各岸线功能区的岸线利用类型、土地利用现状等,其岸线功能区利用现状及土地利用现状详见表 4-28、表 4-29。

2）岸线利用现状评价

根据岸线功能区功能属性和控制利用要求,结合岸线利用项目的具体情况,对沿河地区岸线利用项目进行了分析,以各岸线功能区的岸线利用率来评价现状岸线利用程度,并对岸线功能区利用现状提出评价意见。

表 4-28　在新河岸线功能区利用现状分析

县（区）	岸别	功能区名称	功能区起止点（桩号或地点）		自然岸线长度/m	现状利用岸线长度/m	岸线利用类型及长度/m				
							穿堤工程	拦河闸坝	桥梁	管线	取水口
高新区	左岸	高新区开发利用区 1	0+000	3+290	3 330	209	120	0	76	50	60
		高新区控制利用区	3+290	4+700	1 590	555	180	400	84	40	60
	右岸	高新区开发利用区 2	0+000	4+700	4 860	774	360	400	160	90	120
经开区	左岸	经开区开发利用区 1	4+700	9+870	5 030	385	180	0	212	180	0
		经开区控制利用区 1	9+870	12+000	2 720	142	0	100	56	10	0
	右岸	经开区开发利用区 2	4+700	9+030	4 270	303	120	0	131	170	0
		经开区控制利用区 2	9+030	9+570	540	81	0	0	81	10	0
		经开区开发利用区 3	9+570	9+870	320	0	0	0	0	0	0
		经开区控制利用区 3	9+870	12+000	1 980	310	270	100	56	10	0
茌平县	左岸	茌平县控制利用区 1	12+000	17+420	4 860	348	300	0	165	120	60
		茌平县开发利用区 1	17+420	26+840	9 420	1 114	780	100	361	230	240
		茌平县控制利用区 2	26+840	27+720	870	229	0	200	29	30	0
		徒骇河岸线范围内功能区	27+720	28+010	—	—	—	—	—	—	—
	右岸	茌平县控制利用区 3	12+000	17+420	5 620	271	240	0	165	120	60
		茌平县开发利用区 2	17+420	26+840	9 350	885	540	100	361	230	0
		茌平县控制利用区 4	26+840	27+720	910	229	0	200	29	30	0
		徒骇河岸线范围内功能区	27+720	28+010	—	—	—	—	—	—	—

表4-29 茌新河岸线功能区土地利用现状

县（区）	岸别	功能区名称	功能区起止点（桩号或地点）		功能区面积/m²	农业用地/m²	建筑占地/m²	景观占地/m²	湿地/m²	说明
高新区	左岸	高新区开发利用区1	0+000	3+290	131 410	118 270	0	0	0	—
	右岸	高新区控制利用区	3+290	-4+700	41 210	37 090	0	0	0	—
经开区	左岸	高新区开发利用区2	0+000	4+700	176 340	158 710	0	0	0	—
		经开区开发利用区1	4+700	9+870	197 750	168 090	0	0	0	—
		经开区控制利用区1	9+870	12+000	123 980	105 380	0	0	0	—
	右岸	经开区开发利用区2	4+700	9+030	163 570	139 030	0	0	0	—
		经开区控制利用区2	9+030	9+570	8 920	7 580	0	0	0	—
		经开区开发利用区3	9+570	9+870	14 120	12 000	0	0	0	—
		经开区控制利用区3	9+870	12+000	77 850	66 170	0	0	0	—
茌平县	左岸	茌平县控制利用区1	12+000	17+420	148 550	126 270	0	0	0	—
		茌平县开发利用区1	17+420	26+840	264 070	224 460	0	0	0	—
		茌平县控制利用区2	26+840	27+720	6 200	5 270	0	0	0	—
		徒骇河岸线范围内功能区	27+720	28+010	—	—	—	—	0	—
	右岸	茌平县控制利用区3	12+000	17+420	173 280	147 290	0	0	0	—
		茌平县开发利用区2	17+420	26+840	190 130	161 610	0	0	0	—
		茌平县控制利用区4	26+840	27+720	9 040	7 680	0	0	0	—
		徒骇河岸线范围内功能区	27+720	28+010	—	—	—	—	0	—

各岸线功能区的岸线利用率是指每种功能区已利用岸线长度占总岸线长度的比例。荏新河左岸：岸线控制利用区总长 10.04 km，已利用岸线 1.28 km，利用率 12.75%；岸线开发利用区总长 17.76 km，已利用岸线 1.71 km，利用率 9.63%；岸线总长 27.80 km，已利用岸线 2.99 km，利用率 10.76%。荏新河右岸：岸线控制利用区总长 9.04 km，已利用岸线 0.89 km，利用率 9.85%；岸线开发利用区总长 18.79 km，已利用岸线 1.96 km，利用率 10.43%；岸线总长 27.83 km，已利用岸线 2.85 km，利用率 10.24%。

荏新河现状已利用岸线情况详见表 4-30。

4. 赵牛新河

1) 岸线利用现状分析

根据河道实际情况，现状岸线开发利用主要有取水口、拦河建筑物和跨(穿)河建筑物三种开发利用类型。根据调查资料，分析编制对象各岸线功能区的岸线利用类型、土地利用现状等，其岸线功能区利用现状及土地利用现状详见表 4-31、表 4-32。

2) 岸线利用现状评价

根据岸线功能区功能属性和控制利用要求，结合岸线利用项目的具体情况，对沿河地区岸线利用项目进行了分析，以各岸线功能区的岸线利用率来评价现状岸线利用程度，并对岸线功能区利用现状提出评价意见。

各岸线功能区的岸线利用率是指每种功能区已利用岸线长度占总岸线长度的比率。赵牛新河左岸：岸线开发利用区总长 39.56 km，已利用岸线 2.73 km，利用率 6.90%；岸线控制利用区总长 4.70 km，已利用岸线 0.58 km，利用率 12.34%。赵牛新河右岸：岸线开发利用区总长 44.26 km，已利用岸线 2.34 km，利用率 5.28%，岸线控制利用区总长 0，已利用岸线 0，利用率 0。

赵牛新河现状已利用岸线情况详见表 4-33。

5. 周公河

1) 岸线利用现状分析

根据河道实际情况，现状岸线开发利用主要有取水口、拦河建筑物和跨(穿)河建筑物三种开发利用类型。根据调查资料，分析编制对象各岸线功能区的岸线利用类型、土地利用现状等，其岸线功能区利用现状及土地利用现状详见表 4-34、表 4-35。

2) 岸线利用现状评价

根据岸线功能区功能属性和控制利用要求，结合岸线利用项目的具体情况，对沿河地区岸线利用项目进行了分析，以各岸线功能区的岸线利用率来评价现状岸线利用程度，并对岸线功能区利用现状提出评价意见。

各岸线功能区的岸线利用率是指每种功能区已利用岸线长度占总岸线长度的比率。周公河左岸：岸线保护区总长 6.59 km，已利用岸线 1.16 km，利用率 17.60%；岸线控制利用区总长 8.24 km，已利用岸线 1.11 km，利用率 13.47%；岸线总长 14.83 km，已利用岸线 2.27 km，利用率 15.79%。周公河右岸：岸线保护区总长 6.50 km，已利用岸线 1.10 km，利用率 16.92%；岸线控制利用区总长 8.24 km，已利用岸线 1.33 km，利用率 16.14%；岸线总长 14.74 km，已利用岸线 2.43 km，利用率 16.49%。

周公河现状已利用岸线情况详见表 4-36。

表4-30　茌新河现状已利用岸线情况统计

县（区）	项目	左岸岸线功能区分区					右岸岸线功能区分区				
		保护区	保留区	控制区	经开区	合计	保护区	保留区	控制区	经开区	合计
高新区	岸线总长度/km	0	0	1.59	3.33	4.91	0	0	0	4.86	4.86
	现状利用长度/km	0	0	0.56	0.21	0.77	0	0	0	0.77	0.77
	岸线利用率/%	0	0	35.22	6.31	15.68	0	0	0	15.84	15.84
经开区	岸线总长度/km	0	0	2.72	5.03	7.75	0	0	2.52	4.59	7.10
	现状利用长度/km	0	0	0.14	0.39	0.53	0	0	0.39	0.30	0.69
	岸线利用率/%	0	0	5.15	7.75	6.84	0	0	15.48	6.54	9.72
茌平县	岸线总长度/km	0	0	5.73	9.42	15.15	0	0	6.53	9.35	15.87
	现状利用长度/km	0	0	0.58	1.11	1.69	0	0	0.50	0.89	1.39
	岸线利用率/%	0	0	10.12	11.78	11.16	0	0	7.66	9.52	8.76
合计	岸线总长度/km	0	0	10.04	17.76	27.80	0	0	9.04	18.79	27.83
	现状利用长度/km	0	0	1.28	1.71	2.99	0	0	0.89	1.96	2.85
	岸线利用率/%	0	0	12.75	9.63	10.76	0	0	9.85	10.43	10.24

说明：表中岸线总长度的数据为四舍五入，有一定的误差，合计项存在数据不闭合现象。

表 4-31　赵牛新河岸线功能区利用现状分析

县（区）	岸别	功能区名称	功能区起止点（桩号或地点）		自然岸线长度/m	现状利用岸线长度/m	岸线利用类型及长度/m				
							穿堤工程	拦河闸坝	桥梁	管线	取水口
东阿县	左岸	开发利用区	0+000	13+200	13 200	1 550	800	200	305	200	160
		控制利用区	13+200	17+900	4 700	580	400	200	58	40	30
		开发利用区	17+900	21+420	3 520	0	0	0	0	0	0
		开发利用区	38+862	40+102	1 240	40	0	0	25	20	20
		开发利用区	41+162	41+372	210	0	0	0	0	0	0
	右岸	开发利用区	0+000	21+420	21 420	740	620	200	305	200	160
		开发利用区	21+420	38+862	17 442	1 100	960	400	120	70	160
茌平县	左岸	开发利用区	40+102	41+162	1 060	20	0	0	10	10	0
		开发利用区	41+372	43+900	1 528	20	0	0	0	0	20
	右岸	开发利用区	21+420	43+900	22 480	1 600	880	400	120	70	180

表 4-32　赵牛新河岸线功能区土地利用现状

县(区)	岸别	功能区名称	功能区起止点(桩号或地点)		功能区面积/m²	农业用地/m²	建筑占地/m²	景观占地/m²	湿地/m²	说明
东阿县	左岸	开发利用区	0+000	13+200	149 160	112 560	26 000	—	—	—
		控制利用区	13+200	17+900	70 500	53 720	0	—	—	—
		开发利用区	17+900	21+420	79 550	73 110	0	—	—	—
		开发利用区	38+862	40+102	28 232	20 577	5 519	—	—	—
		开发利用区	41+162	41+372	4 200	0	0	—	—	—
	右岸	开发利用区	0+000	21+420	401 760	182 230	41 910	—	—	—
茌平县	左岸	开发利用区	21+420	38+862	379 760	253 180	75 300	—	—	—
		开发利用区	40+102	41+162	19 716	13 144	1 520	—	—	—
		开发利用区	41+372	43+900	64 402	42 935	11 467	—	—	—
	右岸	开发利用区	21+420	43+900	430 540	287 030	0	—	—	—

表 4-33　赵牛新河现状已利用岸线情况统计

县（区）	项目	左岸岸线功能区分区					右岸岸线功能区分区					
		保护区	保留区	控制区	经开区	合计	保护区	保留区	控制区	经开区	合计	
东阿县	岸线总长度/km	0	0	4.70	18.35	23.05	0	0	0	21.60	21.60	
	现状利用长度/km	0	0	0.58	1.59	2.17	0	0	0	0.74	0.74	
	岸线利用率/%	0	0	12.34	8.66	9.41	0	0	0	3.43	3.43	
茌平县	岸线总长度/km	0	0	0	21.21	21.21	0	0	0	22.66	22.66	
	现状利用长度/km	0	0	0	1.14	1.14	0	0	0	1.60	1.60	
	岸线利用率/%	0	0	0	5.37	5.37	0	0	0	7.06	7.06	
合计	岸线总长度/km	0	0	4.70	39.56	44.26	0	0	0	44.26	44.26	
	现状利用长度/km	0	0	0.58	2.73	3.31	0	0	0	2.34	2.34	
	岸线利用率/%	0	0	12.34	6.90	7.48	0	0	0	5.28	5.28	

表 4-34　周公河岸线功能区利用现状分析

县(区)	岸别	功能区名称	功能区起止点(桩号或地点)	自然岸线长度/m	现状利用岸线长度/m	岸线利用类型及长度/m				
						穿堤工程	拦河闸坝	桥梁	管线	取水口
东昌府区	左岸	东昌府区保护区1	0+000 3+540	3 570	487	180	0	259	150	0
	右岸	东昌府区保护区2	0+000 3+540	3 840	487	180	0	259	150	0
旅游度假区	左岸	旅游度假区保护区1	3+540 5+650	2 120	328	120	150	48	80	0
	右岸	旅游度假区保护区2	3+540 5+650	1 810	268	60	150	48	80	0
旅游度假区、东昌府区	两岸	与南水北调干渠重合段	5+650 14+700	—	—	—	—	—	—	—
经开区	左岸	经开区保护区1	14+700 15+570	900	237	240	0	27	10	0
		经开区控制利用区1	15+570 16+640	1 140	130	120	0	54	30	0
	右岸	经开区保护区2	14+700 15+570	850	237	240	0	27	10	0
		经开区控制利用区2	15+570 16+640	1 170	250	240	0	54	30	0
东昌府区与经开区交界段	左岸	交界段控制利用区1	16+640 20+670	4 030	498	420	100	156	70	0
	右岸	交界段控制利用区2	16+640 20+670	4 010	678	600	100	156	70	0
经开区	左岸	经开区控制利用区3	20+670 23+720	3 070	481	360	0	239	110	0
	右岸	经开区控制利用区4	20+670 23+720	3 060	401	240	0	239	110	0

表 4-35　周公河岸线功能区土地利用现状

县(区)		岸别	功能区名称	功能区起止点 (桩号或地点)		功能区面积/m²	农业用地/m²	建筑占地/m²	景观占地/m²	湿地/m²	说明
东昌府区		左岸	东昌府区保护区 1	0+000	3+540	66 730	56 720	0	0	0	—
		右岸	东昌府区保护区 2	0+000	3+540	57 800	49 130	0		0	—
旅游度假区		左岸	旅游度假区保护区 1	3+540	5+650	14 580	12 390	0	0	0	—
		右岸	旅游度假区保护区 2	3+540	5+650	14 360	12 210	0	0	0	—
旅游度假区、东昌府区		两岸	与南水北调干渠重合段	5+650	14+700	—	—	—	—		—
经开区		左岸	经开区保护区 1	14+700	15+570	27 390	0	0	0	0	—
			经开区控制利用区 1	15+570	16+640	50 240	0	0	0	0	—
		右岸	经开区保护区 2	14+700	15+570	46 230	0	0	0	0	—
			经开区控制利用区 2	15+570	16+640	61 300	0	0	0	0	—
东昌府区与经开区交界区段		左岸	交界段控制利用区 1	16+640	20+670	246 480	0	0	0	0	—
		右岸	交界段控制利用区 2	16+640	20+670	109 940	0	0	0	0	—
经开区		左岸	经开区控制利用区 3	20+670	23+720	145 780	0	0	0	0	—
		右岸	经开区控制利用区 4	20+670	23+720	149 810	0	0	0	0	—

表 4-36　周公河现状已利用岸线情况统计

县(区)	项目	左岸岸线功能区分区					右岸岸线功能区分区				
		保护区	保留区	控制区	经开区	合计	保护区	保留区	控制区	经开区	合计
东昌府区	岸线总长度/km	3.57	0	0	0	3.57	3.84	0	0	0	3.84
	现状利用长度/km	0.59	0	0	0	0.59	0.59	0	0	0	0.59
	岸线利用率/%	16.53	0	0	0	16.53	15.36	0	0	0	15.36
旅游度假区	岸线总长度/km	2.12	0	0	0	2.12	1.81	0	0	0	1.81
	现状利用长度/km	0.33	0	0	0	0.33	0.27	0	0	0	0.27
	岸线利用率/%	15.57	0	0	0	15.57	14.92	0	0	0	14.92
经开区	岸线总长度/km	0.90	0	4.21	0	5.11	0.85	0	4.23	0	5.08
	现状利用长度/km	0.24	0	0.61	0	0.85	0.24	0	0.65	0	0.89
	岸线利用率/%	26.67	0	14.49	0	16.63	28.24	0	15.37	0	17.52
东昌府区与旅游度假区交界段	岸线总长度/km	0	0	4.03	0	4.03	0	0	4.01	0	4.01
	现状利用长度/km	0	0	0.50	0	0.50	0	0	0.68	0	0.68
	岸线利用率/%	0	0	12.41	0	12.41	0	0	16.96	0	16.96
合计	岸线总长度/km	6.59	0	8.24	0	14.83	6.50	0	8.24	0	14.74
	现状利用长度/km	1.16	0	1.11	0	2.27	1.10	0	1.33	0	2.43
	岸线利用率/%	17.60	0	13.47	0	15.79	16.92	0	16.14	0	16.49

6. 运河(东昌湖)

1)岸线利用现状分析

根据河道(湖泊)实际情况,现状岸线开发利用主要有取水口、拦河建筑物和跨(穿)河建筑物三种开发利用类型。根据调查资料,分析编制对象各岸线功能区的岸线利用类型、土地利用现状等,其岸线功能区利用现状及土地利用现状详见表4-37、表4-38。

2)岸线利用现状评价

根据岸线功能区功能属性和控制利用要求,结合岸线利用项目的具体情况,对沿河地区岸线利用项目进行分析,以各岸线功能区的岸线利用率来评价现状岸线利用程度,并对岸线功能区利用现状提出评价意见。

各岸线功能区的岸线利用率是指每种功能区已利用岸线长度占总岸线长度的比率。运河左岸:岸线保护区总长4.15 km,已利用岸线0.74 km,利用率17.73%;岸线控制利用区总长11.77 km,已利用岸线1.82 km,利用率15.44%;岸线开发利用区总长0,已利用岸线0,利用率0。运河右岸:岸线保护区总长4.14 km,已利用岸线0.74 km,利用率17.78%;岸线控制利用区总长9.88 km,已利用岸线1.69 km,利用率17.06%;岸线开发利用区总长1.52 km,已利用岸线0.07 km,利用率4.74%。

东昌湖岸线均划为控制利用区,岸线总长17.71 km,已利用岸线1.05 km,利用率5.93%。

运河现状已利用岸线情况详见表4-39。

7. 西新河

1)岸线利用现状分析

根据河道实际情况,现状岸线开发利用主要有取水口、拦河建筑物和跨(穿)河建筑物三种开发利用类型。根据调查资料,分析编制对象各岸线功能区的岸线利用类型、土地利用现状等,其岸线功能区利用现状及土地利用现状详见表4-40、表4-41。

2)岸线利用现状评价

根据岸线功能区功能属性和控制利用要求,结合岸线利用项目的具体情况,对沿河地区岸线利用项目进行了分析,以各岸线功能区的岸线利用率来评价现状岸线利用程度,并对岸线功能区利用现状提出评价意见。

各岸线功能区的岸线利用率是指每种功能区已利用岸线长度占总岸线长度的比率。西新河左岸:岸线开发利用区总长41.24 km,已利用岸线4.98 km,利用率12.08%;岸线控制利用区总长1.00 km,已利用岸线0.21 km,利用率21.00%。西新河右岸:岸线开发利用区总长42.32 km,已利用岸线5.38 km,利用率12.71%;岸线控制利用区总长0,已利用岸线0,利用率0。

西新河现状已利用岸线情况详见表4-42。

8. 德王东支

根据河道实际情况,现状岸线开发利用主要有取水口、拦河建筑物和跨(穿)河建筑物三种开发利用类型。根据调查资料,分析编制对象各岸线功能区的岸线利用类型、土地利用现状等,其岸线功能区利用现状详见表4-43。

表 4-37　运河（东昌湖）岸线功能区利用现状分析

县（区）	岸别	功能区名称	功能区起止点（桩号或地点）		自然岸线长度/m	现状利用岸线长度/m	桥梁/m	拦河闸坝/m	穿堤涵闸/m	取水口/m	跨河管线/m
东昌府区	左岸	东昌府区控制利用区 1	0+000	10+090	10 250	1 746	1 286	0	180	60	160
	右岸	东昌府区控制利用区 2	0+000	10+090	9 880	1 686	1 286	0	120	60	160
经开区	左岸	经开区控制利用区 1	10+090	11+610	1 520	72	32	0	0	0	40
	左岸	经开区保护区 1	11+610	15+740	4 150	736	236	200	60	0	240
	右岸	经开区经开利用区 1	10+090	11+610	1 520	72	32	0	0	0	40
	右岸	经开区保护区 2	11+610	15+740	4 140	736	236	200	60	0	240
东昌湖	—	控制利用区	—	—	17 710	1 048	1 028	0	0	20	0

表 4-38　运河（东昌湖）岸线功能区土地利用现状

县（区）	岸别	功能区名称	功能区起止点（桩号或地点）		功能区面积/m²	农业用地/m²	建筑占地/m²	景观占地/m²	湿地/m²
东昌府区	左岸	东昌府区控制利用区 1	0+000	10+090	322 050	0	890	313 140	0
东昌府区	右岸	东昌府区控制利用区 2	0+000	10+090	289 070	0	1 180	277 230	0
经开区	左岸	经开区控制利用区 1	10+090	11+610	4 720	0	4 080	0	0
经开区	左岸	经开区保护区 1	11+610	15+740	57 620	41 100	10 760	0	0
经开区	右岸	经开区开发利用区 1	10+090	11+610	19 510	17 150	0	0	0
经开区	右岸	经开区保护区 2	11+610	15+740	32 200	22 350	6 440	0	0
东昌湖	—	控制利用区	—		2 293 570	0	0	2 293 570	0

表 4-39　运河（东昌湖）现状已利用岸线情况统计

河流	县（区）	项目	左岸岸线功能区分区				右岸岸线功能区分区				
			保护区	保留区	控制区	经开区	合计	保护区	保留区	控制区	经开区	合计
	东昌府区	岸线总长度/m	0	0	10 250	0	10 250	0	0	9 880	0	9 880
		现状利用长度/m	0	0	1 746	0	1 746	0	0	1 686	0	1 686
		岸线利用率/%	0	0	17.03	0	17.03	0	0	17.06	0	17.06
运河	经开区	岸线总长度/m	4 150	0	1 520	0	5 670	4 140	0	0	1 520	5 660
		现状利用长度/m	736	0	72	0	808	736	0	0	72	808
		岸线利用率/%	17.73	0	4.74	0	14.25	17.78	0	0	4.74	14.28
	合计	岸线总长度/m	4 150	0	11 770	0	15 920	4 140	0	9 880	1 520	15 540
		现状利用长度/m	736	0	1 818	0	2 554	736	0	1 686	72	2 494
		岸线利用率/%	17.73	0	15.44	0	16.04	17.78	0	17.06	4.74	16.15

表 4-40 西新河岸线功能区利用现状分析

县(区)	岸别	功能区名称	功能区起止点(桩号或地点)		自然岸线长度/m	现状利用岸线长度/m	岸线利用类型及长度/m				
							穿堤工程	拦河闸坝	桥梁	管线	取水口
东昌府区	左岸	开发利用区	0+000	15+900	15 900	2 050	280	1 300	600	220	220
		控制利用区	15+900	16+900	1 000	210	0	0	100	30	120
		开发利用区	16+900	27+140	10 240	1 050	120	800	300	190	110
	右岸	开发利用区	0+000	27+140	27 140	3 500	400	2 100	1 000	440	450
茌平县	左岸	开发利用区	27+140	41+220	14 080	1 880	900	300	350	180	120
	右岸	开发利用区	27+140	41+220	14 080	1 880	900	300	350	180	120

表 4-41　西新河岸线功能区土地利用现状

县（区）	岸别	功能区名称	功能区起止点（桩号或地点）		功能区面积/m²	农业用地/m²	建筑占地/m²	景观占地/m²	湿地/m²	说明
东昌府区	左岸	开发利用区	0+000	15+900	254 400	218 784	15 661	—	—	—
		控制利用区	15+900	16+900	19 000	16 340	1 630	—	—	—
		开发利用区	16+900	27+140	211 000	181 460	5 430	—	—	—
	右岸	开发利用区	0+000	27+140	494 100	424 926	8 754	—	—	—
茌平县	左岸	开发利用区	27+140	41+220	296 730	255 188	0	—	—	—
	右岸	开发利用区	27+140	41+220	287 530	247 276	0	—	—	—

表 4-42　西新河现状已利用岸线情况统计

县 (区)	项目	左岸岸线功能区分区					右岸岸线功能区分区				
		保护区	保留区	控制区	经开区	合计	保护区	保留区	控制区	经开区	合计
东昌府区	岸线总长度/km	0	0	1.00	26.82	27.82	0	0	0	27.90	27.90
	现状利用长度/km	0	0	0.21	3.10	3.31	0	0	0	3.50	3.50
	岸线利用率/%	0	0	21.00	11.56	11.90	0	0	0	12.54	12.54
茌平县	岸线总长度/km	0	0	0	14.42	14.42	0	0	0	14.42	14.42
	现状利用长度/km	0	0	0	1.88	1.88	0	0	0	1.88	1.88
	岸线利用率/%	0	0	0	13.04	13.04	0	0	0	13.04	13.04
合计	岸线总长度/km	0	0	1.00	41.24	42.24	0	0	0	42.32	42.32
	现状利用长度/km	0	0	0.21	4.98	5.19	0	0	0	5.38	5.38
	岸线利用率/%	0	0	21.00	12.08	12.29	0	0	0	12.71	12.71

表4-43 德王东支现状已利用岸线情况统计

县(区)	项目	左岸岸线功能区分区					右岸岸线功能区分区				
		保护区	保留区	控制区	经开区	合计	保护区	保留区	控制区	经开区	合计
冠县	岸线总长度/km	0	0	0	5.66	5.66	0	0	0	5.67	5.67
	现状利用长度/km	0	0	0	0.35	0.35	0	0	0	0.27	0.27
	岸线利用率/%	0	0	0	6.18	6.18	0	0	0	4.76	4.76
东昌府区	岸线总长度/km	0	0	0	10.78	10.78	0	0	0	10.76	10.76
	现状利用长度/km	0	0	0	0.47	0.47	0	0	0	0.50	0.50
	岸线利用率/%	0	0	0	4.36	4.36	0	0	0	4.65	4.65
临清市	岸线总长度/km	1.13	0	0	1.93	3.06	1.07	0	0	1.97	3.04
	现状利用长度/km	0	0	0	0.08	0.08	0	0	0	0.21	0.21
	岸线利用率/%	0	0	0	4.15	4.15	0	0	0	10.66	10.66
合计	岸线总长度/km	1.13	0	0	18.37	19.50	1.07	0	0	18.39	19.46
	现状利用长度/km	0	0	0	0.90	0.90	0	0	0	0.98	0.98
	岸线利用率/%	0	0	0	4.90	4.62	0	0	0	5.33	5.04

9. 德王河

1) 岸线利用现状分析

根据河道实际情况,现状岸线开发利用主要有取水口、拦河建筑物和跨(穿)河建筑物三种开发利用类型。根据调查资料,分析编制对象各岸线功能区的岸线利用类型、土地利用现状等,其岸线功能区利用现状及土地利用现状详见表 4-44、表 4-45。

2) 岸线利用现状评价

根据岸线功能区功能属性和控制利用要求,结合岸线利用项目的具体情况,对沿河地区岸线利用项目进行了分析,以各岸线功能区的岸线利用率来评价现状岸线利用程度,并对岸线功能区利用现状提出评价意见。

各岸线功能区的岸线利用率是指每种功能区已利用岸线长度占总岸线长度的比率。德王河左岸:岸线保护区总长 0.98 km,已利用岸线 0.07 km,利用率 7.14%;岸线开发利用区总长 20.28 km,已利用岸线 0.92 km,利用率 4.54%;岸线总长 21.26 km,已利用岸线 0.99 km,利用率 4.66%。德王河右岸:岸线保护区总长 0.95 km,已利用岸线 0.07 km,利用率 7.37%;岸线开发利用区总长 20.18 km,已利用岸线 1.08 km,利用率 5.35%;岸线总长 21.13 km,已利用岸线 1.15 km,利用率 5.44%。

德王河现状已利用岸线情况详见表 4-46。

10. 羊角河

1) 岸线利用现状分析

根据河道实际情况,现状岸线开发利用主要有取水口、拦河建筑物和跨(穿)河建筑物三种开发利用类型。根据调查资料,分析编制对象各岸线功能区的岸线利用类型、土地利用现状等,其岸线功能区利用现状及土地利用现状详见表 4-47、表 4-48。

2) 岸线利用现状评价

根据岸线功能区功能属性和控制利用要求,结合岸线利用项目的具体情况,对沿河地区岸线利用项目进行了分析,以各岸线功能区的岸线利用率来评价现状岸线利用程度,并对岸线功能区利用现状提出评价意见。

各岸线功能区的岸线利用率是指每种功能区已利用岸线长度占总岸线长度的比率。羊角河左岸:岸线保护区总长 1.43 km,已利用岸线 0.28 km,利用率 19.58%;岸线控制利用区总长 1.94 km,已利用岸线 0.18 km,利用率 9.28%;岸线开发利用区总长 33.67 km,已利用岸线 2.15 km,利用率 6.39%;岸线总长 37.04 km,已利用岸线 2.61 km,利用率 7.05%。羊角河右岸:岸线保护区总长 1.45 km,已利用岸线 0.18 km,利用率 12.41%;岸线控制利用区总长 2.53 km,已利用岸线 0.22 km,利用率 8.70%;岸线开发利用区总长 33.10 km,已利用岸线 2.30 km,利用率 6.95%;岸线总长 37.08 km,已利用岸线 2.70 km,利用率 7.28%。

羊角河现状已利用岸线情况详见表 4-49。

11. 新金线河

1) 岸线利用现状分析

根据河道实际情况,现状岸线开发利用主要有取水口、拦河建筑物和跨(穿)河建筑物三种开发利用类型。根据调查资料,分析编制对象各岸线功能区的岸线利用类型、土地利用现状等,其岸线功能区利用现状及土地利用现状详见表 4-50、表 4-51。

表 4-44 德王河岸线功能区利用现状分析

县(市、区)	岸别	功能区名称	功能区起止点（桩号或地点）		自然岸线长度/m	现状利用岸线长度/m	岸线利用类型及长度/m				
							穿堤工程	拦河闸坝	桥梁	管线	取水口
临清市	左岸	临清市保护区1	0+000	0+960	980	67	0	50	17	10	0
		临清市开发利用区1	0+960	14+000	13 710	576	60	300	350	290	180
	右岸	临清市保护区2	0+000	0+960	950	67	0	50	17	10	0
		临清市开发利用区2	0+960	14+000	13 250	863	120	300	350	290	420
茌平县	左岸	茌平县开发利用区1	14+000	16+980	2 620	91	60	0	31	10	0
	右岸	茌平县开发利用区2	14+000	16+980	3 090	31	0	0	31	10	0
高唐县	左岸	高唐县开发利用区1	16+980	20+780	3 960	248	0	100	68	50	60
		马颊河岸线范围内功能区	20+780	21+000	—	—	—	—	—	—	—
	右岸	高唐县开发利用区2	16+980	20+780	3 850	188	0	100	68	50	0
		马颊河岸线范围内功能区	20+780	21+000	—	—	—	—	—	—	—

表 4-45　德王河岸线功能区土地利用现状

县(市、区)	岸别	功能区名称	功能区起止点(桩号或地点)		功能区面积/m²	农业用地/m²	建筑占地/m²	景观占地/m²	湿地/m²	说明
临清市	左岸	临清市保护区 1	0+000	0+960	23 540	21 190	0	0	0	—
		临清市开发利用区 1	0+960	14+000	361 530	325 380	0	0	0	—
	右岸	临清市保护区 2	0+000	0+960	26 020	23 420	0	0	0	—
		临清市开发利用区 2	0+960	14+000	364 970	328 470	0	0	0	—
茌平县	左岸	茌平县开发利用区 1	14+000	16+980	18 260	16 430	0	0	0	—
	右岸	茌平县开发利用区 2	14+000	16+980	21 650	19 490	0	0	0	—
高唐县	左岸	高唐县开发利用区 1	16+980	20+780	49 280	44 350	0	0	0	—
		马颊河岸线范围内功能区	20+780	21+000	—	—	—	—	—	—
	右岸	高唐县开发利用区 2	16+980	20+780	67 740	60 970	0	0	0	—
		马颊河岸线范围内功能区	20+780	21+000	—	—	—	—	—	—

表 4-46　德王河现状已利用岸线情况统计

县(市,区)	项目	左岸岸线功能区分区					右岸岸线功能区分区				
		保护区	保留区	控制区	经开区	合计	保护区	保留区	控制区	经开区	合计
临清市	岸线总长度/km	0.98	0	0	13.71	14.69	0.95	0	0	13.25	14.20
	现状利用长度/km	0.07	0	0	0.58	0.65	0.07	0	0	0.86	0.93
	岸线利用率/%	7.14	0	0	4.23	4.42	7.37	0	0	6.49	6.55
茌平县	岸线总长度/km	0	0	0	2.62	2.62	0	0	0	3.09	3.09
	现状利用长度/km	0	0	0	0.09	0.09	0	0	0	0.03	0.03
	岸线利用率/%	0	0	0	3.44	3.44	0	0	0	0.97	0.97
高唐县	岸线总长度/km	0	0	0	3.96	3.96	0	0	0	3.85	3.85
	现状利用长度/km	0	0	0	0.25	0.25	0	0	0	0.19	0.19
	岸线利用率/%	0	0	0	6.31	6.31	0	0	0	4.94	4.94
合计	岸线总长度/km	0.98	0	0	20.28	21.26	0.95	0	0	20.18	21.13
	现状利用长度/km	0.07	0	0	0.92	0.99	0.07	0	0	1.08	1.15
	岸线利用率/%	7.14	0	0	4.54	4.66	7.37	0	0	5.35	5.44

表 4-47　羊角河岸线功能区利用现状分析

县(市、区)	岸别	功能区起止点(桩号或地点)	功能区名称	自然岸线长度/m	现状利用岸线长度/m	岸线利用类型及长度/m				
						穿堤工程	拦河闸坝	桥梁	管线	取水口
上段(阳公县)	左岸	上段 0+000　上段 11+330	上段开发利用区 1	11 370	798	420	100	288	260	0
		上段 11+330　上段 12+050	上段控制利用区 1	720	52	0	0	49	40	0
		上段 12+050　上段 13+550	上段开发利用区 2	1 510	214	180	0	51	40	0
		上段 13+550　上段 16+760	上段开发利用区 3	3 180	127	0	50	105	0	0
		上段 16+760　上段 16+850	上段徒骇河岸线范围内功能区	—	—	—	—	—	—	—
	右岸	上段 0+000　上段 9+520	上段开发利用区 4	9 520	770	360	100	236	190	60
		上段 9+520　上段 10+100	上段控制利用区 2	580	41	0	0	35	30	0
		上段 10+100　上段 11+330	上段开发利用区 5	1 230	157	120	0	17	40	60
		上段 11+330　上段 12+050	上段控制利用区 3	720	52	0	0	49	40	0
		上段 12+050　上段 13+550	上段开发利用区 6	1 500	214	180	0	51	40	0
		上段 13+550　上段 16+760	上段开发利用区 7	3 210	127	0	50	105	0	0
		上段 16+760　上段 16+850	上段徒骇河岸线范围内功能区	—	—	—	—	—	—	—

续表4-47

县（市、区）	岸别	功能区起止点（桩号或地点）	功能区名称	自然岸线长度/m	现状利用岸线长度/m	岸线利用类型及长度/m				
						穿堤工程	拦河闸坝	桥梁	管线	取水口
中段（阳谷县）	左岸	中段 0+000～中段 1+240	中段控制利用区1	1 220	129	0	0	106	50	0
		中段 1+240～中段 8+370	中段开发利用区1	7 090	272	0	50	176	110	0
	右岸	中段 0+000～中段 1+240	中段控制利用区2	1 230	129	0	0	106	50	0
		中段 1+240～中段 8+370	中段开发利用区2	7 120	332	60	50	176	110	0
下段（旅游度假区）	左岸	下段 0+000～下段 10+500	下段开发利用区1	10 520	737	240	250	263	180	180
		下段 10+500～下段 12+030	下段保护区1	1 430	280	120	100	0	20	180
		下段 12+030～下段 12+180	下段徒骇河岸线范围内功能区	—	—	—	—	—	—	—
	右岸	下段 0+000～下段 10+500	下段开发利用区2	10 520	703	300	250	263	180	0
		下段 10+500～下段 12+030	下段保护区2	1 450	180	60	100	0	20	0
		下段 12+030～下段 12+180	下段徒骇河岸线范围内功能区	—	—	—	—	—	—	—

表 4-48　羊角河岸线功能区土地利用现状

县（区）	岸别	功能区起止点（桩号或地点）起点	功能区起止点（桩号或地点）止点	功能区名称	功能区面积/m²	农业用地/m²	建筑占地/m²	景观占地/m²	湿地/m²	说明
上段（阳谷县）	左岸	上段 0+000	上段 11+330	上段开发利用区 1	101 280	86 090	0	—	—	—
		上段 11+330	上段 12+050	上段控制利用区 1	4 190	3 560	0	—	—	—
		上段 12+050	上段 13+550	上段开发利用区 2	12 610	10 720	0	—	—	—
		上段 13+550	上段 16+760	上段开发利用区 3	27 690	23 540	0	—	—	—
		上段 16+760	上段 16+850	上段徒竣河岸线范围内功能区	—	—	—	—	—	—
	右岸	上段 0+000	上段 9+520	上段开发利用区 4	99 100	84 240	0	—	—	—
		上段 9+520	上段 10+100	上段控制利用区 2	3 920	3 330	0	—	—	—
		上段 10+100	上段 11+330	上段开发利用区 5	8 760	7 450	0	—	—	—
		上段 11+330	上段 12+050	上段控制利用区 3	6 250	5 310	0	—	—	—
		上段 12+050	上段 13+550	上段开发利用区 6	13 560	11 530	0	—	—	—
		上段 13+550	上段 16+760	上段开发利用区 7	31 000	26 350	0	—	—	—
		上段 16+760	上段 16+850	上段徒竣河岸线范围内功能区	—	—	—	—	—	—

续表4-48

县(区)	岸别	功能区起止点(桩号或地点)		功能区名称	功能区面积/m²	农业用地/m²	建筑占地/m²	景观占地/m²	湿地/m²	说明
中段(阴谷县)	左岸	中段0+000	中段1+240	中段控制利用区1	8 570	7 280	0	—	—	—
		中段1+240	中段8+370	中段开发利用区1	69 090	58 730	0	—	—	—
	右岸	中段0+000	中段1+240	中段控制利用区2	8 670	7 370	0	—	—	—
		中段1+240	中段8+370	中段开发利用区2	67 250	57 160	0	—	—	—
下段(旅游度假区)	左岸	下段0+000	下段10+500	下段开发利用区1	58 090	49 380	0	—	—	—
		下段10+500	下段12+030	下段保护区1	7 650	6 500	0	—	—	—
		下段12+030	下段12+180	下段徒骇河岸线范围内功能区	—	—	—	—	—	—
	右岸	下段0+000	下段10+500	下段开发利用区2	50 450	42 880	0	—	—	—
		下段10+500	下段12+030	下段保护区2	8 100	6 890	0	—	—	—
		下段12+030	下段12+180	下段徒骇河岸线范围内功能区	—	—	—	—	—	—

表 4-49　羊角河现状已利用岸线情况统计

县（区）	项目	左岸岸线功能区分区						右岸岸线功能区分区					
		保护区	保留区	控制区	经开区	合计		保护区	保留区	控制区	经开区	合计
上段（阳谷县）	岸线总长度/km	0	0	0.72	16.06	16.78		0	0	1.30	15.46	16.76
	现状利用长度/km	0	0	0.05	1.14	1.19		0	0	0.09	1.27	1.36
	岸线利用率/%	0	0	6.94	7.10	7.09		0	0	6.92	8.21	8.11
中段（阳谷县）	岸线总长度/km	0	0	1.22	7.09	8.31		0	0	1.23	7.12	8.35
	现状利用长度/km	0	0	0.13	0.27	0.40		0	0	0.13	0.33	0.46
	岸线利用率/%	0	0	10.66	3.81	4.81		0	0	10.57	4.63	5.51
下段（旅游度假区）	岸线总长度/km	1.43	0	0	10.52	11.95		1.45	0	0	10.52	11.97
	现状利用长度/km	0.28	0	0	0.74	1.02		0.18	0	0	0.70	0.88
	岸线利用率/%	19.58	0	0	7.03	8.54		12.41	0	0	6.65	7.35
合计	岸线总长度/km	1.43	0	1.94	33.67	37.04		1.45	0	2.53	33.10	37.08
	现状利用长度/km	0.28	0	0.18	2.15	2.61		0.18	0	0.22	2.30	2.70
	岸线利用率/%	19.58	0	9.28	6.39	7.05		12.41	0	8.70	6.95	7.28

表 4-50　新金线河岸线功能区利用现状分析

县（区）	岸别	功能区名称	功能区起止点（桩号或地点）	自然岸线长度/m	现状利用岸线长度/m	桥梁/m	拦河闸坝/m	穿堤涵闸/m	取水口/m	跨河管线/m
莘县	左岸	莘县开发利用区1	0+000　7+800	7 720	413	133	0	60	0	220
		莘县控制利用区1	7+800　9+000	1 210	88	68	0	0	0	20
		莘县开发利用区2	9+000　28+550	19 640	1 082	82	300	420	120	160
	右岸	莘县开发利用区1	0+000　7+800	7 900	383	133	0	30	0	220
		莘县控制利用区1	7+370　9+000	1 240	88	68	0	0	0	20
		莘县开发利用区2	9+000　28+550	19 520	1 202	82	300	420	240	160
莘县、阳谷县交叉段	左岸	莘县、阳谷县交叉段开发利用区1	28+550　33+100	4 620	322	62	60	0	0	200
		莘县、阳谷县交叉段开发利用区2	33+100　35+100	2 030	196	76	0	0	0	120
		莘县、阳谷县交叉段开发利用区3	35+100　45+930	11 140	574	174	100	180	0	120
		莘县、阳谷县交叉段控制利用区1	45+930　48+430	2 570	252	82	60	30	0	80
		莘县、阳谷县交叉段开发利用区4	48+430　55+000	6 660	412	92	100	60	60	100
	右岸	莘县、阳谷县交叉段开发利用区1	28+550　33+100	4 650	322	62	60	0	0	200
		莘县、阳谷县交叉段控制利用区1	33+100　35+100	1 990	196	76	0	0	0	120
		莘县、阳谷县交叉段开发利用区2	35+100　45+930	11 000	574	174	100	180	0	120
		莘县、阳谷县交叉段控制利用区2	45+930　48+430	2 560	312	82	60	30	60	80
		莘县、阳谷县交叉段开发利用区3	48+430　55+000	6 660	292	92	100	100	0	100

表 4-51　新金线河岸线功能区土地利用现状

县(区)	岸别	功能区名称	功能区起止点(桩号或地点)		功能区面积/m²	农业用地/m²	建筑占地/m²	景观占地/m²	湿地/m²
莘县	左岸	莘县开发利用区1	0+000	7+800	125 050	112 550	—	—	—
		莘县控制利用区1	7+800	9+000	4 560	4 100	—	—	—
		莘县开发利用区2	9+000	28+550	459 150	413 240	—	—	—
	右岸	莘县开发利用区1	0+000	7+800	120 490	108 440	—	—	—
		莘县控制利用区1	7+370	9+000	7 840	7 060	—	—	—
		莘县开发利用区2	9+000	28+550	498 770	448 890	—	—	—
莘县、阳谷县交叉段	左岸	莘县、阳谷县交叉段开发利用区1	28+550	33+100	84 740	76 270	—	—	—
		莘县、阳谷县交叉段开发利用区2	33+100	35+100	15 950	14 360	—	—	—
		莘县、阳谷县交叉段开发利用区3	35+100	45+930	250 640	225 580	—	—	—
		莘县、阳谷县交叉段开发利用区4	45+930	48+430	56 490	50 840	—	—	—
		莘县、阳谷县交叉段控制利用区1	48+430	55+000	186 710	168 040	—	—	—
	右岸	莘县、阳谷县交叉段控制利用区1	28+550	33+100	51 240	46 120	—	—	—
		莘县、阳谷县交叉段开发利用区1	33+100	35+100	21 540	19 390	—	—	—
		莘县、阳谷县交叉段开发利用区2	35+100	45+930	236 940	213 250	—	—	—
		莘县、阳谷县交叉段控制利用区2	45+930	48+430	35 900	32 310	—	—	—
		莘县、阳谷县交叉段开发利用区3	48+430	55+000	153 400	138 060	—	—	—

2) 岸线利用现状评价

根据岸线功能区功能属性和控制利用要求,结合岸线利用项目的具体情况,对沿河地区岸线利用项目进行了分析,以各岸线功能区的岸线利用率来评价现状岸线利用程度,并对岸线功能区利用现状提出评价意见。

各岸线功能区的岸线利用率是指每种功能区已利用岸线长度占总岸线长度的比率。新金线河左岸:岸线控制利用区总长 3.78 km,已利用岸线 0.36 km,利用率 9.52%;岸线开发利用区总长 51.81 km,已利用岸线 2.68 km,利用率 5.17%。新金线河右岸:岸线控制利用区总长 5.79 km,已利用岸线 0.60 km,利用率 10.36%;岸线开发利用区总长49.62 km,已利用岸线 2.78 km,利用率 5.60%。

新金线河现状已利用岸线情况详见表 4-52。

12. 七里河

1) 岸线利用现状分析

根据河道实际情况,现状岸线开发利用主要有取水口、拦河建筑物和跨(穿)河建筑物三种开发利用类型。根据调查资料,分析编制对象各岸线功能区的岸线利用类型、土地利用现状等,其岸线功能区利用现状及土地利用现状详见表 4-53、表 4-54。

2) 岸线利用现状评价

根据岸线功能区功能属性和控制利用要求,结合岸线利用项目的具体情况,对沿河地区岸线利用项目进行了分析,以各岸线功能区的岸线利用率来评价现状岸线利用程度,并对岸线功能区利用现状提出评价意见。

各岸线功能区的岸线利用率是指每种功能区已利用岸线长度占总岸线长度的比率。七里河左岸:岸线控制利用区总长 3.50 km,已利用岸线 0.86 km,利用率 24.57%;岸线开发利用区总长 35.14 km,已利用岸线 4.75 km,利用率 13.52%;岸线总长 38.64 km,已利用岸线 5.61 km,利用率 14.52%。七里河右岸:岸线控制利用区总长 3.50 km,已利用岸线 0.86 km,利用率 24.57%;岸线开发利用区总长 35.14 km,已利用岸线 4.75 km,利用率 13.52%;岸线总长 38.64 km,已利用岸线 5.61 km,利用率 14.52%。

七里河现状已利用岸线情况详见表 4-55。

13. 俎店渠

1) 岸线利用现状分析

根据河道实际情况,现状岸线开发利用主要有取水口、拦河建筑物和跨(穿)河建筑物三种开发利用类型。根据调查资料,分析编制对象各岸线功能区的岸线利用类型、土地利用现状等,其岸线功能区利用现状及土地利用现状详见表 4-56、表 4-57。

2) 岸线利用现状评价

根据岸线功能区功能属性和控制利用要求,结合岸线利用项目的具体情况,对沿河地区岸线利用项目进行了分析,以各岸线功能区的岸线利用率来评价现状岸线利用程度,并对岸线功能区利用现状提出评价意见。

各岸线功能区的岸线利用率是指每种功能区已利用岸线长度占总岸线长度的比率。俎店渠左岸:岸线控制利用区总长 10.83 km,已利用岸线 1.12 km,利用率 10.34%;岸线开发利用区总长 19.81 km,已利用岸线 2.66 km,利用率 13.43%。俎店渠右岸:岸线控制利用区总长 7.59 km,已利用岸线 0.72 km,利用率 9.49%;岸线开发利用区总长 22.96 km,已利用岸线 2.85 km,利用率 12.41%。

表 4-52　新金线河现状已利用岸线情况统计

河流	县（区）	项目	左岸岸线功能区分区					右岸岸线功能区分区				
			保护区	保留区	控制区	经开区	合计	保护区	保留区	控制区	经开区	合计
新金线河	莘县	岸线总长度/km	—	—	1.21	27.36	28.57	—	—	1.24	27.31	28.55
		现状利用长度/km	—	—	0.09	1.50	1.59	—	—	0.09	1.59	1.68
		岸线利用率/%	—	—	7.44	5.48	5.57	—	—	7.26	5.82	5.88
	莘县、阳谷县交叉段	岸线总长度/km	—	—	2.57	24.45	27.02	—	—	4.55	22.31	26.86
		现状利用长度/km	—	—	0.27	1.18	1.45	—	—	0.51	1.19	1.70
		岸线利用率/%	—	—	10.51	4.83	5.37	—	—	11.21	5.33	6.33
	合计	岸线总长度/km	—	—	3.78	51.81	55.59	—	—	5.79	49.62	55.41
		现状利用长度/km	—	—	0.36	2.68	3.04	—	—	0.60	2.78	3.38
		岸线利用率/%	—	—	9.52	5.17	5.47	—	—	10.36	5.60	6.10

表4-53 七里河岸线功能区利用现状分析

县（区）	岸别	功能区名称	功能区起止点（桩号或地点）		自然岸线长度/m	现状利用岸线长度/m	岸线利用类型及长度/m				
							穿堤工程	拦河闸坝	桥梁	管线	取水口
在平县	左岸	开发利用区	0+000	28+050	28 560	3 820	760	1 500	510	1 050	0
	右岸	开发利用区	0+000	28+050	28 550	3 820	760	1 500	510	1 050	0
高唐县	左岸	开发利用区	28+050	29+000	450	45	0	0	15	30	0
		控制利用区	29+000	31+300	2 300	480	180	150	40	90	20
		开发利用区	31+300	32+700	1 400	220	60	0	20	120	20
		控制利用区	32+700	33+900	1 200	380	90	150	60	60	20
		开发利用区	33+900	37+950	4 730	665	120	300	45	180	20
	右岸	开发利用区	28+050	29+000	450	45	0	0	15	30	0
		控制利用区	29+000	31+300	2 300	480	180	150	40	90	20
		开发利用区	31+300	32+700	1 400	220	60	0	20	120	20
		控制利用区	32+700	33+900	1 200	380	90	150	60	60	20
		开发利用区	33+900	37+950	4 740	665	120	300	45	180	20

表 4.54　七里河岸线功能区土地利用现状

县(区)	岸别	功能区名称	功能区起止点(桩号或地点)		功能区面积/m²	农业用地/m²	建筑占地/m²	景观占地/m²	湿地/m²	说明
茌平县	左岸	开发利用区	0+000	28+050	1 056 350	897 897.5	158 452.5	—	—	—
	右岸	开发利用区	0+000	28+050	1 313 300	1 116 305	196 995	—	—	—
高唐县	左岸	开发利用区	28+050	29+000	10 250	7 212.5	1 037.5	—	—	—
		控制利用区	29+000	31+300	100 600	83 010	14 590	—	—	—
		开发利用区	31+300	32+700	43 500	36 975	6 525	—	—	—
		控制利用区	32+700	33+900	34 800	29 580	5 220	—	—	—
		开发利用区	33+900	37+950	154 250	120 112.5	19 137.5	—	—	—
	右岸	开发利用区	28+050	29+000	10 250	7 212.5	1 037.5	—	—	—
		控制利用区	29+000	31+300	100 600	83 010	14 590	—	—	—
		开发利用区	31+300	32+700	43 500	36 975	6 525	—	—	—
		控制利用区	32+700	33+900	34 800	29 580	5 220	—	—	—
		开发利用区	33+900	37+950	154 250	120 112.5	19 137.5	—	—	—

表 4-55　七里河现状已利用岸线情况统计

县(区)	项目	左岸岸线功能区分区					右岸岸线功能区分区				
		保护区	保留区	控制区	经开区	合计	保护区	保留区	控制区	经开区	合计
在平县	岸线总长度/km	0	0	0	28.56	28.56	0	0	0	28.55	28.55
	现状利用长度/km	0	0	0	3.82	3.82	0	0	0	3.82	3.82
	岸线利用率/%	0	0	0	13.38	13.38	0	0	0	13.38	13.38
高唐县	岸线总长度/km	0	0	3.50	6.58	10.08	0	0	3.50	6.59	10.09
	现状利用长度/km	0	0	0.86	0.93	1.79	0	0	0.86	0.93	1.79
	岸线利用率/%	0	0	24.57	14.13	17.76	0	0	24.57	14.13	17.76
合计	岸线总长度/km	0	0	3.50	35.14	38.64	0	0	3.50	35.14	38.64
	现状利用长度/km	0	0	0.86	4.75	5.61	0	0	0.86	4.75	5.61
	岸线利用率/%	0	0	24.57	13.52	14.52	0	0	24.57	13.52	14.52

表 4-56　徂店渠岸线功能区利用现状分析

县(区)	岸别	功能区名称	功能区起止点(桩号或地点)		自然岸线长度/m	现状利用岸线长度/m	桥梁/m	拦河闸坝/m	穿堤涵闸/m	取水口/m	跨河管线/m
莘县	左岸	莘县开发利用区 1	0+000	7+380	7 250	845	535	0	0	30	280
		莘县控制利用区 1	7+380	10+650	3 220	286	126	0	30	30	100
		莘县开发利用区 2	10+650	14+020	3 330	502	232	0	0	30	240
		莘县控制利用区 2	14+020	17+340	3 290	366	166	0	0	0	200
		莘县控制利用区 3	17+340	21+670	4 320	474	174	0	90	30	180
		莘县开发利用区 3	21+670	26+380	4 630	690	190	200	120	60	120
	右岸	莘县开发利用区 1	0+000	7+380	7 230	845	535	0	0	30	280
		莘县开发利用区 2	7+380	10+650	3 230	226	126	0	0	0	100
		莘县开发利用区 3	10+650	14+020	3 330	472	232	0	0	0	240
		莘县控制利用区 1	14+020	17+340	3 320	366	166	0	0	0	200
		莘县控制利用区 2	17+340	21+670	4 270	354	174	0	0	0	180
		莘县开发利用区 4	21+670	26+380	4 660	510	190	200	0	0	120
东昌府区	左岸	东昌府区段开发利用区	26+380	29+080	2 670	340	100	200	0	0	40
	右岸	东昌府区段开发利用区	26+380	29+080	2 610	490	100	200	90	60	40
阳谷县	左岸	阳谷县段开发利用区	29+080	31+310	1 930	278	58	200	0	0	20
	右岸	阳谷县段开发利用区	29+080	31+310	1 900	308	58	200	30	0	20

表 4-57　徂店渠岸线功能区土地利用现状

县(区)	岸别	功能区名称	功能区起止点(桩号或地点)		功能区面积/m²	农业用地/m²	建筑占地/m²	景观占地/m²	湿地/m²
莘县	左岸	莘县开发利用区 1	0+000	7+380	129 900	115 610	—	—	—
		莘县控制利用区 1	7+380	10+650	42 250	37 600	—	—	—
		莘县开发利用区 2	10+650	14+020	71 400	63 550	—	—	—
		莘县控制利用区 2	14+020	17+340	81 540	72 570	—	—	—
		莘县控制利用区 3	17+340	21+670	64 900	57 760	—	—	—
		莘县开发利用区 3	21+670	26+380	95 710	85 180	—	—	—
	右岸	莘县开发利用区 1	0+000	7+380	72 230	64 290	—	—	—
		莘县开发利用区 2	7+380	10+650	33 290	29 630	—	—	—
		莘县开发利用区 3	10+650	14+020	70 670	62 900	—	—	—
		莘县控制利用区 1	14+020	17+340	68 050	60 570	—	—	—
		莘县控制利用区 2	17+340	21+670	100 910	89 810	—	—	—
		莘县开发利用区 4	21+670	26+380	93 670	83 370	—	—	—
东昌府区	左岸	东昌府区段开发利用区	26+380	29+080	59 250	52 730	—	—	—
	右岸	东昌府区段开发利用区	26+380	29+080	128 690	114 530	—	—	—
阳谷县	左岸	阳谷县段开发利用区	29+080	31+310	28 770	25 610	—	—	—
	右岸	阳谷县段开发利用区	29+080	31+310	69 120	61 520	—	—	—

俎店渠现状已利用岸线情况详见表 4-58。

14. 鸿雁渠

1) 岸线利用现状分析

根据河道实际情况,现状岸线开发利用主要有取水口、拦河建筑物和跨(穿)河建筑物三种开发利用类型。根据调查资料,分析编制对象各岸线功能区的岸线利用类型、土地利用现状等,其岸线功能区利用现状及土地利用现状详见表 4-59、表 4-60。

2) 岸线利用现状评价

根据岸线功能区功能属性和控制利用要求,结合岸线利用项目的具体情况,对沿河地区岸线利用项目进行了分析,以各岸线功能区的岸线利用率来评价现状岸线利用程度,并对岸线功能区利用现状提出评价意见。

各岸线功能区的岸线利用率是指每种功能区已利用岸线长度占总岸线长度的比率。鸿雁渠左岸:岸线开发利用区总长 34.08 km,已利用岸线 1.22 km,利用率 3.56%。鸿雁渠右岸:岸线开发利用区总长 34.24 km,已利用岸线 1.26 km,利用率 3.68%。

鸿雁渠现状已利用岸线情况详见表 4-61。

15. 金堤河

1) 岸线利用现状分析

根据河道实际情况,现状岸线开发利用主要有取水口、拦河建筑物和跨(穿)河建筑物三种开发利用类型。根据调查资料,分析编制对象各岸线功能区的岸线利用类型、土地利用现状等,其岸线功能区利用现状及土地利用现状详见表 4-62、表 4-63。

2) 岸线利用现状评价

根据岸线功能区功能属性和控制利用要求,结合岸线利用项目的具体情况,对沿河地区岸线利用项目进行了分析,以各岸线功能区的岸线利用率来评价现状岸线利用程度,并对岸线功能区利用现状提出评价意见。

各岸线功能区的岸线利用率是指每种功能区已利用岸线长度占总岸线长度的比率。金堤河聊城段左岸:岸线保留区总长 70.35 km,已利用岸线 2.76 km,利用率 3.92%。金堤河聊城段右岸:岸线保留区总长 60.50 km,已利用岸线 3.84 km,利用率 6.35%。

金堤河聊城段现状已利用岸线情况详见表 4-64。

16. 位山一干渠

1) 岸线利用现状分析

根据渠道实际情况,现状岸线开发利用主要有取水口、拦河建筑物和跨(穿)河建筑物三种开发利用类型。根据调查资料,分析编制对象各岸线功能区的岸线利用类型、土地利用现状等,其岸线功能区利用现状及土地利用现状详见表 4-65、表 4-66。

2) 岸线利用现状评价

根据岸线功能区功能属性和控制利用要求,结合岸线利用项目的具体情况,对岸线利用项目进行了分析,以各岸线功能区的岸线利用率来评价现状岸线利用程度,并对岸线功能区利用现状提出评价意见。

位山一干渠(含东引水渠、东西连渠)左岸:岸线控制利用区总长 84.82 km,已利用岸线 12.84 km,利用率为 15.14%。

位山一干渠(含东引水渠、东西连渠)右岸:岸线控制利用区总长 84.74 km,已利用岸

表4-58　苴店渠现状已利用岸线情况统计

河流	县（区）	项目	左岸岸线功能区分区					右岸岸线功能区分区				
			保护区	保留区	控制区	经开区	合计	保护区	保留区	控制区	经开区	合计
苴店渠	莘县	岸线总长度/km	—	—	10.83	15.21	26.04	—	—	7.59	18.45	26.04
		现状利用长度/km	—	—	1.12	2.04	3.16	—	—	0.72	2.05	2.77
		岸线利用率/%	—	—	10.34	13.41	12.14	—	—	9.49	11.11	10.64
	东昌府区	岸线总长度/km	—	—	—	2.67	2.67	—	—	—	2.61	2.61
		现状利用长度/km	—	—	—	0.34	0.34	—	—	—	0.49	0.49
		岸线利用率/%	—	—	—	12.73	12.73	—	—	—	18.77	18.77
	阳谷县	岸线总长度/km	—	—	—	1.93	1.93	—	—	—	1.90	1.90
		现状利用长度/km	—	—	—	0.28	0.28	—	—	—	0.31	0.31
		岸线利用率/%	—	—	—	14.51	14.51	—	—	—	16.32	16.32
	合计	岸线总长度/km	—	—	10.83	19.81	30.64	—	—	7.59	22.96	30.55
		现状利用长度/km	—	—	1.12	2.66	3.78	—	—	0.72	2.85	3.57
		岸线利用率/%	—	—	10.34	13.43	12.34	—	—	9.49	12.41	11.69

表 4-59 鸿雁渠岸线功能区利用现状分析

县（区）	岸别	功能区名称	功能区起止点（桩号或地点）		自然岸线长度/m	现状利用岸线长度/m	岸线利用类型及长度/m					
							穿堤工程	拦河闸坝	桥梁	管线	取水口
莘县（西滩村—耿楼村）	左岸	莘县开发利用区 1	0+000	11+030	10 990	400	120	100	172	130	0
	右岸	莘县开发利用区 2	0+000	11+030	10 960	448	180	100	172	130	0
冠县（耿楼村—西大场村）	左岸	冠县开发利用区 1	11+030	15+770	4 740	166	0	0	96	110	0
	右岸	冠县开发利用区 2	11+030	15+770	4 900	166	0	0	96	110	0
莘县（西大场村—焦庄村）	左岸	莘县开发利用区 3	15+770	22+170	6 390	251	120	0	87	90	60
	右岸	莘县开发利用区 4	15+770	22+170	6 530	207	60	0	87	90	60
冠县（焦庄村—李海子村）	左岸	冠县开发利用区 3	22+170	34+070	11 970	399	0	0	225	120	180
		马颊河岸线范围内功能区	34+070	34+340	—	—	—	—	—	—	—
	右岸	冠县开发利用区 4	22+170	34+070	11 850	429	180	0	225	120	0
		马颊河岸线范围内功能区	34+070	34+340	—	—	—	—	—	—	—

表 4-60 鸿雁渠岸线功能区土地利用现状

县（区）	岸别	功能区名称	功能区起止点（桩号或地点）起点	止点	功能区面积/m²	农业用地/m²	建筑占地/m²	景观占地/m²	湿地/m²	说明
莘县（西滩村—耿楼村）	左岸	莘县开发利用区1	0+000	11+030	229 420	195 010	0	0	0	—
	右岸	莘县开发利用区2	0+000	11+030	243 930	207 340	0	0	0	—
冠县（耿楼村—西大场村）	左岸	冠县开发利用区1	11+030	15+770	134 340	114 190	0	0	0	—
	右岸	冠县开发利用区2	11+030	15+770	136 700	116 200	0	0	0	—
莘县（西大场村—焦庄村）	左岸	莘县开发利用区3	15+770	22+170	114 000	96 900	0	0	0	—
	右岸	莘县开发利用区4	15+770	22+170	121 370	103 160	0	0	0	—
冠县（焦庄村—李海子村）	左岸	冠县开发利用区3	22+170	34+070	320 060	272 050	0	0	0	—
		马颊河岸线范围内功能区	34+070	34+340	—	—	—	—	—	—
	右岸	冠县开发利用区4	22+170	34+070	333 080	283 120	0	0	0	—
		马颊河岸线范围内功能区	34+070	34+340	—	—	—	—	—	—

表 4-61　鸿雁渠现状已利用岸线情况统计

县（区）	项目	左岸岸线功能区分区					右岸岸线功能区分区				
		保护区	保留区	控制区	经开区	合计	保护区	保留区	控制区	经开区	合计
莘县	岸线总长度/km	0	0	0	17.38	17.38	0	0	0	17.49	17.49
	现状利用长度/km	0	0	0	0.65	0.65	0	0	0	0.66	0.66
	岸线利用率/%	0	0	0	3.74	3.74	0	0	0	3.77	3.77
冠县	岸线总长度/km	0	0	0	16.71	16.71	0	0	0	16.75	16.75
	现状利用长度/km	0	0	0	0.57	0.57	0	0	0	0.60	0.60
	岸线利用率/%	0	0	0	3.41	3.41	0	0	0	3.58	3.58
合计	岸线总长度/km	0	0	0	34.08	34.08	0	0	0	34.24	34.24
	现状利用长度/km	0	0	0	1.22	1.22	0	0	0	1.26	1.26
	岸线利用率/%	0	0	0	3.56	3.56	0	0	0	3.68	3.68

说明：表中岸线总长度为四舍五入，有一定的误差，故合计项数据不闭合。

表 4-62　金堤河聊城段岸线功能区利用现状分析

县（区）	岸别	功能区名称	功能区起止点（桩号或地点）		自然岸线长度/m	现状利用岸线长度/m	岸线利用类型及长度/m					
							穿堤工程	拦河闸坝	桥梁	管线	取水口
莘县（高堤口闸—仲子庙闸段）	左岸	莘县保留区 1	0+000	32+950	33 880	1 161	420	0	521	400	360
	右岸	莘县保留区 2	0+000	32+950	28 120	1 581	840	0	521	400	900
阳谷县（仲子庙闸—张庄入黄闸段）	左岸	阳谷县保留区 1	32+950	80+450	36 470	1 596	720	300	608	80	240
	右岸	阳谷县保留区 2	32+950	80+450	32 380	2 264	1 260	300	608	80	1 020

表 4-63　金堤河聊城段岸线功能区土地利用现状

县（区）	岸别	功能区名称	功能区起止点（桩号或地点）		功能区面积/m²	农业用地/m²	建筑占地/m²	景观占地/m²	湿地/m²	说明
莘县（高堤口闸—仲子庙闸段）	左岸	莘县保留区 1	0+000	32+950	7 158 580	6 442 720	71 750	0	0	—
	右岸	莘县保留区 2	0+000	32+950	8 254 210	7 428 790	55 680	0	0	—
阳谷县（仲子庙闸—张庄人黄闸段）	左岸	阳谷县保留区 1	32+950	80+450	961 800	865 620	20 250	14 490	0	—
	右岸	阳谷县保留区 2	32+950	80+450	3 405 010	3 064 510	73 490	0	0	—

表 4-64　金堤河聊城段现状已利用岸线情况统计

县（区）	项目	左岸岸线功能区分区					右岸岸线功能区分区				
		保护区	保留区	控制区	经开区	合计	保护区	保留区	控制区	经开区	合计
莘县（高堤口闸—仲子庙闸段）	岸线总长度/km	0	33.88	0	0	33.88	0	28.12	0	0	28.12
	现状利用长度/km	0	1.16	0	0	1.16	0	1.58	0	0	1.58
	岸线利用率/%	0	3.42	0	0	3.42	0	5.62	0	0	5.62
阳谷县（仲子庙闸—张庄人黄闸段）	岸线总长度/km	0	36.47	0	0	36.47	0	32.38	0	0	32.38
	现状利用长度/km	0	1.60	0	0	1.60	0	2.26	0	0	2.26
	岸线利用率/%	0	4.39	0	0	4.39	0	6.98	0	0	6.98
合计	岸线总长度/km	0	70.35	0	0	70.35	0	60.50	0	0	60.50
	现状利用长度/km	0	2.76	0	0	2.76	0	3.84	0	0	3.84
	岸线利用率/%	0	3.92	0	0	3.92	0	6.35	0	0	6.35

表 4-65　位山—干渠岸线功能区利用现状分析

河流	县（区）	岸别	功能区名称	功能区起止点（桩号或地点） 起点	功能区起止点（桩号或地点） 止点	自然岸线长度/km	现状利用岸线长度/km	岸线利用类型及长度/km 穿堤建筑物	岸线利用类型及长度/km 拦河闸坝	岸线利用类型及长度/km 桥梁	岸线利用类型及长度/km 管线
东引水渠	东阿县	左岸	控制利用区	0+000	14+500	14.43	2	0.96	0	0.43	0.20
东引水渠	东阿县	右岸	控制利用区	0+000	14+500	14.45	1.71	1.08	0	0.43	0.20
东沉沙池	东阿县、高新区	—	控制利用区	—	—	10.79	0.26	0.12	0	0.14	0
东西连渠	东阿县、高新区、旅游度假区	左岸	控制利用区	0+000	7+400	7.38	0.42	0.12	0	0.304	0
东西连渠	东阿县、高新区、旅游度假区	右岸	控制利用区	0+000	7+400	7.36	0.42	0.12	0	0.304	0
一干渠	高新区	左岸	控制利用区	0+000	16+200	16.28	2.44	1.26	0.2	0.56	0.42
一干渠	经开区	左岸	控制利用区	16+200	24+900	8.53	1.19	0.60	0.1	0.32	0.17
一干渠	茌平县	左岸	控制利用区	24+900	56+900	31.92	5.64	1.86	0.2	2.56	1.02
一干渠	高唐县	左岸	控制利用区	56+900	63+060	6.28	1.15	0.36	0.1	0.34	0.35
一干渠	高新区	右岸	控制利用区	0+000	16+200	16.28	2.62	1.44	0.2	0.56	0.42
一干渠	经开区	右岸	控制利用区	16+200	24+900	8.56	1.25	0.66	0.1	0.32	0.17
一干渠	茌平县	右岸	控制利用区	24+900	56+900	31.94	6.06	2.28	0.2	2.56	1.02
一干渠	高唐县	右岸	控制利用区	56+900	63+060	6.15	1.28	0.36	0.1	0.47	0.35

表 4-66 位山一干渠岸线功能区土地利用现状

河流	县（区）	岸别	功能区名称	功能区起止点（桩号变更地点）起点	止点	功能区面积/km²	农业用地/km²	建筑占地/km²	景观占地/km²	湿地/km²
东引水渠	东阿县	左岸	控制利用区	0+000	14+500	0.95	0.70		0	0
	东阿县	右岸	控制利用区	0+000	14+500	0.84	0.61		0	0
东沉沙池	东阿县、高新区	—	控制利用区	—	—	7.66	5.59	1.05	0	0
东西连渠	东阿县、高新区、度假区	左岸	控制利用区	0+000	7+400	0.06	0.04	0		
	高新区、度假区	右岸	控制利用区	0+000	7+400	0.06	0.04	0		
一干渠	高新区	左岸	控制利用区	0+000	16+200	0.41	0.30	0	0	0
	经开区		控制利用区	16+200	24+900	0.25	0.18	0.01	0	0
	茌平县		控制利用区	24+900	56+900	0.44	0.32	0.003 8	0	0
	高唐县		控制利用区	56+900	63+060	0.12	0.09	0.000 4	0	0
	高新区	右岸	控制利用区	0+000	16+200	0.42	0.31	0.01	0	0
	经开区		控制利用区	16+200	24+900	0.27	0.20	0.01	0	0
	茌平县		控制利用区	24+900	56+900	0.50	0.36	0.003	0	0
	高唐县		控制利用区	56+900	63+060	0.13	0.09	0.002	0	0

线 13.50 km,利用率为 15.93%。

东沉沙池:岸线控制利用区长 10.79 km,已利用岸线 0.26 km,利用率为 2.41%。

位山一干渠(含东引水渠、东沉沙池、东西连渠)现状已利用岸线情况详见表 4-67。

17. 位山二干渠

1)岸线利用现状分析

根据渠道实际情况,现状岸线开发利用主要有取水口、拦河建筑物和跨(穿)河建筑物三种开发利用类型。根据调查资料,分析编制对象各岸线功能区的岸线利用类型、土地利用现状等,其岸线功能区利用现状及土地利用现状详见表 4-68、表 4-69。

2)岸线利用现状评价

根据岸线功能区功能属性和控制利用要求,结合岸线利用项目的具体情况,对岸线利用项目进行了分析,以各岸线功能区的岸线利用率来评价现状岸线利用程度,并对岸线功能区利用现状提出评价意见。

位山二干渠左岸:控制利用区长 81.63 km,已利用岸线 14.60 km,利用率 17.89%;保护区长 5.15 km,已利用岸线 0.84 km,利用率为 16.31%。

位山二干渠右岸:控制利用区长 80.46 km,已利用岸线 14.72 km,利用率 18.29%;保护区长 5.09 km,已利用岸线 0.84 km,利用率为 16.50%。

位山二干渠现状已利用岸线情况详见表 4-70。

18. 位山三干渠

1)岸线利用现状分析

根据渠道实际情况,现状岸线开发利用主要有取水口、拦河建筑物和跨(穿)河建筑物三种开发利用类型。根据调查资料,分析编制对象各岸线功能区的岸线利用类型、土地利用现状等,其岸线功能区利用现状及土地利用现状详见表 4-71、表 4-72。

2)岸线利用现状评价

根据岸线功能区功能属性和控制利用要求,结合岸线利用项目的具体情况,对岸线利用项目进行了分析,以岸线功能区的岸线利用率来评价现状岸线利用程度,并对岸线功能区利用现状提出评价意见。

西引水渠左岸:岸线控制利用区总长 15.27 km,已利用岸线 2.02 km,利用率为 13.23%。

西引水渠右岸:岸线控制利用区总长 19.89 km,已利用岸线 2.38 km,利用率为 11.97%。

西沉沙池:岸线控制利用区总长 15.98 km,已利用岸线 1.40 km,利用率为 8.76%。

总干渠左岸:岸线控制利用区总长 3.27 km,已利用岸线 0.23 km,利用率为 7.03%。

总干渠右岸:岸线控制利用区总长 3.08 km,已利用岸线 0.29 km,利用率为 9.42%。

三干渠左岸:岸线控制利用区总长 74.77 km,已利用岸线 10.81 km,利用率为 14.46%;岸线保护区总长 3.53 km,已利用岸线 0.40 km,利用率为 11.33%。

三干渠右岸:岸线控制利用区总长 75.78 km,已利用岸线 18.07 km,利用率为 24%;岸线保护区总长 3.56 km,已利用岸线 0.88 km,利用率为 24.72%。

位山三干渠(含西引水渠、西沉沙池、总干渠)现状已利用岸线情况详见表 4-73。

表 4-67　位山一干渠现状已利用岸线情况统计

河流	县（区）	项目	左岸岸线功能区分区					右岸岸线功能区分区				
			保护区	保留区	控制区	开发区	合计	保护区	保留区	控制区	开发区	合计
一干渠	高新区	岸线总长度/km			16.28		16.28			16.28		16.28
		现状利用长度/km			2.44		2.44			2.62		2.62
		岸线利用率/%			14.99		14.99			16.09		16.09
	经开区	岸线总长度/km			8.53		8.53			8.56		8.56
		现状利用长度/km			1.19		1.19			1.25		1.25
		岸线利用率/%			13.95		13.95			14.60		14.60
	茌平县	岸线总长度/km			31.92		31.92			31.94		31.94
		现状利用长度/km			5.64		5.64			6.06		6.06
		岸线利用率/%			17.67		17.67			18.97		18.97
	高唐县	岸线总长度/km			6.28		6.28			6.15		6.15
		现状利用长度/km			1.15		1.15			1.15		1.15
		岸线利用率/%			18.31		18.31			18.70		18.70
东引水渠	东阿县	岸线总长度/km			14.43		14.43			14.45		14.45
		现状利用长度/km			2.00		2.00			2.00		2.00
		岸线利用率/%			13.86		13.86			13.84		13.84
东西连渠	高新区、东阿县、度假区	岸线总长度/km			7.38		7.38			7.36		7.36
		现状利用长度/km			0.42		0.42			0.42		0.42
		岸线利用率/%			5.69		5.69			5.71		5.71

续表 4-67

河流	县（区）	项目	岸线功能区分区（不分左右岸）				合计
			保护区	保留区	控制区	开发区	
东沉沙池	东阿县、高新区	岸线总长度/km			10.79		10.79
		现状利用长度/km			0.26		0.26
		岸线利用率/%			2.41		2.41

表 4-68 位山二干渠岸线功能区利用现状分析

河流	县（区）	岸别	功能区名称	功能区起止点（桩号或地点）		自然岸线长度/km	现状利用岸线长度/km	岸线利用类型及长度/km			
								穿堤涵闸	拦河闸坝	桥梁	管线
位山二干渠	度假区	左岸	控制利用区1	0+000	5+100	5.22	1.16	0.90	0.1	0.08	0.08
	度假区		岸线保护区1	5+100	9+046	3.94	0.47	0.24	0	0.16	0.07
	东昌府区		控制利用区2	9+046	15+900	6.33	1.23	0.96	0	0.13	0.14
	东昌府区		控制利用区3	15+900	26+400	10.54	2.78	1.32	0.3	1.05	0.11
	经开区		控制利用区4	26+400	32+700	7.15	1.11	0.72	0	0.20	0.19
	茌平县		控制利用区5	32+700	51+574	17.97	2.65	2.04	0.1	0.27	0.24
	茌平县		控制利用区6	51+574	67+900	16.29	2.07	1.50	0.2	0.15	0.22
	高唐县		岸线保护区2	67+900	69+100	1.21	0.97	0.12	0.4	0.38	0.07
	高唐县		控制利用区7	69+100	87+166	18.17	3.00	1.74	0.2	0.66	0.40
	度假区	右岸	控制利用区1	0+000	5+100	5.07	1.16	0.90	0.1	0.08	0.08
	度假区		岸线保护区1	5+100	9+046	3.95	0.47	0.24	0	0.16	0.07
	东昌府区		控制利用区2	9+046	15+900	6.35	1.23	0.96	0	0.13	0.14
	东昌府区		控制利用区3	15+900	26+400	10.56	2.36	0.90	0.3	1.05	0.11
	经开区		控制利用区4	26+400	32+700	7.19	1.35	0.96	0	0.20	0.19
	茌平县		控制利用区5	32+700	51+574	17.92	3.49	2.88	0.1	0.27	0.24
	茌平县		控制利用区6	51+574	67+900	16.32	1.83	1.26	0.2	0.15	0.22
	高唐县		岸线保护区2	67+900	69+100	1.15	0.97	0.12	0.4	0.38	0.07
	高唐县		控制利用区7	69+100	87+166	17.09	2.70	1.44	0.2	0.66	0.40

表4-69 位山二干渠岸线功能区土地利用现状

河流	县(区)	岸别	功能区名称	起点桩号	终点桩号	功能区面积/km²	农业用地/km²	建筑占地/km²	景观占地/km²	湿地/km²
位山二干渠	度假区	左岸	控制利用区1	0+000	5+100	0.272	0.2	0.55	0	0
	度假区		岸线保护区1	5+100	9+046	0.168	0.12	26.95	0	0
	东昌府区		控制利用区2	9+046	15+900	0.375	0.27	15.00	0	0
	东昌府区		控制利用区3	15+900	26+400	0.28	0.2	22.30	0	0
	经开区		控制利用区4	26+400	32+700	0.065	0.57	116.58	0	0
	茌平县		控制利用区5	32+700	51+574	0.353	0.25	8.19	0	0
	茌平县		控制利用区6	51+574	67+900	0.23	0.17	2.56	0	0
	高唐县		岸线保护区2	67+900	69+100	0.015	0.2	1.67	0	0
	高唐县		控制利用区7	69+100	87+166	0.278	0.20	26.79	19.44	0
	度假区	右岸	控制利用区1	0+000	5+100	0.254	0.19	1.27	0	0
	度假区		岸线保护区1	5+100	9+046	0.153	0.11	24.48	0	0
	东昌府区		控制利用区2	9+046	15+900	0.302	0.22	12.07	0	0
	东昌府区		控制利用区3	15+900	26+400	0.19	0.14	24.30	0	0
	经开区		控制利用区4	26+400	32+700	0.073	0.06	12.82	0	0
	茌平县		控制利用区5	32+700	51+574	0.386	0.27	8.97	0	0
	茌平县		控制利用区6	51+574	67+900	0.271	0.2	3.00	0	0
	高唐县		岸线保护区2	67+900	69+100	0.021	0.21	1.98	0	0
	高唐县		控制利用区7	69+100	87+166	0.286	0.21	31.83	10.87	0

表 4-70　位山二干渠现状已利用岸线情况统计

河流	县（区）	项目	左岸岸线功能区分区					右岸岸线功能区分区				
			保护区	保留区	控制区	开发区	合计	保护区	保留区	控制区	开发区	合计
位山二干渠	旅游度假区	岸线总长度/km	3.94	0	11.53	0	15.47	3.95	0	11.41	0	15.36
		现状利用长度/km	0.47	0	2.39	0	2.86	0.47	0	2.39	0	2.86
		岸线利用率/%	11.93	0	20.73	0	18.49	11.90	0	20.95	0	18.62
	东昌府区	岸线总长度/km	0	0	10.53	0	10.53	0	0	10.56	0	10.56
		现状利用长度/km	0	0	2.78	0	2.78	0	0	2.36	0	2.36
		岸线利用率/%	0	0	26.40	0	26.40	0	0	22.35	0	22.35
	经开区	岸线总长度/km	0	0	7.15	0	7.15	0	0	7.18	0	7.18
		现状利用长度/km	0	0	1.11	0	1.11	0	0	1.35	0	1.35
		岸线利用率/%	0	0	15.52	0	15.52	0	0	18.80	0	18.80
	茌平县	岸线总长度/km	0	0	17.96	0	17.96	0	0	17.91	0	17.91
		现状利用长度/km	0	0	2.65	0	2.65	0	0	3.49	0	3.49
		岸线利用率/%	0	0	14.76	0	14.76	0	0	19.49	0	19.49
	高唐县	岸线总长度/km	1.21	0	34.46	0	35.67	1.14	0	33.40	0	34.54
		现状利用长度/km	0.37	0	5.67	0	6.04	0.37	0	5.13	0	5.50
		岸线利用率/%	30.58	0	16.50	0	16.90	32.46	0	15.40	0	15.90

表4-71　位山三干渠岸线功能区利用现状分析

河流	县(市、区)	岸别	功能区名称	功能区起止点(桩号或地点) 起	功能区起止点(桩号或地点) 止	自然岸线长度/km	现状利用岸线 长度/km	岸线利用类型及长度/km 取排水口	拦河闸坝	桥梁	管线	穿堤涵洞
位山三干渠	旅游度假区	左岸	控制利用区1	0+000	13+700	13.58	2.49	1.32	0.1	0.288	0.060	0.72
	东昌府区		控制利用区2	13+700	44+100	30.15	4.07	1.56	0.1	0.598	0.315	1.50
	冠县		控制利用区3	44+100	59+200	15.11	3.16	0.96	0.1	0.536	0.180	1.38
			控制利用区4	59+200	64+100	6.20	0.60	0.06	0	0.184	0.120	0.24
	临清市		岸线保护区	64+100	69+776	4.53	0.40	0	0.1	0.056	0.060	0.18
			控制利用区5	69+776	78+600	8.73	0.49	0.12	0.1	0.120	0.030	0.12
	旅游度假区	右岸	控制利用区1	0+000	13+700	14.90	3.21	1.50	0.1	0.288	0.060	1.26
	东昌府区		控制利用区2	13+700	44+100	30.20	7.85	1.56	0.1	0.598	0.315	5.28
	冠县		控制利用区3	44+100	59+200	15.10	4.18	0.78	0.1	0.536	0.180	2.58
			控制利用区4	59+200	64+100	6.12	2.16	0.60	0	0.184	0.120	1.26
	临清市		岸线保护区	64+100	69+776	4.56	0.88	0.24	0.1	0.056	0.060	0.42
			控制利用区5	69+776	78+600	8.46	0.67	0.12	0.1	0.120	0.030	0.30
西沉沙池	旅游度假区、东阿县、阳谷县	—	控制利用区	—	—	15.98	1.40	0.36	0	1.036	0	0
西引水渠	东阿县、阳谷县	左岸	控制利用区	0+000	15+000	15.27	2.02	0.84	0	0.344	0	0.84
	东阿县、阳谷县	右岸	控制利用区	0+000	15+000	19.89	2.38	1.02	0	0.344	0	1.02
总干渠	旅游度假区	左岸	控制利用区	0+000	3+400	3.27	0.23	0.12	0	0.112	0	0
	旅游度假区	右岸	控制利用区	0+000	3+400	3.08	0.29	0.18	0	0.112	0	0

表 4-72 位山三干渠功能区土地利用现状

河流	县(市、区)	岸别	功能区名称	起点桩号	终点桩号	功能区面积/km²	农业用地/km²	建筑占地/km²	景观占地/km²	湿地/km²
位山三干渠	旅游度假区	左岸	控制利用区1	0+000	13+700	0.722	0.520	0.008	0	0
	东昌府区		控制利用区2	13+700	44+100	1.693	1.111	0.02	0	0
	冠县		控制利用区3	44+100	59+200	0.575	0.522	0.014	0	0
			控制利用区4	59+200	64+100	0.372	0.268	0.030	0	0
	临清市		岸线保护区	64+100	69+776	0.199	0.143	0.006	0	0
			控制利用区5	69+776	78+600	0.415	0.299	0.107	0	0
	旅游度假区	右岸	控制利用区1	0+000	13+700	0.812	0.585	0.022	0	0
	东昌府区		控制利用区2	13+700	44+100	2.340	1.577	0.128	0	0
	冠县		控制利用区3	44+100	59+200	0.577	0.524	0.014	0	0
			控制利用区4	59+200	64+100	0.511	0.368	0.010	0	0
	临清市		岸线保护区	64+100	69+776	0.151	0.109	0.002	0	0
			控制利用区5	69+776	78+600	0.204	0.147	0.006	0	0
西引入水渠	东阿县、阳谷县	左岸	控制利用区	0+000	15+000	0.953	0.696	0.056	0	0
		右岸	控制利用区	0+000	15+000	0.841	0.614	0.430	0	0
西沉沙池	旅游度假区、东阿县、阳谷县	—	控制利用区	—	—	15.800	11.534	0.799	0	0
总干渠	旅游度假区	左岸	控制利用区	0+000	3+400	0.201	0.147	0	0	0
		右岸	控制利用区	0+000	3+400	0.325	0.237	0	0	0

表 4-73　位山三干渠现状已利用岸线情况统计

河流	县(市、区)	项目	左岸岸线功能区分区 保护区	保留区	控制区	开发区	合计	右岸岸线功能区分区 保护区	保留区	控制区	开发区	合计
三干渠	旅游度假区	岸线总长度/km			13.58		13.58			14.90		14.90
		现状利用长度/km			2.49		2.49			3.21		3.21
		岸线利用率/%			18.34		18.34			21.54		21.54
	东昌府区	岸线总长度/km			30.15		30.15			30.20		30.20
		现状利用长度/km			4.07		4.07			7.85		7.85
		岸线利用率/%			13.50		13.50			25.99		25.99
	冠县	岸线总长度/km			15.11		15.11			15.10		15.10
		现状利用长度/km			3.16		3.16			4.18		4.18
		岸线利用率/%			20.91		20.91			27.68		27.68
	临清市	岸线总长度/km	3.53		15.93		19.46	3.56		15.58		19.14
		现状利用长度/km	0.40		1.09		1.49	0.88		2.83		3.71
		岸线利用率/%	11.33		6.84		7.66	24.72		18.16		19.38
两引水渠	东阿县、阳谷县	岸线总长度/km			15.27		15.27			19.89		19.89
		现状利用长度/km			2.02		2.02			2.38		2.38
		岸线利用率/%			13.23		13.23			11.97		11.97
总干渠	旅游度假区	岸线总长度/km			3.27		3.27			3.08		3.08
		现状利用长度/km			0.23		0.23			0.29		0.29
		岸线利用率/%			7.03		7.03			9.42		9.42

续表 4-73

河流	县(市、区)	项目	岸线功能区分区(不分左右岸)				合计
			保护区	保留区	控制区	开发区	
西沉沙池	东阿县、阳谷县、旅游度假区	岸线总长度/km		15.98		15.98	
		现状利用长度/km			1.40		1.40
		岸线利用率/%			8.76		8.76

19. 彭楼干渠

1）岸线利用现状分析

根据渠道实际情况,现状岸线开发利用主要有取水口、拦河建筑物和跨(穿)河建筑物三种开发利用类型。根据调查资料,分析编制对象各岸线功能区的岸线利用类型、土地利用现状等,其岸线功能区利用现状及土地利用现状详见表 4-74、表 4-75。

2）岸线利用现状评价

根据岸线功能区功能属性和控制利用要求,结合岸线利用项目的具体情况,对岸线利用项目进行了分析,以各岸线功能区的岸线利用率来评价现状岸线利用程度,并对岸线功能区利用现状提出评价意见。

彭楼干渠左岸:保护区岸线总长 1.28 km,已利用岸线 0.20 km,利用率 15.6%;控制利用区岸线总长 142.83 km,已利用岸线 11.17 km,利用率 7.8%。

彭楼干渠右岸:保护区岸线总长 1.28 km;控制利用区岸线总长 142.88 km,已利用岸线 12.75 km,利用率 8.9%。

彭楼干渠现状已利用岸线情况详见表 4-76。

4.2.3.4　岸线管理现状

由于历史原因加上缺乏岸线统一规划,目前岸线利用管理存在以下主要问题:

(1)岸线利用项目日益增多,防洪、供水安全和生态环境功能受到影响。

近年来,随着国家经济建设的加快,涉水建筑物逐渐增多,河道岸线开发利用程度逐步提高,对河道行洪、河流水质、防汛抢险和防洪工程日常管理有着直接影响。各河系沿河桥梁工程(生产桥、公路桥)对河道行洪有一定影响。干支流上排水口、农村径流排水口在一定程度上影响了水质和生态环境。部分功能区内存在家庭式养殖场,现状排污水质与功能区目标不符,需加强管理,严格达标排放,并控制污染物负荷总量。对于侵占河道行洪断面的违章建筑,应进行整改。

(2)岸线利用存在多头管理现象,开发利用与保护不够协调。

目前,岸线的开发利用涉及水利、交通、市政、环保等行业或部门,对岸线的防洪、供水、生态环境以及开发利用功能缺乏统筹协调,部门间和行业间缺乏统一协调,造成岸线资源的配置不够合理。有些建设项目立足于局部利益,缺乏与其他行业规划的协调,存在多占少用和重复建设现象,造成岸线资源的浪费。有些地区对岸线无序开发和过度开发,不注意治理保护,缺乏有效的控制手段,影响河道行洪安全和河势稳定。开发利用行为缺乏总体的指导,缺乏对岸线利用与治理保护的系统认识,开发利用与治理保护不够协调,缺乏有效的控制措施。

(3)岸线利用执法力度不足。

由于缺乏具有法律效力的岸线资源利用规划,聊城市各河道岸线界定没有统一标准,岸线界限范围不明确,涉河项目开发建设利用的区域是否侵占岸线的性质难以确定,管理和审批依据不足、难度大,造成岸线利用管理不到位。此外,岸线控制和利用常涉及不同部门不同行业,而部门间和行业间缺乏统一协调,各职能部门职责不清、各自为政,多头管理现象突出。岸线利用还缺少有效的经济调控手段,现行的无偿或低偿获取岸线资源开发权的办法,与保障行洪安全、稳定岸线、整治河道、控制河势的巨额投入极不相应,不利于岸线资源的节约使用和合理开发。

表4-74 彭楼干渠岸线功能区利用现状分析

河流	县（市、区）	岸别	功能区名称	功能区起止点（桩号或地点）起点	止点	岸线长度/km	现状利用岸线长度/km	岸线利用类型及长度/km 取排水口	拦河闸坝	桥梁	管线
彭楼干渠	莘县	左岸	控制利用区	0+000	4+650	4.70	0.65	0.12	0.1	0.37	0.06
			控制利用区	4+650	11+000	4.99	0.38	0	0.1	0.08	0.20
			控制利用区	11+000	65+040	52.88	3.99	0.72	0.5	1.86	0.91
			岸线保护区	65+040	66+333	1.28	0.20	0	0	0.20	0
			控制利用区	66+333	77+500	10.89	0.96	0.36	0	0.50	0.10
	冠县		控制利用区	77+500	116+700	39.18	2.61	0.24	0.3	1.24	0.83
	临清市		控制利用区	116+700	146+700	30.19	2.58	0.66	0.3	0.69	0.93
	莘县	右岸	控制利用区	0+000	4+650	4.61	0.53	0	0.1	0.37	0.06
			控制利用区	4+650	11+000	5.07	0.18	0.10	0	0.08	0
			控制利用区	11+000	65+040	52.99	5.27	2.00	0.5	1.86	0.91
			岸线保护区	65+040	66+333	1.28	0.20	0	0	0.20	0
			控制利用区	66+333	77+500	10.89	0.90	0.30	0	0.50	0.10
	冠县		控制利用区	77+500	116+700	39.13	2.51	0.24	0.2	1.24	0.83
	临清市		控制利用区	116+700	146+700	30.19	3.36	1.44	0.3	0.69	0.93

表 4-75　彭楼干渠岸线功能区土地利用现状

河流	县(市、区)	岸别	功能区名称	功能区起止点(桩号或地点)		功能区面积/km²	农业用地/km²	建筑占地/km²	景观占地/km²	湿地/km²
彭楼干渠	莘县	左岸	控制利用区	0+000	4+650	0.05	0.033	0.002	0	0
			控制利用区	4+650	11+000	0.58	0.422	0	0	0
			控制利用区	11+000	65+040	0.52	0.379	0.006	0	0
			岸线保护区	65+040	66+333	0.01	0.009	0	0	0
			控制利用区	66+333	77+500	0.12	0.099	0.001	0	0
	冠县		控制利用区	77+500	116+700	0.48	0.348	0.024	0	0
	临清市		控制利用区	116+700	146+700	0.30	0.211	0.010	0	0
	莘县	右岸	控制利用区	0+000	4+650	0.05	0.033	0.003	0	0
			控制利用区	4+650	11+000	0.02	0.013	0	0	0
			控制利用区	11+000	65+040	0.53	0.387	0.003	0	0
			岸线保护区	65+040	66+333	0.01	0.009	0	0	0
			控制利用区	66+333	77+500	0.15	0.112	0	0	0
	冠县		控制利用区	77+500	116+700	0.57	0.417	0.035	0	0
	临清市		控制利用区	116+700	146+700	0.30	0.211	0.005	0	0

表 4-76 彭楼干渠现状已利用岸线情况统计

河流	县（市、区）	项目	左岸岸线功能区分区					右岸岸线功能区分区				
			保护区	保留区	控制区	开发区	合计	保护区	保留区	控制区	开发区	合计
彭楼干渠	莘县	岸线总长度/km	1.28	0	73.46	0	74.74	1.28	0	73.56	0	74.84
		现状利用长度/km	0.20	0	5.98	0	6.18	0	0	6.88	0	6.88
		岸线利用率/%	15.60	0	8.14	0	8.27	0	0	9.35	0	9.19
	冠县	岸线总长度/km	0	0	39.18	0	39.18	0	0	39.13	0	39.13
		现状利用长度/km	0	0	2.61	0	2.61	0	0	2.51	0	2.51
		岸线利用率/%	0	0	6.70	0	6.70	0	0	6.40	0	6.40
	临清市	岸线总长度/km	0	0	30.19	0	30.19	0	0	30.19	0	30.19
		现状利用长度/km	0	0	2.58	0	2.58	0	0	3.36	0	3.36
		岸线利用率/%	0	0	8.55	0	8.55	0	0	11.13	0	11.13

　　目前岸线申请使用无其他附加条件,缺少有效的经济调控手段,无偿获取岸线资源的办法,与国家为保障行洪安全、稳定岸线、整治河道、控制河势的巨额投入极不相应,不利于岸线资源的节约使用和合理开发,造成岸线资源浪费。

　　总体上,目前岸线利用管理机制不完善,也缺乏规范的管理制度和政策,难以有效规范和调节岸线利用行为。

第 5 章　　河势稳定性分析

5.1　海河流域重要河流河势稳定性分析

5.1.1　北三河系

北运河干流由于上游来沙量较少,且纵坡较缓、流速较小,河道内整体发展趋势为微淤,主槽基本不再下切。当发生较大洪水时,主槽险工处控导工程作用明显,摆动变幅不大,加上两岸堤防束缚,河道不会发生大的演变,河势基本稳定。

潮白河苏庄—吴村闸段在密云水库建库后,上游山区来沙基本全部被水库拦截,来水量也减少很多。苏庄—吴村闸河段建库前处于堆积抬升发展趋势,建库后处于冲刷下切发展趋势,由于来水量较少,下切速度缓慢。目前,河道滩槽分界明显,两岸滩地植被、农田、村庄较多,现状以及相关规划进行了主槽边坡防护与险工加固工程措施,河势基本稳定。吴村闸以下为潮白新河,目前基本呈人工河道状态,演变趋势趋于输沙平衡,由于河床抗冲性适中,来水较为平稳,河势基本稳定。

蓟运河九王庄—江洼口段,位于流域中下游平原区,属冲积及海积平原地貌,河道蜿蜒曲折,坡度平缓。规划河段历史上为滨海潟湖沼泽洼地,地形平缓,由于受河流和道路的分隔形成许多格状洼地。小河口以下—江洼口段河道主槽两侧或一侧发育有河漫滩,河漫滩多被辟为耕地,一般年份利用主槽行洪,大水年份利用遥堤间的行洪区行洪,河势基本稳定。

5.1.2　永定河系

永定河是一条多沙河道,洪水陡涨陡落,堆积冲刷迅速,游荡摆动强烈,中泓善变,故历史上的永定河具有"善淤、善决、善徙"三大特点。从河势特点来看,河道变迁改道主要在三家店以下平原段,官厅上游干流河段及官厅山峡段不曾变迁。

永定河三家店—卢沟桥段河道河床为砂卵石,河道较为顺直,河势相对稳定。卢沟桥—梁各庄段河道宽度变化较大,滩地宽阔,河床及滩地由易起动、易落淤的中砂、细砂、极细砂等组成,是典型的游荡型冲积平原河流,河道宽浅,主流摆动不定,冲淤变化迅速,深泓迁徙变化无常,在控导工程控制下,河势稳定性有所改善。梁各庄至屈家店枢纽段为永定河泛区,是永定河中下游缓洪沉沙的场所,河道纵坡具有上、下段较陡,中段较缓的特点,该段河道基本为游荡型向蜿蜒型过渡的微弯曲河流,河势相对稳定,演变趋势为缓慢堆积。

永定新河口左岸为天津海滨旅游区临海新城,右岸为天津港北疆港区和东疆港区。永定新河防潮闸建成后,内河不再受海洋动力影响,河道基本稳定,河口挡潮闸下会发生淤积。

5.1.3　大清河系

新盖房分洪道河道顺直、河面宽阔,是大清河北支洪水的主要泄洪通道,下经溢流洼进入东淀。按有关防洪规划标准治理后,当发生设计洪水时,标准内洪水可在两堤之间下泄,河道基本维持稳定。当大清河系发生超标准洪水时,分洪道的泄洪主流基本稳定在左右两堤之间强迫行洪,河道平面位置及河床不会发生大的演变。

赵王新河由枣林庄分洪道、赵王新河、赵王新渠构成。赵王新河全段河势相对稳定,在防洪控制性工程联合调度情况下,按设计流量行洪,河道特性将不会发生大的改变。

独流减河口两侧的海岸线平直,防潮闸下左侧大港电厂建有 2.8 km 泵站沉沙池的围堤,右侧建有 1.4 km 浆砌石挡潮墙,由此形成了约 2 km 长的喇叭形入海河口。近闸河段河势基本稳定,今后将延续现状淤积发展趋势。

5.1.4　海河干流

海河口是海河干流的入海口,主要为人工岸线。河口两岸分布有公路防潮墙、围堤、防波堤、清淤疏浚码头等,形成了固化边界,深泓固定,河口河势将在长期内维持现有形态,河口总体上淤积的态势不会发生根本变化。

5.1.5　漳卫河系

漳河出山口建有岳城水库,岳城水库的调水、调沙作用改变了河道的来水来沙原始动力条件,河道从建库前的以堆积抬升为主的演变趋势,转变为以冲刷下切为主的演变趋势,今后长时期内仍将处于冲刷下切的调整过程。其中,京广铁路桥—南尚村河段是典型的游荡性河段,河道宽浅、主流摆动不定,河床及滩地表面由易起动、易落淤的中砂、细砂和粉砂组成,岳城水库建库后,河段基本呈单向冲刷下切的发展趋势,今后仍将延续这种趋势。冲刷下切的发展趋势有利于游荡型河道向趋于稳定方向发展,但改善速度缓慢。目前,该段河道已建控制河势的控导工程,在控导工程控制下,河势稳定性有所改善。

卫河干流淇门—老关嘴段河道蜿蜒曲折,河道断面窄小,弯道险工多,老关嘴—徐万仓段河道相对顺直,河道断面大,滩地较宽,河道滩地一般高出堤外地面,滩地行洪水位较高,属半地上河,两岸堤防连续布置。目前,该段河道正在按照防洪要求进行达标治理。根据《卫河干流(淇门—徐万仓)治理工程初设》初步设计报告(2021 年 2 月)中计算结果可以看出,由于上游来水来沙条件和下游侵蚀基面基本没有发生大的变化,河道基本处于微冲微淤、冲淤交替变化的相对平衡状态,弯道蠕动速度缓慢,自然状态下河势稳定,就长期总体演变趋势而言,河道略呈微淤。

共产主义渠淇门以下河道顺直,基本为单式断面。经 2009 年、2019 年实测资料分析,共产主义渠现状河道有所淤积。目前,共产主义渠上游来水、来沙减少,整体上主河槽以小幅淤积为主,大洪水过后河道会发生冲刷,但冲刷程度不大,总体河势稳定,不会有大的变化。

卫运河床及滩地主要由抗冲性适中的粉质壤土组成,局部有少量的粉质砂壤土、粉质黏土等,受上游水库、坡洼、蓄滞洪区及河道的调节作用影响,洪峰变差系数及流量变幅均较小,根据临清市及四女寺水文站实测资料分析,行洪过程中河道基本冲淤平衡,总体略呈微淤状态,由于一般情况下四女寺枢纽长期关闸蓄水,致使河道总体处于淤积发展趋势,卫运河河势总体稳定。

漳卫新河为人工开挖河道,属人工顺直型和微弯曲型河道,洪涝合排,是漳卫南运河水系的主要入海尾闾通道。从河道历史情况分析,在行洪过程中,河道基本处于输沙平衡状态,水势也较为平稳适中,自然状态下,河道演变的总体趋势是从人工河道向微弯曲型河道发展,弯道蠕动速度缓慢,河势基本稳定。

漳卫新河口地处粉细砂质海岸,由于入海径流量小,河口段长期受海洋动力控制,致使河道泥沙严重淤积,淤积发展趋势自挡潮闸向下游发展,河势相对稳定。

南运河是典型的复式断面蜿蜒型半地上河,现状河道纵坡1/21 000,南运河原行洪能力较大,按规划行洪150 m³/s调整之后,水位在滩地以下约2.7 m。一般情况下,南运河上游来水较少或不来水时,南运河演变趋势为微淤,遇南运河分洪或输水时,部分淤积物应该有所冲刷,现状险工治理工程及德州城区段固化边界减少了行洪时对堤坡或滩坡的冲刷,河势总体稳定。

5.2　聊城市 19 条河流河势稳定性分析

河道演变特性与河势稳定性是判别河道岸线是否稳定的控制性因素,也是合理确定岸线控制线、划分岸线功能区以及制定岸线利用与保护控制指标的重要基础工作。根据聊城市市级河湖渠岸线利用管理的特点和岸线利用管理规划编制的需要,河道演变分析的重点是从宏观的角度分析河道演变的特点、规律、发展趋势和主要影响因素,判断河道的稳定性,并以此作为岸线利用管理功能区划分和岸线控制线制定的依据之一。

5.2.1　赵王河

5.2.1.1　河势演变分析

1. 河道历史演变概况

赵王河历史久远,上溯到唐代末年。这里曾是黄河故道,黄河曾在此流经90多年。南宋时,人们曾利用黄河故道开挖了一条河。当时,由于此地处于金国区域,人们思宋而不敢直言。因宋代皇帝姓赵,人们以赵王河命名。由于长期无人治理,赵王河已成漫滩,基本上名存实亡。随后,1952年、1955年、1970年、1978年进行了河道治理。

2. 河道近期演变分析

2012—2013年,阳谷县中小河道治理(赵王河)工程对赵王河进行了治理。此次治理是按照"64雨型"除涝、"61雨型"防洪的设计标准,主要任务为:对安镇于营沟至位山三干渠13 km清淤疏浚;修复沿线两岸堤防23.60 km;修建浆砌石防浪墙2.40 km;新建、重建涵闸23座;结合实际在右岸铺设一条13.00 km的石渣管理道路。

2015—2016年,旅游度假区对赵王河进行治理,主要工程治理内容为:对赵王河位山三干渠(0+000)—运河口(7+900)7.9 km进行清淤疏浚、填筑两岸堤防各7.9 km、修筑管理道路7.9 km,配套沿线涵、闸等建筑物71座,重建跨河建筑物1座。

目前,赵王河改道工程正在实施中。赵王河新开挖改道河段长 3.8 km,自南水北调苏里井节制闸上游起,沿南水北调干渠左岸至徒骇河,形成三堤两河布局。改道河段设计排涝流量 76.5 m³/s、防洪流量 154.4 m³/s,其主要设计指标为底宽 20 m、边坡 1:2,比降 1/17 000。

3. 河道演变趋势分析

河势的未来变化,取决于河道洪水的水沙条件及河道的治理。根据河道的变形和演变特点,在流量小、水位低、含沙量小的情况下,水流仅沿中部深泓流动,对河道影响不大;当为中等造床流量时,边滩水位较低,含沙量较小;在大洪水期间,流量大、水位高、含沙量大,两侧边滩被淹没,水流主要由堤防控导。

因此,河道未来演变主要表现为主河槽因中等洪水造床作用,河道深泓在大堤内小幅度摆动。在正常运行管理的情况下,预计未来河道的河型及河堤内堤距不会出现和发生大的变动。河势未来不会出现和发生较大变化,趋于稳定。

5.2.1.2 岸线稳定评价

岸线稳定程度分为三类:岸线基本稳定是指河段主流线、河岸顶冲部位和河床基本稳定,岸线冲淤变化不大或仅有微冲微淤。岸线相对稳定是指河段上下游节点具有一定的控导能力,主流线、河岸顶冲部位和河岸、河床存在一定幅度的摆动、变化,岸线冲刷或淤积程度较小。不稳定岸线是指河段上下游节点控导能力较差,主流线、河岸顶冲部位和河岸、河床存在较大幅度的摆动、变化,岸线冲刷或淤积变化较大。

1. 阳谷县段

赵王河阳谷县段河道流经区域属于平原河道,河道坡度小,汇流速度慢,具有洪水涨落比较缓慢、历时较长的特点。河道河床表层土质以极细粉砂为主,堤防以壤土、沙壤土的混合土为筑堤填料。沙壤土组成的堤防,厚度较大,抗冲蚀能力差,河道正常运行时,边坡容易产生坍塌和剥落破坏。由于水流缓慢,岸线冲刷或淤积程度较小,岸线相对稳定。

2. 旅游度假区段

赵王河旅游度假区段为新开挖河道,该处河道河床表层土质以极细粉砂为主,堤防以壤土、沙壤土的混合土为筑堤填料。由于水流缓慢,岸线冲刷或淤积程度较小,岸线相对稳定。

5.2.2 四新河

5.2.2.1 河势演变分析

1. 河道历史演变概况

四新河是 1947 年开挖的跨县(市、区)人工河道。1992 年,聊城市组织沿河群众对老聊滑路—牛王渡槽段 12.5 km 河道进行清淤治理,共完成土方 32.8 万 m³;1994 年冬,对四新河班滑路—蒋官屯段 11.5 km 河道进行清淤治理,共完成土方 23.2 万 m³。

2. 河道近期演变分析

2013 年,对老聊滑路—徒骇河口 14.48 km 河道按"64 年雨型"排涝、"61 年雨型"防洪的设计标准进行了治理,工程等别为Ⅲ等,堤防级别为 4 级,穿堤涵闸级别为 4 级,临时建筑物 5 级。工程治理主要内容为:对 14.48 km 河道进行清淤疏浚,修复两岸堤防总长

28.96 km,两岸堤防轴线外移,使两岸堤防背水坡堤脚间距达到 170.0 m,堤顶高程 34.52~32.60 m,左岸堤顶宽 16.0 m,右岸堤顶宽 13.0 m。修筑四新河右岸管理道路 14.48 km,右岸管理道路路面宽 7.0 m。配套沿岸建筑物总计 23 座,其中,排水涵闸 18 座 (新建涵闸 9 座、重建涵闸 1 座、新建闸室 5 座、重建闸室 3 座),3 座涵闸更换(配套)启闭 机和闸门,2 座涵闸更换(配套)启闭机。

3.河道演变趋势分析

　　四新河流经区域地表均由第四系松散堆积物组成,上部为全新统冲积相及冲积沼泽 相堆积,岩性主要由轻亚黏土、粉砂、黏土等组成。地层内透镜体发育,局部地层起伏显 著,稳定性差。下部为上更新统冲-洪积相堆积,岩性主要由亚黏土、夹礓石、粉砂等组 成,层厚均匀,层位稳定。土壤是在黄河冲积母质上发育而成的,颗粒细微均匀,凝聚性 差,呈单粒状构造。

　　河势的未来变化取决于河道洪水的水沙条件及河道的治理。根据河道的变形和演变 特点,在流量小、水位低、含沙量小的情况下,水流仅沿中部深泓流动,对河道影响不大;在 中等造床流量情况下,边滩水位较低,含沙量较小;在大洪水期间,流量大、水位高、含沙量 大,两侧边滩被淹没,水流主要由堤防控导。

　　因此,河道未来演变主要表现为主河槽因中等洪水造床作用,河道深泓在堤内小幅度 摆动。在正常运行管理的情况下,未来河道的河型及河堤内堤距不会出现和发生大的变 动,河势趋于稳定状态。

5.2.2.2　岸线稳定评价

1.东阿县段

　　四新河东阿县段流经区域属于黄河冲积平原,黄土胶质土壤,河道河床表层土质以极 细粉砂为主,河道正常运行时边坡容易产生坍塌和剥落破坏。由于河道坡度小,汇流速度 慢,洪水涨落比较缓慢,历时较长,岸线冲刷或淤积程度较小,岸线相对稳定。

2.旅游度假区段

　　四新河旅游度假区段流经区域属于黄河冲积平原,黄土胶质土壤,河道河床表层土质 以极细粉砂为主,河道正常运行时边坡容易产生坍塌和剥落破坏。由于河道坡度小,汇流 速度慢,洪水涨落比较缓慢,历时较长,岸线冲刷或淤积程度较小,岸线相对稳定。

3.高新区段

　　四新河崔庄村—老聊滑路段河道河床表层土质以极细粉砂为主,边坡容易产生坍塌 和剥落破坏,由于河道坡度小,汇流速度慢,洪水涨落比较缓慢,历时较长,岸线冲刷或淤 积程度较小,岸线相对稳定。老聊滑路—朱庄村段于 2013 年按设计标准进行清淤疏浚和 堤防恢复,相应段岸线基本稳定。

4.经开区段

　　四新河辽河路—东昌路中小河流原始保留段河道河床表层土质以极细粉砂为主,边 坡容易产生坍塌和剥落破坏,且洪水涨落比较缓慢,历时较长,岸线冲刷或淤积程度较小, 岸线相对稳定。其余段于 2013 年进行了清淤疏浚和堤防恢复,相应段岸线基本稳定。

5.茌平县段

　　四新河茌平县段于 2013 年进行了清淤疏浚和堤防恢复,相应段岸线基本稳定。

5.2.3　茌新河

5.2.3.1　河势演变分析

1. 河道历史演变概况

茌新河是 1973 年冬茌平县人民为了摆脱中部地区的洪灾威胁,自力更生开挖的新河。1977 年春进行了清淤,1978 年开挖沟渠,至 1980 年,建桥 26 座、涵闸 25 座。

2. 河道近期演变分析

该河道自 1973 年开挖以来,1990 年、1995 年进行过 2 次清淤治理,2003 年又对茌新河 17+600—21+100 段进行开挖拓宽治理,此后一直未进行彻底清淤治理。2010 年 1 月,茌平县水务局委托聊城市水利勘测设计院,编制完成了"山东省茌新河治理工程初步设计报告",对茌新河全段进行清淤疏浚,填筑修复沿线堤防,配套沿线建筑物 31 座(包括涵闸)。

3. 河道演变趋势分析

茌新河流经区域地表均由第四系松散堆积物组成,上部为全新统冲积相及冲积沼泽相堆积,岩性主要由轻亚黏土、粉砂、黏土等组成。地层内透镜体发育,局部地层起伏显著,稳定性差。下部为上更新统冲-洪积相堆积,岩性主要由亚黏土、夹礓石、粉砂等组成,层厚均匀,层位稳定。土壤是在黄河冲积母质上发育而成的,颗粒细微均匀,凝聚性差,呈单粒状构造。

河势的未来变化取决于河道洪水的水沙条件及河道的治理。根据河道的变形和演变特点,在流量小、水位低、含沙量小的情况下,水流仅沿中部深泓流动,对河道影响不大;在中等造床流量情况下,含沙量较小;在大洪水期间,流量大、水位高、含沙量大,水流主要由堤防控导。

因此,河道未来演变主要表现为主河槽因中等洪水造床作用,河道深泓在堤内小幅度摆动。在正常运行管理的情况下,未来河道的河型及河堤内堤距不会出现和发生大的变动,河势趋于稳定状态。

5.2.3.2　岸线稳定评价

1. 高新区段

茌新河高新区段流经区域属于黄河冲积平原,黄土胶质土壤,河道河床表层土质以极细粉砂为主,河道正常运行时边坡容易产生坍塌和剥落破坏。由于河道坡度小,汇流速度慢,洪水涨落比较缓慢,历时较长,岸线冲刷或淤积程度较小,岸线相对稳定。

2. 经开区段

茌新河经开区段河道河床表层土质以极细粉砂为主,边坡容易产生坍塌和剥落破坏。由于河道坡度小,汇流速度慢,洪水涨落比较缓慢,历时较长,岸线冲刷或淤积程度较小,岸线相对稳定。

3. 茌平县段

茌新河经开区段河道河床表层土质以极细粉砂为主,堤防以壤土、沙壤土的混合土为筑堤填料,沙壤土组成的堤防厚度较大,抗冲蚀能力差,边坡容易产生坍塌和剥落破坏。

由于河道坡度小,汇流速度慢,洪水涨落比较缓慢,历时较长,岸线冲刷或淤积程度较小,岸线相对稳定。

5.2.4 赵牛新河

5.2.4.1 河势演变分析

1. 河道历史演变概况

赵牛新河发源于东阿县顾官屯乡黄河岸村西洼地。河名的来历,据《齐河县志》载:"明弘治十七年(1504年)知县赵清、县丞牛文曾掘河道……至今赖焉,故名赵牛河。"赵牛河地势低洼,境内沿岸有十二连洼。1952年春整修,复堤加固。1954年、1957年、1962年、1965年、1966年、1971年、1976年分别进行了治理活动。

2. 河道近期演变分析

赵牛新河东阿县管段河道近年来未经综合治理,长期的建设活动及农耕行为致使河道堤防缺失,且无管理道路,河槽内存在阻水较严重的拦河土坝,防洪能力减弱,汛期防汛压力较大。

3. 河道演变趋势分析

赵牛新河流经区域地表均由第四系松散堆积物组成,上部为全新统冲积相及冲积沼泽相堆积,岩性主要由轻亚黏土、粉砂、黏土等组成。地层内透镜体发育,局部地层起伏显著,稳定性差。下部为上更新统冲-洪积相堆积,岩性主要由亚黏土、夹礓石、粉砂等组成,层厚均匀,层位稳定。土壤是在黄河冲积母质上发育而成的,颗粒细微均匀,凝聚性差,呈单粒状构造。

河势的未来变化仍取决于河道洪水的水沙条件及河道的治理。根据河道的变形和演变特点,在流量小、水位低、含沙量小的情况下,水流仅沿中部深泓流动,对河道影响不大;在中等造床流量情况下,边滩水位较低,含沙量较小;在大洪水期间,流量大、水位高、含沙量大,两侧边滩被淹没,水流主要由堤防控导。

因此,河道未来演变主要表现为主河槽因中等洪水造床作用,河道深泓在堤内小幅度摆动。由于有专门的河道管理机构,在正常运行管理的情况下,预计未来河道的河型及河堤内堤距不会出现和发生大的变动,河势趋于稳定状态。

5.2.4.2 岸线稳定评价

1. 东阿县段

赵牛新河东阿县段河道河床表层土质以极细粉砂为主,河道边坡多为自然边坡,抗冲蚀能力差,河道正常运行时边坡容易产生坍塌和剥落破坏。由于河道属于平原河道,流域河道坡度小,汇流速度慢,具有洪水涨落比较缓慢、历时较长的特点。结合现场查勘,故此相应段岸线基本稳定。

2. 茌平县段

赵牛新河茌平县段河床表层土质以极细粉砂为主,河道边坡多为自然边坡,抗冲蚀能力差。由于河道属于平原河道,流域河道坡度小,汇流速度慢,洪水涨落比较缓慢。结合现场查勘,故此相应段岸线基本稳定。

5.2.5　周公河

5.2.5.1　河势演变分析

1. 河道历史演变概况

周公河最早开挖于 1922 年。1921 年,徒骇河发生大洪水,白家洼 10 万多亩土地被淹。为了排除白家洼积水,1922 年,东临道尹周树标征发民工在十里堡修建一个涵洞,并向东开挖新河在库财刘汇入徒骇河。随后,1937 年、1949 年、1955 年、1956 年、1965—1967 年、1969 年、1987 年、1990 年进行了河道治理。

2. 河道近期演变分析

周公河上游段历史上没有进行过系统的治理;周公河中游与南水北调干渠重合段自建成以来,运行良好;周公河下游段 2014 年进行过一次疏浚清淤,有效地提高了河道的行洪排涝能力,减轻了该流域内的洪涝灾害损失。

3. 河道演变趋势分析

周公河流经区域地表均由第四系松散堆积物组成,上部为全新统冲积相及冲积沼泽相堆积,岩性主要由轻亚黏土、粉砂、黏土等组成。地层内透镜体发育,局部地层起伏显著,稳定性差。下部为上更新统冲-洪积相堆积,岩性主要由亚黏土、夹礓石、粉砂等组成,层厚均匀,层位稳定。土壤是在黄河冲积母质上发育而成的,颗粒细微均匀,凝聚性差,呈单粒状构造。

河势的未来变化取决于河道洪水的水沙条件及河道的治理。根据河道的变形和演变特点,在流量小、水位低、含沙量小的情况下,水流仅沿中部深泓流动,对河道影响不大;在中等造床流量情况下,边滩水位较低,含沙量较小;在大洪水期间,流量大、水位高、含沙量大,两侧边滩被淹没,中游及下游段水流主要由堤防控导,上游段主要由岸坡控导。

因此,河道未来演变主要表现为主河槽因中等洪水造床作用,河道深泓在堤内小幅度摆动。在正常运行管理的情况下,未来河道的河型及河堤内堤距不会出现和发生大的变动,河势趋于稳定状态。

5.2.5.2　岸线稳定评价

1. 上游段东昌府区

周公河上游段东昌府区段流经区域属于黄河冲积平原,黄土胶质土壤,河道河床表层土质以极细粉砂为主,河道正常运行时边坡容易产生坍塌和剥落破坏。由于河道坡度小,汇流速度慢,洪水涨落比较缓慢,历时较长,岸线冲刷或淤积程度较小,岸线相对稳定。

2. 上游段旅游度假区

周公河上游段旅游度假区段河道河床表层土质以极细粉砂为主,河道正常运行时边坡容易产生坍塌和剥落破坏,且洪水涨落比较缓慢,历时较长,岸线冲刷或淤积程度较小,岸线相对稳定。

3. 中游与南水北调干渠重合段

周公河中游与南水北调干渠重合段自建成以来运行良好,两岸均有堤防和防汛路,两侧堤坡均为混凝土护砌,岸线基本稳定。

4.下游段

周公河下游段于 2014 年进行了清淤疏浚治理,两岸皆筑有堤防,治理后防洪标准 50 年一遇,排涝标准 10 年一遇,岸线基本稳定。

5.2.6　运河(东昌湖)

5.2.6.1　河势演变分析

1.河道历史演变概况

运河(东昌湖)开挖于 1289 年的元代,以后历代均有发展,清代曾达到鼎盛时期。之后,由于长期无人治理,逐步衰退,基本已成废河。随后,1951 年、1981 年、1983 年分别进行了河道治理。

2.河道近期演变分析

运河(东昌湖)近期已经进行了相关治理,可进一步完善运河防洪工程体系。

3.河道演变趋势分析

河势的未来变化取决于河道洪水的水沙条件及河道的治理。根据河道的变形和演变特点,在流量小、水位低、含沙量小的情况下,水流仅沿中部深泓流动,对河道影响不大;在中等造床流量情况下,边滩水位较低,含沙量较小;大洪水期间,流量大、水位高、含沙量大,两侧边滩被淹没,水流主要由堤防控导。

因此,河道未来演变主要表现为主河槽因中等洪水造床作用,河道深泓在大堤内小幅度摆动。在正常运行管理的情况下,预计未来河道的河型及河堤内堤距不会出现和发生大的变动。河势未来不会出现和发生较大变化,趋于稳定状态。

5.2.6.2　岸线稳定评价

1.东昌府区段

运河东昌府区段双力路以南为城区景观段,两岸为直立岸墙,岸线稳定;双力路以北未经治理,流经区域属于平原河道,河道坡度小,汇流速度慢,河道河床表层土质以极细粉砂为主,堤防以壤土、沙壤土的混合土为筑堤填料,河道正常运行时边坡容易产生坍塌和剥落破坏。由于水流缓慢,岸线冲刷或淤积程度较小,岸线相对稳定。

2.经开区段

运河经开区段目前尚未治理,部分河段断流,岸线不明显。

5.2.7　西新河

5.2.7.1　河势演变分析

1.河道历史演变概况

西新河开挖于 1949 年。为了解决沙镇范家洼的积水和西部高亢地区的洪水向东流入涝洼地区,人民政府于 1949 年开挖了西新河。随后,1956 年、1969 年分别进行了 2 次治理。

2.河道近期演变分析

该河道自 1949 年开挖以来,1956 年、1969 年进行过 2 次治理,此后一直未进行彻底清淤治理。经过几十年运用,致使河道淤积严重、建筑物不配套、堤防残缺不全、防洪除涝能力明显降低、内涝灾害日益严重。同时,发生涝灾时,河水串流到地势低洼的周公河流域,直接影响着周公河流域的洪水下泄,以至威胁到聊城城区的安全。2010 年,对西新河42.00 km 进行清淤疏浚,配套沿线建筑物 16 座(包括涵闸)。

3. 河道演变趋势分析

西新河流经区域地表均由第四系松散堆积物组成,上部为全新统冲积相及冲积沼泽相堆积,岩性主要由轻亚黏土、粉砂、黏土等组成。地层内透镜体发育,局部地层起伏显著,稳定性差。下部为上更新统冲-洪积相堆积,岩性主要由亚黏土、夹礓石、粉砂等组成,层厚均匀,层位稳定。土壤是在黄河冲积母质上发育而成的,颗粒细微均匀,凝聚性差,呈单粒状构造。

河势的未来变化仍取决于河道洪水的水沙条件及河道的治理。根据河道的变形和演变特点,在流量小、水位低、含沙量小的情况下,水流仅沿中部深泓流动,对河道影响不大;在中等造床流量时,边滩水位较低,含沙量较小;大洪水期间,流量大、水位高、含沙量大,两侧边滩被淹没,水流主要由岸坡控导。

因此,河道未来演变主要表现为主河槽因中等洪水造床作用,河道深泓在大堤内小幅摆动。由于有专门的河道管理机构,在正常运行管理的情况下,预计未来河道的河型及河堤内堤距不会出现和发生大的变动。河势未来不会出现和发生较大变化,趋于稳定状态。

5.2.7.2　岸线稳定评价

1. 东昌府区段

西新河东昌府区段河道床表层土质以极细粉砂为主,河道边坡多为自然边坡,抗冲蚀能力差,河道正常运行时边坡容易产生坍塌和剥落破坏。由于河道属于平原河道,流域河道坡度小,汇流速度慢,具有洪水涨落比较缓慢、历时较长的特点。结合现场查勘,故此相应段岸线基本稳定。

2. 茌平县段

西新河茌平县段河床表层土质以极细粉砂为主,河道边坡多为自然边坡,抗冲蚀能力差。由于河道属于平原河道,流域河道坡度小,汇流速度慢,洪水涨落比较缓慢。结合现场查勘,故此相应段岸线基本稳定。

5.2.8　德王东支

5.2.8.1　河势演变分析

1. 河道历史演变概况

为了解决运河以西地区的排水,1958 年,聊城行署副专员组织民工对德王河进行了进一步治理,并在其上游段的回庄改道,向东直入马颊河,并命名为德王河东支。

2. 河道近期演变分析

近期存在河道沿线违章、违法建筑等现象,对河道水生态及水环境造成一定的影响。

3. 河道演变趋势分析

德王东支流经区域地表均由第四系松散堆积物组成,上部为全新统冲积相及冲积沼泽相堆积,岩性主要由轻亚黏土、粉砂、黏土等组成。地层内透镜体发育,局部地层起伏显著,稳定性差。下部为上更新统冲-洪积相堆积,岩性主要由亚黏土、夹礓石、粉砂等组成,层厚均匀,层位稳定。土壤是在黄河冲积母质上发育而成的,颗粒细微均匀,凝聚性差,呈单粒状构造。

河势的未来变化取决于河道洪水的水沙条件及河道的治理。根据河道的变形和演变特点,在流量小、水位低、含沙量小的情况下,水流仅沿中部深泓流动,对河道影响不大;在中等造床流量情况下,含沙量较小;在大洪水期间,流量大、水位高、含沙量大,水流主要由岸坡控导。

因此,河道未来演变主要表现为主河槽因中等洪水造床作用,河道深泓小幅度摆动。在正常运行管理的情况下,未来河道的河型及河堤内堤距不会出现和发生大的变动,河势趋于稳定状态。

5.2.8.2　岸线稳定评价

1. 冠县段

德王东支冠县段流经区域属于黄河冲积平原,黄土胶质土壤,河道河床表层土质以极细粉砂为主,河道正常运行时边坡容易产生坍塌和剥落破坏。由于河道坡度小,汇流速度慢,洪水涨落比较缓慢,历时较长,岸线冲刷或淤积程度较小,岸线相对稳定。

2. 东昌府区段

德王东支东昌府区段河道河床表层土质以极细粉砂为主,河道正常运行时边坡容易产生坍塌和剥落破坏,沿线堤防大段缺失。由于河道坡度小,汇流速度慢,洪水涨落比较缓慢,历时较长,岸线冲刷或淤积程度较小,岸线相对稳定。

3. 临清市段

德王东支临清市段河道河床表层土质以极细粉砂为主,河道正常运行时边坡容易产生坍塌和剥落破坏,且洪水涨落比较缓慢,历时较长,岸线冲刷或淤积程度较小,岸线相对稳定。

5.2.9　德王河

5.2.9.1　河势演变分析

1. 河道历史演变概况

据清嘉庆十三年(1808年)《东昌府志》载:"德王河在清平县境,从官庄到丁家桥长三十二里,泄入马颊河,岁岁淤塞。清乾隆三十八年(1773年),知府胡德琳申请开浚,沿为今河。"随后,1957年、1958年、1963年分别进行了河道治理。

2. 河道近期演变分析

1964年,运河停航,为便于排泄洪水拆除了穿运涵洞,并按5年一遇排涝标准对德王河进行加深、加宽治理。

1970年,对肖庄以东河段进行清淤,拆除旧有砖闸,新建井柱平面桥。

1975年,临清修建引马灌溉工程,把德王河作为分干渠,在康盛庄东修建节制闸蓄水灌溉,德王河成了排灌两用河道。

2014年,临清市对德王河进行了清淤治理工程,清淤土方19.79万 m^3;新建溢流闸坝1座、节制闸1座。工程竣工后,德王河达到5年一遇除涝标准,新增河道蓄水能力113万 m^3,解决了多年来戴湾、魏湾和康庄3个主要粮食产区排灌难的问题。

3. 河道演变趋势分析

德王河流经区域地表均由第四系松散堆积物组成,上部为全新统冲积相及冲积沼泽相堆积,岩性主要由轻亚黏土、粉砂、黏土等组成。地层内透镜体发育,局部地层起伏显著,稳定性差。下部为上更新统冲-洪积相堆积,岩性主要由亚黏土、夹礓石、粉砂等组成,层厚均匀,层位稳定。土壤是在黄河冲积母质上发育而成的,颗粒细微均匀,凝聚性差,呈单粒状构造。

河势的未来变化取决于河道洪水的水沙条件及河道的治理。根据河道的变形和演变特点,在流量小、水位低、含沙量小的情况下,水流仅沿中部深泓流动,对河道影响不大;在中等造床流量情况下,含沙量较小;在大洪水期间,流量大、水位高、含沙量大,水流主要由岸坡控导。

因此,河道未来演变主要表现为主河槽因中等洪水造床作用,河道深泓小幅度摆动。在正常运行管理的情况下,未来河道的河型不会出现和发生大的变动,河势趋于稳定状态。

5.2.9.2　岸线稳定评价

1. 临清市段

德王河临清市段流经区域属于黄河冲积平原,黄土胶质土壤,河道河床表层土质以极细粉砂为主,河道正常运行时边坡容易产生坍塌和剥落破坏。由于河道坡度小,汇流速度慢,洪水涨落比较缓慢,历时较长,岸线冲刷或淤积程度较小,岸线相对稳定。

2. 茌平县段

德王河茌平县段河道河床表层土质以极细粉砂为主,河道正常运行时边坡容易产生坍塌和剥落破坏,且洪水涨落比较缓慢,历时较长,岸线冲刷或淤积程度较小,岸线相对稳定。

3. 高唐县段

德王河高唐县段河道河床表层土质以极细粉砂为主,河道正常运行时边坡容易产生坍塌和剥落破坏,且洪水涨落比较缓慢,历时较长,岸线冲刷或淤积程度较小,岸线相对稳定。

5.2.10　羊角河

5.2.10.1　河势演变分析

1. 河道历史演变概况

羊角河起源不清,有两种说法:一是羊角河为古地名,春秋时有羊角城(今范县南),河古时源于此,因地得名;二是羊角河入徒骇河前分为两股,形似羊角,故名羊角河。

2. 河道近期演变分析

1977 年对该流域进行过一次治理,治理标准低,并未能系统整治。目前,河道淤积较为严重,排水能力日趋降低。

3. 河道演变趋势分析

羊角河流经区域地表均由第四系松散堆积物组成,上部为全新统冲积相及冲积沼泽相堆积,岩性主要由轻亚黏土、粉砂、黏土等组成。地层内透镜体发育,局部地层起伏显著,稳定性差。下部为上更新统冲–洪积相堆积,岩性主要由亚黏土、夹礓石、粉砂等组成,层厚均匀,层位稳定。土壤是在黄河冲积母质上发育而成的,颗粒细微均匀,凝聚性差,呈单粒状构造。

河势的未来变化取决于河道洪水的水沙条件及河道的治理。根据河道的变形和演变特点,在流量小、水位低、含沙量小的情况下,水流仅沿中部深泓流动,对河道影响不大;在中等造床流量情况下,含沙量较小;在大洪水期间,流量大、水位高、含沙量大,水流主要由岸坡控导。

因此,河道未来演变主要表现为主河槽因中等洪水造床作用,河道深泓小幅度摆动。在正常运行管理的情况下,未来河道的河型及河堤内堤距不会出现和发生大的变动。河势未来不会出现和发生较大变化,趋于稳定状态。

5.2.10.2 岸线稳定评价

1. 阳谷县段

羊角河阳谷县段流经区域属于黄河冲积平原,黄土胶质土壤,河道河床表层土质以极细粉砂为主。由于河道坡度小,汇流速度慢,洪水涨落比较缓慢,历时较长,岸线冲刷或淤积程度较小,岸线相对稳定。

2. 旅游度假区段

羊角河旅游度假区段河道河床表层土质以极细粉砂为主,且河道坡度小,汇流速度慢,洪水涨落比较缓慢,历时较长,岸线冲刷或淤积程度较小,岸线相对稳定。

5.2.11 新金线河

5.2.11.1 河势演变分析

1. 河道历史演变概况

金线河是如今聊城市莘县境内古河之一。明代,河道淤积严重。清末,1878 年、1880 年分别进行了几次治理。随后,1931 年、1961 年分别进行了治理。

2. 河道近期演变分析

2012 年,进行了新金线河治理,治理内容包括清淤疏浚、桥梁改建等。现状河道基本趋于稳定,未见崩塌、滑坡、塌岸险情。河堤基本以新建为主,筑堤土主要为沙壤土,土质松散,含水量及密度较难控制。

3. 河道演变趋势分析

河势的未来变化取决于河道洪水的水沙条件及河道的治理。根据河道的变形和演变特点,在流量小、水位低、含沙量小的情况下,水流仅沿中部深泓流动,对河道影响不大;在中等造床流量情况下,边滩水位较低,含沙量较小;在大洪水期间,流量大、水位高、含沙量大,两侧边滩被淹没,水流主要由堤防控导。

因此,河道未来演变主要表现为主河槽因中等洪水造床作用,河道深泓在大堤内小幅度摆动。在正常运行管理的情况下,预计未来河道的河型及河堤内堤距不会出现和发生大的变动。河势未来不会出现和发生较大变化,趋于稳定状态。

5.2.11.2　岸线稳定评价

1. 莘县段

新金线河莘县段河道流经区域属于平原河道,河道坡度小,汇流速度慢,具有洪水涨落比较缓慢、历时较长的特点。河道河床表层土质以极细粉砂为主,堤防以壤土、沙壤土的混合土为筑堤填料。沙壤土组成的堤防,厚度较大,抗冲蚀能力差,河道正常运行时边坡容易产生坍塌和剥落破坏。由于水流缓慢,岸线冲刷或淤积程度较小,岸线相对稳定。

2. 莘县、阳谷县交叉段

新金线河莘县、阳谷县交叉段河道流经区域也属于平原河道,河道坡度小,汇流速度慢,具有洪水涨落比较缓慢、历时较长的特点。河道河床表层土质以极细粉砂为主,堤防以壤土、沙壤土的混合土为筑堤填料。沙壤土组成的堤防,厚度较大,抗冲蚀能力差,河道正常运行时边坡容易产生坍塌和剥落破坏。由于水流缓慢,岸线冲刷或淤积程度较小,岸线相对稳定。

5.2.12　七里河

5.2.12.1　河势演变分析

1. 河道历史演变概况

七里河,原名叫碱水河,发源于韩屯乡都屯村东洼地。因流域内多碱地,故得此名。1950 年,进行河道扩挖。1954 年春,又对河道清淤疏浚。1962—1966 年,连续 5 年治理,清淤、扩挖、加深、接长。1971 年,进行了扩大治理,延伸到洪屯公社小刘庄北。桥涵闸工程,到 1979 年基本完成。

2. 河道近期演变分析

七里河现状河道基本趋于稳定,未见崩塌、滑坡、塌岸险情,河道淤积较严重。茌平段河道历史上未经综合治理,源头段沿线村民自建的桥、涵等跨河建筑物阻水严重,影响了河道的行洪,应尽快完善七里河防洪工程体系。

3. 河道演变趋势分析

河势的未来变化仍取决于河道洪水的水沙条件及河道的治理。根据河道的变形和演变特点,在流量小、水位低、含沙量小的情况下,水流仅沿中部深泓流动,对河道影响不大;在中等造床流量情况下,边滩水位较低,含沙量较小;在大洪水期间,流量大、水位高、含沙量大,两侧边滩被淹没,水流主要由滩地堤防控导。

因此,河道未来演变主要表现为主河槽因中等洪水造床作用,河道深泓在大堤内小幅度摆动。由于有专门的河道管理机构,在正常运行管理的情况下,预计未来河道的河型及河堤内堤距不会出现和发生大的变动。河势未来不会出现和发生较大变化,趋于稳定状态。

5.2.12.2　岸线稳定评价

1. 茌平县段

七里河茌平县段河床表层土质以极细粉砂为主,河道边坡多为自然边坡,抗冲蚀能力差。由于河道属于平原河道,流域河道坡度小,汇流速度慢,洪水涨落比较缓慢。结合现场查勘,故此相应段岸线基本稳定。

2. 高唐段

七里河高唐县段河床表层土质以极细粉砂为主,河道边坡多为自然边坡,抗冲蚀能力差。河道正常运行时边坡容易产生坍塌和剥落破坏。由于河道属于平原河道,流域河道坡度小,汇流速度慢,具有洪水涨落比较缓慢、历时较长的特点。结合现场查勘,故此相应段岸线基本稳定。

5.2.13　俎店渠

5.2.13.1　河势演变分析

1. 河道历史演变概况

俎店渠开挖于1953年。目的是为马颊河右侧自然纵坡较缓的钱楼、曹村、姜屯、袁町、张鲁等洼地开创出排涝出路,解决了需滚坡串洼向徒骇河汇集所导致的上下游、村与村之间的排水矛盾。随后,1957年、1970年、1976年、1977年分别进行了河道治理。

2. 河道近期演变分析

俎店渠河道干流因长期的建设活动及农耕行为,致使河道堤防缺失,且部分河段无管理道路,河槽内存在阻水较严重的拦河土坝,防洪能力减弱,汛期防汛压力较大。

3. 河道演变趋势分析

河势的未来变化取决于河道洪水的水沙条件及河道的治理。根据河道的变形和演变特点,在流量小、水位低、含沙量小的情况下,水流仅沿中部深泓流动,对河道影响不大;在中等造床流量情况下,边滩水位较低,含沙量较小;在大洪水期间,流量大、水位高、含沙量大,两侧边滩被淹没,水流主要由堤防控导。

因此,河道未来演变主要表现为主河槽因中等洪水造床作用,河道深泓在大堤内小幅度摆动。在正常运行管理的情况下,预计未来河道的河型及河堤内堤距不会出现和发生大的变动。河势未来不会出现和发生较大变化,趋于稳定状态。

5.2.13.2　岸线稳定评价

1. 莘县段

俎店渠莘县段河宽10~70 m,堤防形式为土堤。河道流经区域属于平原河道,河道坡度小,汇流速度慢,具有洪水涨落比较缓慢、历时较长的特点。河道河床表层土质以极细粉砂为主,堤防以壤土、沙壤土的混合土为筑堤填料。沙壤土组成的堤防,厚度较大,抗冲蚀能力差,河道正常运行时边坡容易产生坍塌和剥落破坏。由于水流缓慢,岸线冲刷或淤积程度较小,岸线相对稳定。

2. 东昌府区段

俎店渠东昌府区段河宽30~70 m,堤防形式为土堤。河道流经区域属于平原河道,河道坡度小,汇流速度慢,具有洪水涨落比较缓慢、历时较长的特点。河道河床表层土质以极细粉砂为主,堤防以壤土、沙壤土的混合土为筑堤填料。沙壤土组成的堤防,厚度较大,抗冲蚀能力差,河道正常运行时边坡容易产生坍塌和剥落破坏。由于水流缓慢,岸线冲刷或淤积程度较小,岸线相对稳定。

3. 阳谷县段

俎店渠阳谷县区段河宽16~67 m,堤防形式为土堤。河道流经区域属于平原河道,河道坡度小,汇流速度慢,具有洪水涨落比较缓慢、历时较长的特点。河道河床表层土质以极细粉砂为主,堤防以壤土、沙壤土的混合土为筑堤填料。沙壤土组成的堤防,厚度较大,抗冲蚀能力差,河道正常运行时边坡容易产生坍塌和剥落破坏。由于水流缓慢,岸线冲刷或淤积程度较小,岸线相对稳定。

5.2.14　鸿雁渠

5.2.14.1　河势演变分析

1.河道历史演变概况

鸿雁渠开挖于1948年。为排除白佛头大洼的积水,沿着鸿雁江之故道(自桑桥至李海子东入马颊河)开挖了鸿雁渠这条排水渠道。随后,1954年、1964年、1965年、1966年分别进行了延长、清淤扩大等治理,1970年春,按"64年雨型"排涝、"61年雨型"防洪的标准扩建治理。

2.河道近期演变分析

鸿雁渠流域内,地貌起伏,表土纯沙,自然覆盖力度低。有风,扬沙流动;逢雨,径流滚坡水土流失,四季都有沙土入渠。

目前,鸿雁渠存在淤积较为严重、堤防缺失、沿线建筑物老化等问题,致使河道排涝行洪能力大大降低。近年来,该段河道区域内工农业生产发展迅速,与其所承担的任务远不相适应,一旦发生洪涝灾害,后果不堪设想,亟待对该段河道进行治理,以提高河道的防御洪涝灾害能力、减轻洪涝灾害损失、保障区域经济稳定发展。

3.河道演变趋势分析

鸿雁渠流经区域地表均由第四系松散堆积物组成,上部为全新统冲积相及冲积沼泽相堆积,岩性主要由轻亚黏土、粉砂、黏土等组成。地层内透镜体发育,局部地层起伏显著,稳定性差。下部为上更新统冲-洪积相堆积,岩性主要由亚黏土、夹礓石、粉砂等组成,层厚均匀,层位稳定。土壤是在黄河冲积母质上发育而成的,颗粒细微均匀,凝聚性差,呈单粒状构造。

河势的未来变化取决于河道洪水的水沙条件及河道的治理。根据河道的变形和演变特点,在流量小、水位低、含沙量小的情况下,水流仅沿中部深泓流动,对河道影响不大;在中等造床流量情况下,含沙量较小;在大洪水期间,流量大、水位高、含沙量大,水流主要由岸坡控导。

因此,河道未来演变主要表现为主河槽因中等洪水造床作用,河道深泓小幅度摆动。在正常运行管理的情况下,未来河道的河型不会出现和发生大的变动,河势趋于稳定状态。

5.2.14.2　岸线稳定评价

1.莘县段(西滩村—耿楼村、西大场村—焦庄村)

鸿雁渠莘县段流经区域属于黄河冲积平原,黄土胶质土壤,河道河床表层土质以极细粉砂为主。由于河道坡度小,汇流速度慢,洪水涨落比较缓慢,历时较长,岸线冲刷或淤积程度较小,岸线相对稳定。

2. 冠县段(耿楼村—西大场村、焦庄村—李海子村)

鸿雁渠冠县段河道河床表层土质同样以极细粉砂为主。由于河道坡度小,汇流速度慢,洪水涨落比较缓慢,历时较长,岸线冲刷或淤积程度较小,岸线相对稳定。

5.2.15　金堤河

5.2.15.1　河势演变分析

1. 河道历史演变概况

金堤河历史上是黄河的分流道,为黄河洪水泥沙的淤积区,水系宽浅紊乱,洪、涝、旱、碱、淤灾害严重,农业生产落后。1964 年建成的张庄入黄闸,既可排水入黄,又可控制黄河倒灌;1965 年后,干、支流进行了不同程度的扩挖和疏浚,废弃了平原水库,破除了阻水建筑物,排水系统基本形成;1972 年进行了一次清淤;1980 年建成了 64 m³/s 的张庄电排站。随着黄河淤高,张庄入黄闸泄水大为减少,排涝、灌溉、治碱工作有待统筹安排。1979 年,水利部决定对金堤河流域进行综合治理规划。规划干流治理工程主要还包括河道疏浚、南北小堤加培、桥梁和险闸改建、支沟口处理等,并按轻、重、缓、急提出近、远期分批实施方案。

2. 河道近期演变分析

1) 金堤河干流一期治理工程

治理内容包括:彭楼引黄入鲁灌溉;张庄闸改扩建;干流河道从河南省滑县五爷庙到台前县张庄闸段进行开挖,长度为 131.3 km;南小堤加培 49.2 km,北小堤加培 22.6 km;新建、改建跨河桥梁 8 座;支沟口新建排涝闸站 2 座。1999 年,金堤河干流一期治理工程完成实施。

2) 金堤河桥梁改建工程

治理内容包括:治理桥梁 18 座,其中位于阳谷县境内 11 座、莘县境内 7 座。

3) 金堤河干流二期治理工程

2016 年 7 月,山东省发展改革委(山东省发展和改革委员会的简称)对《聊城市金堤河干流二期治理工程可行性研究报告》进行了批复,同意实施金堤河干流二期工程。治理内容包括:新建排灌泵站 4 座、改建排灌泵站 1 座;改建金堤河干流桥梁 12 座,其中,阳谷县 7 座、莘县 5 座;堤顶道路硬化 6.203 km,其中,南小堤为 4.778 km,北小堤为 1.425 km。

3. 河道演变趋势分析

金堤河流经区域地表均由第四系松散堆积物组成,上部为全新统冲积相及冲积沼泽相堆积,岩性主要由轻亚黏土、粉砂、黏土等组成。地层内透镜体发育,局部地层起伏显著,稳定性差。下部为上更新统冲-洪积相堆积,岩性主要由亚黏土、夹礓石、粉砂等组成,层厚均匀,层位稳定。土壤是在黄河冲积母质上发育而成的,颗粒细微均匀,凝聚性差,呈单粒状构造。

河势的未来变化,取决于河道洪水的水沙条件及河道的治理。根据河道的变形和演变特点,在流量小、水位低、含沙量小的情况下,水流仅沿中部深泓流动,对河道影响不大;在中等造床流量情况下,边滩水位较低,含沙量较小;在大洪水期间,流量大、水位高、含沙量大,两侧边滩被淹没,水流主要由堤防控导。

因此,河道未来演变主要表现为主河槽因中等洪水造床作用,河道深泓在堤内小幅度摆动。在正常运行管理的情况下,未来河道的河型及河堤内堤距不会出现和发生大的变动,河势趋于稳定状态。

5.2.15.2　岸线稳定评价

1. 莘县段

金堤河莘县段河道河床表层土质以极细粉砂为主,堤防以壤土、沙壤土的混合土为筑堤填料,堤防厚度较大,抗冲蚀能力较差,可能会产生坍塌和剥落破坏。由于河道坡度小,汇流速度慢,洪水涨落比较缓慢,历时较长,岸线冲刷或淤积程度较小,岸线相对稳定。

2. 阳谷县段

金堤河阳谷县段河道河床表层土质以极细粉砂为主,堤防以壤土、沙壤土的混合土为筑堤填料,可能会产生坍塌和剥落破坏,且洪水涨落比较缓慢,历时较长,岸线冲刷或淤积程度较小,岸线相对稳定。

5.2.16　位山一干渠

渠道演变是指渠道的边界在自然情况下或受人工建筑物干扰时所发生的变化。这种变化是水流和渠道河床相互作用的结果。渠道河床影响水流结构,水流促使渠道河床发生变化,两者相互依存、相互制约,经常处于运动和不断发展的状态。渠道水流中夹有泥沙,其中一部分是滚动和跳跃前进的,叫推移质;另一部分是浮游在水中前进的,叫悬移质;在一定的水流条件下,水流具有一定的挟沙能力,即能够通过断面下泄沙量(包括推移质和悬移质)。如上游来沙量与本河段水流挟沙能力相适应,则水流处于输沙平衡状态,渠道河床既不冲也不淤;如来沙量大于挟沙能力,则渠道河床发生淤积,反之,则发生冲刷。由于输沙不平衡引起淤积或冲刷造成河床变形,这是渠道河道演变的一个基本原理。

由于渠道有专职管理部门,定期维护使得渠道在运行期间基本保持不变。

位山一干渠开工于 1958 年。1960 年完成一干渠土方工程。1962 年停灌后,于 1970 年复灌,并在当年冬完成一干渠土方工程。随后,由位山灌区管理单位进行日常管理与维护。

5.2.17　位山二干渠

位山二干渠始建于 1958 年,1962 年遇涝造成土地碱化而停灌,1970 年重新兴建复灌。随后,由位山灌区管理单位进行日常管理与维护。

5.2.18　位山三干渠

位山三干渠始建于 1958 年,1962 年遇涝造成土地碱化而停灌,1970 年重新兴建复灌。1993 年以来多年开展续建配套节水改造,历尽曲折,不断完善。

5.2.19　彭楼干渠

彭楼引黄灌区是 1958 年由山东省水利勘测设计院规划设计的。1959 年由范县、莘县(当时合署办公)共同兴建的一个大型灌区,包括莘县、范县的全部耕地。灌区建成后,1960年和1961年曾实现全灌区受益。1962年因涝碱问题而停灌,1964年由于行政区划调整,彭楼灌区成为跨省工程,自此,金堤北灌区长期得不到引黄水源,干旱缺水严重制约了区域经济发展,成为山东省有名的贫困区。

国家农业综合开发办公室、水利部和山东、河南两省经多年协商,达成了一致意见。水利部水规计〔2001〕514号文件对《全国大型灌区续建配套与节水改造规划报告》确定彭楼金堤北灌区复灌范围为:南依金堤,北至冠县、临清市界,东邻陶城铺和位山灌区,西靠冀、鲁、豫省界和漳卫河。灌区总面积1 930.5 km²,设计灌溉面积200万亩,涉及莘县、冠县2县。

1997年5月,彭楼引黄金堤北复灌工程正式动工兴建。经过多年的建设,已完成输沙渠、沉沙池、输水干渠的开发整治,灌区已形成了一定规模的灌溉工程体系。

第 6 章　岸线边界线划定

6.1　岸线边界线定义

　　岸线边界线是指沿河流走向或湖泊沿岸周边划定的用于界定各类岸线功能区垂向带区范围的边界线,分为临水边界线和外缘边界线。

　　临水边界线是根据稳定河势、保障河道行洪安全和维护河流湖泊生态等基本要求,在河流沿岸临水一侧顺水流方向或湖泊(水库)沿岸周边临水一侧划定的岸线带区内边界线。

　　外缘边界线是根据河流湖泊岸线管理保护、维护河流功能等管控要求,在河流沿岸陆域一侧或湖泊(水库)沿岸周边陆域一侧划定的岸线带区外边界线。

6.2　岸线边界线划定原则

　　(1)根据岸线利用与保护的总体目标和要求,结合各河段的河势状况、岸线自然特点、岸线资源状况,在服从防洪安全、河势稳定和维护河流健康的前提下,充分考虑水资源利用与保护的要求,按照合理利用与有效保护相结合的原则划定岸线边界线。

　　(2)应与流域综合规划、防洪规划、水功能区划、河道整治规划、航道整治规划等相关规划成果进行协调。原则上已经批复的规划成果,应按照已批复成果进行岸线划定,后期有新形势、新变化的,应结合新的防洪工程建设、河流生态功能保护、滩地合理利用、土地利用等国民经济各部门对岸线利用的需求,对相关岸线成果进行调整划定。

　　(3)应充分考虑河流左、右岸的地形地貌条件、河势演变趋势及开发利用与治理的相互影响,综合考虑河流两岸经济社会发展、防洪保安和生态环境保护对岸线利用与保护的要求等因素,合理划定河道左、右岸的岸线边界线。

　　(4)城市段的岸线边界线应充分考虑城市防洪安全与生态环境保护的要求,并结合城市发展需求等因素进行划定。

　　(5)岸线边界线的划定应保持连续性和一致性,特别是各行政区域交界处,应依据河流特性,综合考虑各行业需求,在统筹岸线资源和区域经济发展的前提下,科学合理地进行划定,地方有相关规定的,按照地方的管理要求进行划定,避免因地区间社会、经济发展要求的差异,导致岸线边界线划分不合理。

　　(6)应与地方的划定划分成果做好充分衔接。地方已经划定河道管理范围的,应与河道管理范围划定成果充分协调一致,尤其要统一岸线外缘边界线的划定方法。地方已经开展岸线规划工作的河段,应协调沟通岸线边界线与岸线功能区的划分方法与成果,充分考虑地方的需求与实际情况,保持成果的一致性。

6.3　岸线边界线划定方法

依据《水利部办公厅关于印发河湖岸线保护与利用规划编制指南(试行)的通知》(办河湖函〔2019〕394 号,以下简称《指南》)中的规定,并结合海河流域河道的实际情况,进一步确定河道临水边界线与外缘边界线的划定方法。

6.3.1　临水边界线

(1)平原河道主要以平滩流量对应的水位与陆域的交线或滩槽分界线作为临水边界线。

(2)山区性河道主要以防洪设计水位与陆域的交线并结合两岸地形划定临水边界线。

(3)河口部分要以规划治导线作为临水边界线,滩槽边界清晰的以滩槽分界线结合多年平均高潮位与陆域的交线作为临水边界线。

6.3.2　外缘边界线

(1)有堤防工程的河道,主要按照现状或规划堤防级别对应的管理范围划定外缘边界线;地方省(市)有明确要求的,在符合相关规范的前提下,以地方规定的管理范围为准;地方已经开展河道划界工作的,与其划界成果相协调一致。

(2)无堤防工程的河道,有规划堤线并已批复的河段按照规划堤线位置,考虑工程用地与护堤地确定外缘边界线;无规划堤线的河段按照设计洪水位与岸边的交界线确定外缘边界线。

(3)河口部分主要以规划治导线作为外缘边界线,有已建和规划堤防的,按照堤防背水坡管理范围划定外缘边界线。

6.4　海河流域重要河流岸线边界线划定

6.4.1　划分方法

依据《水利部办公厅关于印发河湖岸线保护与利用规划编制指南(试行)的通知》(简称《指南》)中的规定,并结合海河流域河道的实际情况,进一步确定河道临水边界线与外缘边界线的划定方法。

6.4.1.1　临水边界线

(1)平原河道主要以平滩流量对应的水位与陆域的交线或滩槽分界线作为临水边界线。

(2)山区性河道主要以防洪设计水位与陆域的交线并结合两岸地形划定临水边界线。

(3)河口部分,主要以规划治导线作为临水边界线,滩槽边界清晰的以滩槽分界线结合多年平均高潮位与陆域的交线作为临水边界线。

6.4.1.2 外缘边界线

（1）有堤防工程的河道，主要按照现状或规划堤防级别对应的管理范围划定外缘边界线；地方省（市）有明确要求的，在符合相关规范的前提下，以地方规定的管理范围为准；地方已经开展河道划界工作的，与其划界成果协调一致。

（2）无堤防工程的河道，有规划堤线并已批复的河段按照规划堤线位置，考虑工程用地与护堤地确定外缘边界线；无规划堤线的河段按照设计洪水位与岸边的交界线确定外缘边界线。

（3）河口部分主要以规划治导线作为外缘边界线，有已建和规划堤防的，按照堤防背水坡管理范围划定外缘边界线。

6.4.2 划定成果

规划范围内共划分岸线边界线总长度 2 864.8 km，其中河道左岸岸线边界线长度 1 424.7 km，右岸岸线边界线长度 1 425.1 km，河心滩岸线边界线长度 15.0 km。

其中，北三河系规划范围内共划定临水边界线长 515.8 km，外缘边界线长 445.5 km；永定河系规划范围内共划定临水边界线长 569.7 km，外缘边界线长 596.0 km；大清河系规划范围内共划定临水边界线长 181.1 km，外缘边界线长 186.5 km；海河干流规划范围内海河口共划定临水边界线长 46.2 km，外缘边界线长 51.6 km；海河干流规划范围内海河口共划定临水边界线长 46.2 km，外缘边界线长 51.6 km；漳卫河系规划范围内共划定临水边界线长 1 657.3 km，外缘边界线长 1 585.2 km。

6.4.2.1 北三河系

北三河系规划范围内共划定岸线边界线总长度 445.5 km，其中河道左岸岸线边界线长度 223.9 km，右岸岸线边界线长度 221.6 km。各河段岸线边界线划定情况如下所述。

1. 临水边界线

北运河：北关闸—筐儿港枢纽段，河道北京北关闸—榆林庄闸段防洪标准为 100 年一遇，北京榆林庄闸—京冀界段及河北、天津段防洪标准为 50 年一遇，在设计洪水下泄情况下，洪水会淹没滩地，在两堤内行洪。一般年份，河水不会上滩，且北运河两岸滩面上分布有村庄、农田，故北运河临水边界线主要按照滩槽分界线并考虑上下游顺接确定。其中，北京段结合"北运河（通州段）综合治理工程项目建议书（代可行性研究报告）"设计主槽上口线定线，河北段结合"北运河干流综合治理规划报告"主槽底宽 140 m 的规划指标定线，最终线位以工程实施后的滩槽分界线为准。

潮白河：苏庄—津蓟铁路桥段，河道防洪标准为 50 年一遇，在设计洪水下泄情况下，洪水会淹没滩地在两堤内行洪。一般年份，河水不会上滩，且潮白河两岸滩面上分布有村庄、农田，故潮白河临水边界线主要按照滩槽分界线并考虑上下游顺接确定。其中，根据《北三河系防洪规划》及河道现状情况，运潮减河汇合口—津蓟铁路桥段拟按照底宽 100~150 m 扩挖主槽，本次结合规划指标定线，最终线位以工程实施后的滩槽分界线为准。

蓟运河:九王庄—江洼口段,河道防洪标准为 20 年一遇,在设计洪水下泄情况下,洪水会淹没滩地在两堤内行洪,堤内村庄均已搬迁至堤外。一般年份河水不会上滩,且蓟运河两岸滩面上农田较多,故本次主要按照滩槽分界线并考虑河势控制,适当留有余地定线。

2. 外缘边界线

北运河:北关闸—筐儿港枢纽段,按照现状或规划(如河北香河调堤段)堤防管理范围界线划定。其中,北京段采用北京市人民政府 2020 年批复的河道管理范围线;河北省香河段根据《河北省人民政府关于划定主要行洪排沥河道和跨市边界河道管理范围的通告》,管理范围为外堤脚线以外 50 m;天津段根据《天津市河道管理条例》第二十三条,管理范围为外堤脚线以外 25 m。

潮白河:苏庄—津蓟铁路桥段,按照现状或规划(如河北三河无堤段)堤防管理范围界线划定。其中,北京段采用北京市人民政府 2020 年批复的河道管理范围线;河北段根据《河北省人民政府关于划定主要行洪排沥河道和跨市边界河道管理范围的通告》,河道管理范围三河白庙以上段为外堤脚线以外 20 m,白庙以下段为外堤脚线以外 27 m,大厂段为外堤脚线以外 30 m,香河段为外堤脚线以外 50 m;天津段根据《天津市河道管理条例》第二十三条,天津段河道管理范围为外堤脚线以外 30 m。

蓟运河:九王庄—江洼口段,按照现状或规划堤防管理范围界线划定。天津段根据《天津市河道管理条例》第二十三条,河道管理范围为外堤脚线以外 25 m。根据河北省人民政府发布的《关于划定主要行洪排沥河道和跨市边界河道管理范围的通告》,河北段为外堤脚线以外 30 m 定线。

根据划定成果,北三河系岸线本次规划外缘边界线长 445.5 km,其中,左岸长 223.9 km,右岸长 221.6 km;规划临水边界线长 515.8 km,其中,左岸长 254.7 km,右岸长 261.1 km。各河段岸线边界线长度详见表 6-1。

6.4.2.2　永定河系

永定河系规划范围内共划分岸线边界线总长度 596.0 km,其中,河道左岸岸线边界线长度 306.2 km,右岸岸线边界线长度 289.8 km。各河段岸线边界线划定情况如下所述。

1. 临水边界线

永定河:朱官屯(夹河村)—沙营村段,依据“永定河综合治理与生态修复张家口市永定河怀来段综合整治工程实施方案”并结合现状河道主槽情况划定。沙营村—大秦铁路段,采用“怀来县官厅水库上游水生态湿地保护与修复工程”施工图中主槽湿地外缘线确定。大秦铁路—丰沙铁路段,采用“官厅水库八号桥入库湿地工程项目建议书(代可研)”中主槽设计上口线确定。

官厅水库大坝—幽州村段,按滩地与主槽分界线确定。幽州村—卢沟桥段,按 10 年一遇设计洪水淹没线与岸边的交界线确定,卢沟桥断面 10 年一遇洪峰流量为 1 700 m³/s。卢沟桥—梁各庄段,已划定治导线并按治导线进行了控导工程建设,按治导线平顺划定。梁各庄—屈家店段(永定河泛区段),按滩槽分界线和靠近主槽的小埝临水坡脚线平顺划

表6-1　北三河系河道岸线边界线成果

河名	河段	省（直辖市）	市（地）级行政区	县级行政区	河道长度/km	临水线/km				外缘线/km			
						左岸	右岸	河心滩	小计	左岸	右岸	河心滩	小计
潮白河	苏庄—箭杆河	北京市	顺义区	—	4.0	4.3	6.1	0	10.4	4.2	5.6	0	9.8
	箭杆河—牛牧屯引河		通州区	—	32.2	0	38.6	0	38.6	0	34.8	0	34.8
	箭杆河—三河与大厂交界	河北省 廊坊市		三河县	18.9（重复）	20.9	0	0	20.9	18.8	0	0	18.8
	三河与大厂交界—大厂与香河交界			大厂区	9.4（重复）	14.1	0	0	14.1	12.8	0	0	12.8
	左岸大厂与香河交界右岸牛牧屯引河—津蓟界			香河县	23.6（部分重复）	30.5	24.6	0	55.1	27.8	23.0	0	50.8
	津蓟界—津蓟铁路桥	天津市	宝坻区	—	12.2	13.0	13.3	0	26.3	12.9	13.0	0	25.9
	小计			—	72.0	82.8	82.6	0	165.4	76.5	76.4	0	152.9
北运河	北关闸—牛牧屯引河	北京市	通州区	—	40.1	40.7	35.8	0	76.5	36.0	32.6	0	68.6
	牛牧屯引河—木厂闸	河北省 廊坊市		香河县	14.5	19.3	16.1	0	35.4	21.6	14.2	0	35.8
	木厂闸—筐儿港	天津市	武清区	—	38.1	34.2	42.4	0	76.6	30.3	36.6	0	66.9
	小计			—	92.7	94.2	94.3	0	188.5	87.9	83.4	0	171.3
蓟运河	九王庄—江洼口村	天津市	宝坻区	—	65.0（重复）	0	84.2	0	84.2	0	61.8	0	61.8
	九王庄大桥—永安庄村（天津与河北玉田县交界）		蓟州区	—	15.2	19.5	0	0	19.5	18.2	0	0	18.2
	永安庄村交界—江洼口村	河北省	唐山市	玉田县	49.8	58.2	0	0	58.2	41.3	0	0	41.3
	小计			—	65.0	77.7	84.2	0	161.9	59.5	61.8	0	121.3
合计					229.7	254.7	261.1	0	515.8	223.9	221.6	0	445.5

定。其中,卢沟桥以下北京市段主槽平均底宽规划治理不小于 60 m,泛区内河北段主槽平均底宽规划治理 60 m;泛区内天津段主槽平均底宽规划治理 50～60 m,结合规划指标定线,具体线位以实施后为准。

永定新河口:设计洪水标准为 100 年一遇,设计行洪流量 4 640 m³/s。自永定新河防潮闸闸上 0.5 km 至闸下 19 km,以防潮闸轴线为界分为闸上段和闸下段。闸上段以永定新河防潮闸闸上设计水位淹没范围为定线依据。闸下左右岸以规划治导线定线。治导线坐标采用"海河流域海河口、永定新河口、独流减河口综合整治规划报告""永定新河口综合整治规划治导线调整报告"成果。

2. 外缘边界线

永定河:朱官屯(夹河村)—沙营村段,采用张家口市河道管理范围线划定成果,根据已批复的"永定河综合治理与生态修复张家口市永定河怀来段综合整治工程实施方案"确定的管理范围并结合 20 年一遇淹没线及现状道路划定,下接北京市已批复的官厅水库管理范围线。沙营村—丰沙铁路段,采用北京市已批复官厅水库管理范围线划定成果。官厅水库上游河段 20 年一遇设计洪水成果为官厅水库的入库设计洪水流量,即 4 090 m³/s。

官厅水库大坝下游—京冀省界幽州村段,采用张家口市河道管理范围线划定成果,以河道防洪标准 10 年一遇淹没线为主要参照依据,并结合地形、地物(如堤埝、公路、铁路等)综合确定,此段 10 年一遇设计洪水采用区间设计水库相应地区组合成果,下游段落石水汇入前后河道洪峰变化很小,仅相差 13 m³/s,偏安全考虑,此段均采用落石水汇入后成果,即 978 m³/s。幽州村—三家店段,采用北京市河道管理范围划定成果,为"北京市防洪排涝规划"规定 20 年一遇洪水淹没线。三家店—京冀省界段,除右岸大宁水库与滞洪水库段采用水库左堤堤顶中心线为界外,其余河段采用北京市人民政府 2020 年批复的河道管理范围线划定成果。京冀省界—冀津省界段,依据《河北省人民政府关于划定主要行洪排沥河道和跨市界河道管理范围的通告》与河北省河道管理范围划定成果确定,有明确坐标点的区段采用管理范围划定成果;未明确坐标点的区段,涿州市金门闸—廊坊保定界采用堤脚外 33 m,廊坊保定界—梁各庄段采用堤脚外 33.3 m。津冀省界—屈家店段,采用"永定河系防洪规划报告"与《天津市河道管理条例》中管理范围划定成果,按外堤脚以外 25 m 确定。

永定新河口:依据河口管理范围、水闸工程管理范围定线。自永定新河防潮闸闸上 0.5 km 至闸下 19 km,依据《海河独流减河永定新河河口管理办法》,闸上按河道两岸堤防外堤脚以外 30 m 确定;闸下左岸 13 km 以上采用规划治导线,13 km 以下至 19 km 按规划治导线以外 1.15 km 确定;闸下右侧 9 km 以上采用规划治导线,9 km 以下至 19 km 按规划治导线以外 1.15 km 确定。永定新河防潮闸管理范围依据土地权属证明确定。

根据划定成果,永定河系岸线本次规划外缘边界线长 596.0 km,其中,左岸长 306.2 km,右岸长 289.8 km;规划临水边界线长 569.7 km,其中,左岸长 284.3 km,右岸长 285.4 km。各河段岸线边界线长度见表 6-2。

表 6-2　永定河系河道岸线边界线成果

河名	河段	省（直辖市）	市（地）级行政区	县级行政区	河道长度/km	临水线/km				外缘线/km			
						左岸	右岸	河心滩	小计	左岸	右岸	河心滩	小计
永定河	朱官屯—幽州村	河北省	张家口市	怀来县	28.1	27.6	27.3	0	54.9	27.1	25.7	0	52.8
	幽州村—京冀省界	北京市	门头沟区	—	170.2	83.1	90.7	0	173.8	94.9	101.5	0	196.4
			石景山区	—		11.0	1.6	0	12.6	12.7	1.5	0	14.2
			房山区	—		0	28.7	0	28.7	0	29.6	0	29.6
			丰台区	—		11.1	9.8	0	20.9	10.6	10.3	0	20.9
			大兴区	—		53.6	0	0	53.6	57.0	0	0	57.0
	京冀省界—津冀省界	河北省	保定市	涿州市	20.8	0	7.4	0	7.4	0	7.4	0	7.4
			廊坊市	固安县	（重复）	0	22.2	0	22.2	0	23.6	0	23.6
				永清县		0	24.5	0	24.5	0	24.6	0	24.6
				广阳区		13.9	0	0	13.9	16.9	0	0	16.9
				安次区	67.0	28.1	17.9	0	46.0	28.2	12.6	0	40.8
	津冀省界—屈家店	天津市	武清区	—		27.7	27.3	0	55.0	26.6	25.3	0	51.9
			北辰区	—		9.0	8.0	0	17.0	8.9	6.8	0	15.7
小计					265.3	265.1	265.4	0	530.5	282.9	268.9	0	551.8
永定新河	永定新河口	天津市	滨海新区	—	19.5	19.2	20.0	0	39.2	23.3	20.9	0	44.2
小计					19.5	19.2	20.0	0	39.2	23.3	20.9	0	44.2
合计					284.8	284.3	285.4	0	569.7	306.2	289.8	0	596.0

注：1. 表中怀来县内河长不含官厅水库涉及河长；
2. 永定河布局局部段为北京市与河北省界河，表中河长合计值为去掉重复段长度。

6.4.2.3　大清河系

大清河系规划范围内共划分岸线边界线总长度 186.5 km,其中河道左岸岸线边界线长度 90.3 km,右岸岸线边界线长度 96.2 km。各河段岸线边界线划定情况如下所述。

1. 临水边界线

赵王新河:人工开挖扩挖的河道,根据"河北雄安新区防洪专项规划"(2019 年 12 月印发),赵王新河防洪标准为 100 年一遇,当发生 100 年一遇洪水时,赵王新河最大下泄流量 5 860 m³/s,王村闸分洪 2 360 m³/s。自枣林庄枢纽至任庄子段,按照滩槽分界线并考虑河势控制,适当留有余地定线。其中,左岸自枣林庄枢纽至杨庄子规划扩挖主槽,底宽不小于 200 m,结合规划指标定线,具体线位以实施后为准。

新盖房分洪道:新盖房分洪道设计洪水标准为 100 年一遇,设计流量 5 500 m³/s。自新盖房枢纽至刘家铺段,滩槽分界线不明显,依据"雄安新区新盖房分洪道(左堤)堤防加固和治理工程可行性研究报告"(2020 年 5 月),新开挖河道主槽底宽为 300 m,结合规划指标定线,具体线位以实施后为准。

独流减河口:设计洪水标准为 50 年一遇,设计行洪流量 3 600 m³/s。以独流减河防潮闸轴线为界分为闸上段和闸下段。闸上段以闸上设计水位淹没范围为定线依据,闸下左右岸以规划治导线定线。治导线坐标依据"海河流域海河口、永定新河口、独流减河口综合整治规划",以及"独流减河口综合整治规划治导线调整报告"。

2. 外缘边界线

赵王新河:依据《河北省人民政府关于划定主要行洪排沥河道和跨市界河道管理范围的通告》与河北省河道管理范围划定成果确定。有明确坐标点的区段采用管理范围划定成果,未明确坐标点的区段,左岸枣林庄枢纽—任丘文安交界外缘边界线按外堤脚以外 20 m 确定,任丘文安交界—西码头闸按内堤肩以外 41.4 m;右岸枣林庄—任丘文安交界按外堤脚以外 50 m 确定,任丘文安交界—西码头闸按外堤脚以外 26.7 m 确定。

新盖房分洪道:依据《雄安新区新盖房分洪道(左堤)堤防加固和治理工程可行性研究报告》,新盖房枢纽—刘家铺段左岸按外堤脚以外 25 m 确定;依据《河北省人民政府关于划定主要行洪排沥河道和跨市边界河道管理范围的通告》,右岸按外堤脚以外 50 m 确定。

独流减河口:依据《海河独流减河永定新河河口管理办法》"独流减河口综合整治规划治导线调整报告"及独流减河口管理范围划定成果,防潮闸以上河道按两岸堤防外坡脚线以外 30 m 确定。闸下左侧 2.09 km 以上采用左堤作为外缘控制线,2.09 km 至 16.5 km 采用规划左治导线,16.5 km 至 21.5 km 按规划左治导线以外 200 m 确定;闸下右侧 16.5 km 以上采用规划右治导线,16.5 km 以下至 21.5 km 按规划右治导线以外 200 m 确定。

根据划定成果,大清河系岸线本次规划外缘边界线长 186.5 km,其中,左岸长 90.3 km,右岸长 96.2 km;规划临水边界线长 181.1 km,其中,左岸长 89.5 km,右岸长 91.6 km。各河段岸线边界线长度见表 6-3。

表 6-3　大清河系河道岸线边界线成果表

河名	河段	省（直辖市）	市（地）级行政区	县级行政区	河道长度/km	临水线/km				外缘线/km			
						左岸	右岸	河心滩	小计	左岸	右岸	河心滩	小计
赵王新河	枣林庄枢纽—任丘文安交界		沧州市	任丘市	9.0	8.9	9.4	0	18.3	8.9	9.2	0	18.1
	任丘文安交界—文安霸州交界	河北省	廊坊市	文安县	32.1	33.4	35.7	0	69.1	32.8	35.9	0	68.7
	文安霸州交界—任庄子			霸州市	0.9	0.9	0	0	0.9	0.9	0	0	0.9
	小计				42.0	43.2	45.1	0	88.3	42.6	45.1	0	87.7
新盖房分洪道	新盖房枢纽—刘家铺	河北省	雄安新区	雄县	23.0	24.1	24.3	0	48.4	25.0	26.7	0	51.7
	小计				23.0	24.1	24.3	0	48.4	25.0	26.7	0	51.7
独流减河	独流减河口	天津市	滨海新区	—	22.0	22.2	22.2	0	44.4	22.7	24.4	0	47.1
	小计				22.0	22.2	22.2	0	44.4	22.7	24.4	0	47.1
合计					87.0	89.5	91.6	0	181.1	90.3	96.2	0	186.5

6.4.2.4　海河干流

海河干流规划范围内海河口共划分岸线边界线总长度 51.6 km,其中左岸岸线边界线长度 23.0 km,右岸岸线边界线长度 28.6 km。各河段岸线边界线划定情况如下所述。

1. 临水边界线

海河口:海河干流设计行洪流量 800 m³/s。以海河防潮闸轴线为界分为闸上段和闸下段。闸上段以闸上设计水位淹没范围为定线依据,并考虑与外缘边界线位置关系。闸下左右岸以规划治导线定线。治导线坐标依据“海河流域海河口、永定新河口、独流减河口综合整治规划”,以及“海河口综合整治规划治导线调整报告”“海河口规划治导线延伸方案论证报告”。

2. 外缘边界线

海河口:依据《海河独流减河永定新河河口管理办法》、河口治导线调整成果、海河河口管理范围划定成果,闸上以河道两岸防洪墙为界,闸下以规划治导线为界,有导堤的以导堤外坡脚线以外 15 m 为界。

根据划定成果,海河口岸线本次规划外缘边界线长 51.6 km,其中左岸长 23.0 km,右岸长 28.6 km;规划临水边界线长 46.2 km,其中左岸长 22.5 km,右岸长 23.7 km。各河段岸线边界线长度见表6-4。

表 6-4　海河口岸线边界线成果

河流名称	河段	行政区划	河道长度/km	临水线/km			外缘线/km		
				左岸	右岸	小计	左岸	右岸	小计
海河干流	海河口	滨海新区	22.5	22.5	23.7	46.2	23.0	28.6	51.6

6.4.2.5　漳卫河系

漳卫河系规划范围内共划分岸线边界线总长度 1 585.2 km,其中河道左岸岸线边界线长度781.3 km,右岸岸线边界线长度 788.9 km,河心滩岸线边界线长度 15.0 km。各河段岸线边界线划定情况如下所述。

1. 临水边界线

漳河:岳城水库—徐万仓段,河道防洪标准为 50 年一遇,在设计洪水下泄情况下,洪水会淹没滩地在两堤内行洪。其中,岳城水库—京广铁路桥段处于山前丘陵区,按主槽岸坡与滩地的交接线并考虑岳城水库第二溢洪道流路、沿河建筑物、村庄及上下游河段连接等情况平顺定线;京广铁路桥—南尚村段为游荡性河段,1993 年国务院批复的“海河流域综合规划”划有 400~600 m 的中水治导线,并结合 2021 年批复的“漳河干流岳城水库—徐万仓治理规划”成果,总体按治导线定线,陈村河段(镇河村北—杜家堂上游)因主流尚未固定,采用漳河左右堤内堤脚线定线;南尚村—徐万仓段河水一般年份不会上滩,且两岸滩面上分布有村庄、农田,按照滩槽分界线并适当留有一定余地(考虑主槽下切拓宽演变)平顺定线。

卫河:淇门—徐万仓段,防洪标准为 50 年一遇,在设计洪水下泄情况下,洪水会淹没滩地在两堤内行洪。一般年份,河水不会上滩,且卫河两岸滩面上农田较多,故卫河临水边界线主要按照滩槽分界线并考虑上下游顺接确定,并结合 2021 年水利部批复的"卫河干流(淇门—徐万仓)治理工程初步设计报告"中规划河道 60.64 km 河槽清淤扩挖治理工程,最终线位以工程实施后的滩槽分界线为准。

共产主义渠:刘庄闸—老关嘴段,防洪标准为 50 年一遇,在设计洪水下泄情况下,洪水会淹没滩地在两堤内行洪。一般年份,河水不会上滩,故共产主义渠临水边界线主要按照滩槽分界线并考虑上下游顺接确定,并结合"卫河干流(淇门—徐万仓)治理工程可行性研究报告"中河槽清淤扩挖治理工程,清淤河底宽 10~26 m,最终线位以工程实施后的滩槽分界线为准。

卫运河:徐万仓—四女寺枢纽段,设计洪水标准为 50 年一遇,排涝标准为 3 年一遇,3 年一遇标准涝水情况下,河水不上滩,50 年一遇设计洪水情况下,会淹没滩地在两堤内行洪。本次主要按滩槽交接线并考虑弯道蠕动,适当留有一定余地平顺定线。

岔河:四女寺枢纽—大王铺段,设计洪水标准为 50 年一遇,在设计洪水下泄情况下,洪水会淹没滩地在两堤内行洪。一般年份,河水不会上滩,本次按照规划治理的主槽开口并适当留有余地定线。

老减河:四女寺枢纽—大王铺段,设计洪水标准为 50 年一遇,在设计洪水下泄情况下,洪水会淹没滩地在两堤内行洪。一般年份,河水不会上滩,本次按照规划治理的主槽开口并适当留有余地定线。

漳卫新河:大王铺—辛集闸,设计洪水标准为 50 年一遇,在设计洪水下泄情况下,洪水会淹没滩地在两堤内行洪。一般年份,河水不会上滩,本次主要按现状滩槽交接线并适当留有一定余地平顺定线。

漳卫新河口:辛集闸—大口河段,设计洪水标准为 50 年一遇,在设计洪水下泄情况下,洪水会淹没滩地行洪。一般年份,河水不会上滩。本次临水边界线划定,左岸辛集闸—海丰段、右岸辛集闸—孟家庄段按照规划主槽扩挖开口线结合河道情况(滩地高程低于平均高潮位的部分也划入临水控制线以内)划定临水边界线,左岸海丰—大口河段、右岸孟家庄—大口河段按照规划治导线划定临水边界线。

南运河:四女寺枢纽—第三店段,防洪标准为 50 年一遇,在设计洪水下泄情况下,洪水会淹没滩地在两堤内行洪。一般年份,河水不会上滩,且南运河穿过城市中心,两岸人口稠密,房屋较多,故南运河临水边界线主要按照滩槽分界线并考虑上下游顺接确定。

2. 外缘边界线

漳河:岳城水库—徐万仓段,根据"漳卫河系防洪规划"和"漳河干流岳城水库—徐万仓治理规划",岳城水库—京广铁路桥段以 50 年一遇设计洪水位以上 2 m 的淹没范围,适当考虑 100 年一遇洪水淹没范围、历史洪痕调查成果,并考虑岳城水库溢洪道流路、地形坡坎、沿河村庄以及上下游段连接等情况综合定线;京广铁路桥—徐万仓段按堤防背河侧堤脚线以外 8 m 定线。

卫河:淇门—徐万仓段,按现状堤防或规划堤防管理范围界线划定,根据 2021 年水利部批复的"卫河干流(淇门—徐万仓)治理工程初步设计报告",河南段堤防背水侧堤脚线以外 8 m 定线,河北段堤防背水侧堤脚线以外 5 m 定线,山东段为堤防背水侧堤脚线以外 5 m 定线。参照 2019 年 7 月 14 日河南省移民办公室印发的《关于卫河干流(淇门—徐万仓)治理工程建设征地与移民安置规划(河南省部分)审核的意见》,永久征收土地范围包括堤防加高、新筑堤防占地等,其中不包括护堤地范围,移民占地范围仅涉及河南段,外缘边界线的划定方法为占地范围背水侧以外 8 m 定线。

共产主义渠:刘庄闸—老关嘴段,根据"卫河干流(淇门—徐万仓)治理工程可行性研究报告"及其批复意见,按现状右岸堤防背水侧堤脚线及左岸不连续土堤基线背水侧 8 m 定线。

卫运河:徐万仓—四女寺枢纽段,按照现状堤防管理范围界线划定。依据"卫运河治理工程初步设计报告",卫运河自 20 世纪 60 年代中期实现统一管理以来,对两岸堤防的内、外堤脚按里 3 外 5(堤防内堤脚以内为 3 m、外堤脚以外为 5 m)的标准征用护堤地,归漳卫南运河管理局统一管理,因此卫运河外缘边界线按现状堤防背河侧堤脚线以外 5 m 划定。

岔河:四女寺枢纽—大王铺段,按照现状堤防管理范围界线划定。依据岔河堤防实际管理情况,现状堤防背河侧管理边线为外堤脚以外 5 m,因此岔河外缘边界线按现状堤防背河侧堤脚线以外 5 m 划定。

老减河:四女寺枢纽—大王铺段,按照现状或规划堤防管理范围界线划定。依据"漳卫河系防洪规划",老减河 2+000—11+146 左堤规划后退约 100 m,该段按规划背河侧堤脚线以外 8 m 定线;其余河段依据老减河堤防实际管理情况,按现状堤防背河侧堤脚线以外 5 m 定线。

漳卫新河:大王铺—辛集闸段,按照现状堤防管理范围线划定。依据漳卫新河堤防实际管理情况,现状堤防背河侧管理边线为外堤脚以外 5 m,因此大王铺—辛集闸段按现状堤防背河侧堤脚以外 5 m 定线。

漳卫新河口:辛集闸—大口河段,按照现状或规划堤防管理范围界线划定。依据"漳卫新河河口治理规划报告",河口段左岸海丰—大口河、右岸孟家庄—大口河段规划建设堤防,其他河段现状均有堤防。左岸辛集闸—海丰段、右岸辛集闸—孟家庄段,现状堤防背河侧管理边线为外堤脚以外 5 m,因此按现状堤防背河侧堤脚以外 5 m 定线;左岸海丰—大口河段、右岸孟家庄—大口河段规划建设堤防,依据"漳卫新河河口治理规划报告",规划新建堤防护堤地宽度取内 3 m 外 5 m,因此按规划堤防的外堤脚线以外 5 m 定线。

南运河:四女寺枢纽—第三店段,按照现状或规划堤防管理范围界线划定,根据《山东省河湖管理范围和水利工程管理与保护范围划界确权工作技术指南》,堤外护堤地自堤脚外侧 5~10 m。因河段为穿城镇段河道,德城区开发利用需求较高,城市发展速度较快,南运河德州段取外堤脚线以外 5 m 定线。根据河北省人民政府发布的《关于划定主要行洪排沥河道和跨市边界河道管理范围的通告》,河北段为外堤脚线以外 30 m 定线。

根据划定成果,漳卫河系岸线本次规划外缘边界线长 1 585.2 km,其中,左岸长781.3 km,右岸长 788.9 km,河心滩长 15.0 km;规划临水边界线长 1 657.3 km,其中,左岸长 820.2 m,右岸长 821.5 km,河心滩长 15.6 km。各河段岸线边界线长度见表 6-5。

表 6-5　漳卫河系河道岸线边界线成果

河名	河段	省（直辖市）	市（地）级行政区	县级行政区	河道长度/km	临水线/km				外缘线/km			
						左岸	右岸	河心滩	小计	左岸	右岸	河心滩	小计
漳河	岳城水库—京广铁路桥	河北省	邯郸市	磁县	14.1	14.4	0	8.5	22.9	13.2	0	8.5	21.7
	京广铁路桥—临漳与魏县交界			临漳县	44.1	43.4	44.2	0	87.6	41.7	45.5	0	87.2
	临漳与魏县交界—魏县与大名交界			魏县	29.7	32.3	31.0	0	63.3	32.4	30.6	0	63.0
	魏县与大名交界—大名与馆陶交界			大名县	27.5	27.1	29.6	0	56.7	24.4	29.2	0	53.6
	大名与馆陶交界—徐万仓			馆陶县	2.0	2.1	0	0	2.1	2.6	0	0	2.6
	岳城水库—京广铁路桥	河南省	安阳市	安阳县	14.1（重复）	0	15.5	0	15.5	0	15.1	0	15.1
	小计				117.4	119.3	120.3	8.5	248.1	114.3	120.4	8.5	243.2
卫河	淇门—浚县与滑县交界处、徐村—共卫合流隔埝、卫河路大桥—黎阳路大桥（河心滩）	河南省	鹤壁市	浚县	134.3	63.7	66.5	4.2	134.4	49.8	62.3	3.9	116.0
	老关嘴—牤牛河汇入卫河河口右堤		鹤壁市、安阳市	浚县、汤阴县、内黄县		23.2	0	0	23.2	25.6	0	0	25.6
	王湾村—浚县与滑县交界处徐村（左）、烧酒营—徐村（右）		安阳市	滑县		6.1	8.0	0	14.1	5.1	8.1	0	13.2
	牤牛河汇入卫河河口右堤—内黄县与魏县交界处（左）、北苏村—内黄县与清丰县交界处滩上村（右）			内黄县		27.5	46.6	0	74.1	24.8	46.9	0	71.7
	滩上村—清丰县与南乐县交界潮汪村		濮阳市	清丰县		0	10.6	0	10.6	0	9.4	0	9.4
	潮汪村—河南南乐县与河北大名县省界处大北张村			南乐县		16.4	21.1	0	37.5	14.9	19.5	0	34.4

续表 6-5

河名	河段	省(直辖市)	市(地)级行政区	县级行政区	河道长度/km	临水线/km				外缘线/km			
						左岸	右岸	河心滩	小计	左岸	右岸	河心滩	小计
卫河	内黄县与魏县交界处—魏县与南乐县交界处大郭村	河北省	邯郸市	魏县	48.7	15.9	0	0	15.9	15.3	0	0	15.3
				大名县		45.6	38.4	0	84.0	38.6	36.5	0	75.1
	大北张村—徐万仓	山东省	聊城市	冠县	6.0(重复)	0	7.8	0	7.8	0	6.0	0	6.0
	小计				183.0	198.4	199.0	4.2	401.6	174.1	188.7	3.9	366.7
共产主义渠	刘庄闸—老关嘴	河南省	鹤壁市	浚县	44.0	44.2	44.1	0	88.3	44.4	31.8	0	76.2
	小计				44.0	44.2	44.1	0	88.3	44.4	31.8	0	76.2
卫运河	徐万仓—四女寺枢纽	河北省	邯郸市	馆陶县	157.0	38.5	0	0	38.5	40.5	0	0	40.5
			邢台市	临西县		36.1	0	0	36.1	38.8	0	0	38.8
				清河县		19.8	1.5	0	21.3	19.3	2.2	0	21.5
			衡水市	故城县		64.0	0	0	64.0	63.9	0	0	63.9
		山东省	聊城市	冠县	157.0(重复)	0	29.8	0	29.8	0	29.9	0	29.9
				临清市		0	44.0	0	44.0	0	42.7	0	42.7
			德州市	夏津县		0	21.0	0	21.0	0	20.1	0	20.1
				武城县		0	62.2	0	62.2	0	63.0	0	63.0
	小计				157.0	158.4	158.5	0	316.9	162.5	157.9	0	320.4
岔河	四女寺枢纽—山东河北省界	山东省	德州市	德城区	23.1	22.4	22.5	0	44.9	22.6	22.5	0	45.1
	山东河北省界—大王铺	河北省	沧州市	吴桥县	19.9	20.5	20.4	0	40.9	19.9	19.5	0	39.4
	小计				43.0	42.9	42.9	0	85.8	42.5	42.0	0	84.5
老减河	四女寺枢纽—山东河北省界	山东省	德州市	德城区	28.4	31.8	27.0	0	58.8	30.6	27.2	0	57.8
				武城县		0.5	5.6	0	6.1	0.5	6.0	0	6.5
	山东河北省界—大王铺	山东省		德城区	24.6	0	11.0	0	11.0	0	11.0	0	11.0
				宁津县		0	9.0	0	9.0	0	9.4	0	9.4
		河北省	沧州市	吴桥县	24.6(重复)	20.2	0	0	20.2	19.9	0	0	19.9
	小计				53.0	52.5	52.6	0	105.1	51.0	53.6	0	104.6

续表 6-5

河名	河段	省（直辖市）	市（地）级行政区	县级行政区	河道长度/km	临水线/km				外缘线/km			
						左岸	右岸	河心滩	小计	左岸	右岸	河心滩	小计
漳卫新河	大王铺—辛集闸	河北省	沧州市	吴桥县	122.0	18.8	0	0	18.8	20.4	0	0	20.4
				东光县		23.4	0	0	23.4	22.6	0	0	22.6
				南皮县		13.7	0	0	13.7	14.4	0	0	14.4
				盐山县		48.6	0	0	48.6	48.2	0	0	48.2
				海兴县		17.6	0	0	17.6	17.7	0	0	17.7
		山东省	德州市	宁津县	122.0（重复）	0	46.8	0	46.8	0	46.7	0	46.7
				乐陵市		0	34.5	0	34.5	0	35.5	0	35.5
				庆云县		0	32.2	0	32.2	0	33.0	0	33.0
			滨州市	无棣县		0	8.5	0	8.5	0	6.9	0	6.9
	辛集闸—大口河	河北省	沧州市	海兴县	37.0	37.4	0	0	37.4	35.6	0	0	35.6
		山东省	滨州市	无棣县	37.0（重复）	0	37.4	0	37.4	0	37.8	0	37.8
	小计				159.0	159.5	159.4	0	318.9	158.9	159.9	0	318.8
南运河	四女寺枢纽—大曹庄村	河北省	衡水市	故城县	6.3（重复）	14.3	0	0	14.3	10.7	0	0	10.7
	叶园村—第三店村			景县	24.7（重复）	23.7	0	0	23.7	16.9	0	0	16.9
	大曹庄村—叶园村（左）；四女寺枢纽—第三店（右）	山东省	德州市	德城区	41.0	7.0	44.7	2.9	54.6	6.1	34.6	2.6	43.3
	小计				41.0	45.0	44.7	2.9	92.6	33.7	34.6	2.6	70.9
合计					797.4	820.2	821.5	15.6	1 657.3	781.3	788.9	15.0	1 585.2

说明：表中数据为四舍五入，存在一定的误差，合计项数据有误差。

6.5 聊城市 19 条河流岸线边界线划定

6.5.1 划定方法

6.5.1.1 临水控制线

根据《山东省省级重要河湖岸线利用管理规划工作大纲》的要求,临水控制线的划定方法如下:

(1)在已划定河道治导线的河段,采用河道治导线作为临水控制线。

(2)对河道滩槽关系明显、河势较稳定的河段,滩面高程与平滩水位比较接近,采用滩槽分界线作为临水控制线;对滩槽不明显或没有滩地的河段,以 5 年一遇洪水位或正常蓄水位与岸边交界线作为临水控制线。

(3)对河势不稳、河槽冲淤变化明显、主流摆动的河段,划定临水控制线时应考虑河势演变影响,适当留有余地;对河势不稳且滩地较窄的河段,以堤防临水面堤脚线或已划定的堤防临水侧管理范围边线为临水控制线。

(4)对已规划确定河道整治工程的岸线,考虑规划方案实施的要求划定临水控制线。

(5)临水控制线与河道水流流向应保持基本平顺。

(6)对湖泊临水控制线可采用正常蓄水位与岸边的交界线作为临水控制线;对未确定正常蓄水位的湖泊可采用多年平均湖水位与岸边的交界线作为临水控制线。

6.5.1.2 外缘控制线

根据《山东省省级重要河湖岸线利用管理规划工作大纲》的要求,外缘控制线的划定方法如下:

(1)对已建有堤防工程的河段,一般在工程建设时已划定堤防工程的管理范围,外缘控制线采用已划定的堤防工程管理范围的外缘线;对部分未划定堤防工程管理范围的河段,参照《堤防工程管理设计规范》(SL/T 171—2020)及山东省(市、区)的有关规定,并结合工程具体情况,根据不同级别的堤防合理划定。

(2)对无堤防的河段采用河道设计洪水位与岸边的交界线作为外缘控制线。对已规划建设堤防工程而目前尚未建设的河段,根据工程规划要求,以规划堤防管理范围外缘线划定外缘控制线。

(3)本次涉及的河道或渠道大多于 20 世纪 90 年代完成了确权工作,并办理了国有土地使用证,近期各县(市、区)划定的管理范围成果已通过审批,主要按照最新批复的管理范围成果,并结合确权资料划定外缘控制线。

(4)已规划建设防洪工程、水资源利用与保护工程、生态环境保护工程的河段,根据工程建设规划要求,预留工程建设用地,并在此基础上划定岸线控制线。

6.5.2　划定成果

6.5.2.1　赵王河岸线控制线划定成果

1. 阳谷县段(0+000—37+380)

1) 岸线控制线定线条件

赵王河阳谷段河长 37.38 km,范围为寿张镇赵升白闸—郭屯镇孟屯闸,河宽 15~52 m,两岸均属于自然边坡形式,未见明显堤防。自赵升白闸至于营村,长 24.65 km,由于久未治理,其现状防洪标准不足 20 年,现状排涝标准不足 5 年;自于营村至三干渠桥,长 12.73 km,已实施阳谷县中小河道治理(赵王河)工程,其现状防洪标准为 20 年,现状排涝标准为 5 年。该段河道于 20 世纪 90 年代完成了确权划界工作,并办理了国有土地使用证。近期,阳谷县划定了最新的赵王河管理范围。

2) 临水控制线定线

根据赵王河 1:2 000 航拍影像图和 1:10 000 地形图,采用河道上口线并考虑上下游河段连接等情况平顺定线。

3) 外缘控制线定线

根据阳谷县的赵王河管理范围划定成果,并结合确权长度及宽度资料划定外缘控制线。

2. 旅游度假区段(37+380—49+020)

1) 岸线控制线定线条件

赵王河旅游度假区段河长 11.64 km,由旅游度假区三干渠桥起,经赵王河改道工程新开挖河道入徒骇河。其中,三干渠桥—运河河道长 8.05 km,堤防形式为土堤,两岸长为 15.80 km,堤防等级为 4 级。运河—姚屯村段河道长 1.50 km,堤防形式为土堤,长为 3.00 km,现状已被南水北调东线占用。赵王河改道工程长为 2.09 km,原姚屯村—四河头段河段现状已被凤凰湖水库工程占用。近期,旅游度假区划定了最新的赵王河管理范围。

2) 临水控制线定线

根据赵王河 1:2 000 航拍影像图和 1:10 000 地形图,采用河道上口线并考虑上下游河段连接等情况平顺定线。

3) 外缘控制线定线

三干渠桥—南水北调输水干渠段根据旅游度假区的赵王河管理范围划定成果,并结合堤防管理范围和确权长度及宽度资料划定外缘线。

赵王河改道工程新开挖河道段根据南水北调东线一期鲁北段工程聊城江北水城旅游度假区赵王河排涝影响处理工程设计说明及图纸,结合征地范围线确定外缘线。

综合前述,各河段岸线控制线定线方案,形成赵王河河道岸线控制线定线方案汇总表,见表6-6。

表 6-6 赵王河岸线控制线成果

县（区）	岸别	功能区起止点（桩号或地点）		河道长度/km	临水控制线 长度/km	外缘控制线 长度/km	主要依据	
							临水线	外缘线
阳谷县	左岸	0+000	2+990	2.99	3.00	3.00	采用河道上口线并考虑上下游河段连接等情况平顺定线	根据管理范围划定成果并结合确权资料划定外缘控制线
		2+990	4+490	1.50	1.50	1.52		
		4+490	26+230	21.74	21.76	21.74		
		26+230	28+230	2.00	2.00	2.00		
		28+230	37+380	9.15	9.14	9.14		
	右岸	0+000	2+990	2.99	2.97	2.97		
		2+990	4+490	1.50	1.51	1.51		
		4+490	26+230	21.74	21.73	21.73		
		26+230	28+230	2.00	2.01	2.01		
		28+230	37+380	9.15	9.16	9.18		
		37+380	44+630	7.25	7.12	7.12	根据《聊城市东昌府区赵王河治理工程初步设计报告》，按照河道上口线定线	根据管理范围划定成果并结合堤防管理范围划定外缘控制线
旅游度假区	左岸	44+630	45+220	0.59	0.53	0.49	采用河道上口线并考虑上下游河段连接等情况平顺定线	根据管理范围划定成果并结合堤防管理范围、南水北调征地范围划线划定外缘控制线
		45+220	49+020	3.80	3.83	3.83		

续表 6-6

县（区）	岸别	功能区起止点（桩号或地点）		河道长度/km	临水控制线 长度/km	外缘控制线 长度/km	主要依据	
							临水线	外缘线
		37+380	44+630	7.25	7.09	7.09	根据《聊城市东昌府区赵王河治理工程初步设计报告》，按照河道上口线定线	根据管理范围划定成果并结合堤防管理范围划定外缘控制线
旅游度假区	右岸	44+630	45+220	0.59	0.64	0.68	采用河道上口线并考虑上、下游河段连接等情况平顺定线	根据管理范围划定成果并结合堤防管理范围，南水北调征地范围线划定外缘控制线
		45+220	49+020	3.80	3.79	3.79		

6.5.2.2　四新河岸线控制线划定成果

1. 东阿县

1）控制线定线条件

四新河东阿县段河长 14.95 km，范围为查庄村—赵庄村。该段无堤防，且未确权，全段为西引水渠和西沉沙池的截渗沟，大部分河段左岸紧邻西引水渠和西沉沙池。

2）临水控制线定线

根据四新河 1∶2 000 航拍影像图和 1∶10 000 地形图，采用河道上口线确定临水控制线。

3）外缘控制线定线

根据各县（市、区）划定的四新河及西引水渠、西沉沙池管理范围成果划定外缘控制线，各县（市、区）管理范围因工程建设或实际管理需要发生变化的，外缘控制线随之变化。

2. 旅游度假区段

1）控制线定线条件

四新河旅游度假区段河长 7.72 km，范围为牛王村—邢庄村。该段建有 5 级堤防，形式为土堤，部分段堤防缺失。该段河道于 20 世纪 90 年代完成了确权工作，并办理了国有土地使用证。

2）临水控制线定线

根据四新河 1∶2 000 航拍影像图和 1∶10 000 地形图，采用河道上口线确定临水控制线。

3）外缘控制线定线

按照各县（市、区）最新划定的管理范围成果，并结合确权资料划定外缘控制线，各县（市、区）管理范围因工程建设或实际管理需要发生变化的，外缘控制线随之变化。

3. 高新区段

1）控制线定线条件

四新河高新区段河长 9.53 km，范围为崔庄村—朱庄村。其中，崔庄村—老聊滑路段（22+670—26+300）建有 5 级堤防，形式为土堤，部分段堤防缺失。老聊滑路—朱庄村段（26+300—32+200）于 2013 年进行了清淤疏浚恢复堤防并配套沿岸建筑物，堤防级别为 4级，部分段滩槽关系明显。该段河道于 20 世纪 90 年代完成了确权工作，并办理了国有土地使用证，老聊滑路—朱庄村治理段则进行了重新征地。

2）临水控制线定线

根据 1∶2 000 航拍影像图和 1∶10 000 地形图，对于无滩地河段，采用河道上口线确定临水控制线。对于滩槽关系明显的河段，以河槽上口线作为临水控制线。

3）外缘控制线定线

根据各县（市、区）管理范围划定成果划定外缘控制线，各县（市、区）管理范围因工程建设或实际管理需要发生变化的，外缘控制线随之变化。崔庄村—老聊滑路段可结合确权资料，老聊滑路—朱庄村段结合"山东省聊城市四新河治理工程初步设计报告"和"聊城市四新河治理工程重大变更设计说明书"中断面资料，以堤防的管理范围线作为定线依据,最终划定外缘控制线。

4. 经开区段

1)控制线定线条件

四新河经开区段河长 8.30 km,范围为老程庄—杭庄村,除辽河路—东昌路中小河流原始保留段(34+080—35+480)外,其余段于 2013 年进行了清淤疏浚恢复堤防并配套沿岸建筑物,堤防级别为 4 级,部分段滩槽关系明显。该段河道于 20 世纪 90 年代完成了确权工作,并办理了国有土地使用证,2013 年河道治理时进行了重新征地。

2)临水控制线定线

根据 1:2 000 航拍影像图和 1:10 000 地形图,对于无滩地河段,采用河道上口线确定临水控制线。对于滩槽关系明显的河段,以河槽上口线作为临水控制线。

3)外缘控制线定线

根据各县(市、区)管理范围划定成果划定外缘控制线,各县(市、区)管理范围因工程建设或实际管理需要发生变化的,外缘控制线随之变化。辽河路—东昌路中小河流原始保留段可结合确权资料,其余段结合"山东省聊城市四新河治理工程初步设计报告""聊城市四新河治理工程重大变更设计说明书"和竣工断面资料,以堤防的管理范围线作为定线依据。

5. 茌平县段

位于徒骇河管理范围内,本次不再进行岸线规划。

综合前述各河段岸线控制线定线方案,形成四新河岸线控制线成果表,见表 6-7。

6.5.2.3　茌新河岸线控制线划定成果

1. 高新区段

1)控制线定线条件

茌新河高新区段河长 4.70 km,范围为门李村—石海子村,全段规划堤防等级为 4级,现状堤防存在大段缺失的情况。该段河道于 20 世纪 90 年代完成了确权工作,并办理了国有土地使用证。

2)临水控制线定线

根据茌新河 1:2 000 航拍影像图和 1:10 000 地形图,采用河道上口线确定临水控制线。

3)外缘控制线定线

按照确权资料并结合各县(市、区)管理范围划定成果划定外缘控制线。

2. 经开区段

1)控制线定线条件

茌新河经开区段河长 7.30 km,范围为颜庄村—张家楼村,全段规划堤防等级为 4级,现状堤防存在大段缺失的情况。该段河道于 20 世纪 90 年代完成了确权工作,并办理了国有土地使用证。

2)临水控制线定线

根据 1:2 000 航拍影像图和 1:10 000 地形图,采用河道上口线确定临水控制线。

表6-7　四新河岸线控制线成果

区(县)	岸别	河段起止点(桩号或地点)		河段长度/km	临水控制线 长度/km	外缘控制线 长度/km	划分的主要依据 临水控制线	划分的主要依据 外缘控制线
东阿县	左岸	0+000	14+950	14.95	14.96	15.00	采用河道上口线确定临水控制线	结合各县(市,区)管理范围划定成果划定外缘控制线
	右岸	0+000	14+950	14.95	14.96	15.04		
旅游度假区	左岸	14+950	22+670	7.72	7.35	7.35	采用河道上口线确定临水控制线	按照各县(市,区)最新划定的管理范围成果,并结合各确权资料划定外缘控制线
	右岸	14+950	22+670	7.72	7.33	7.33		
高新区	左岸	22+670	32+200	9.53	9.04	9.20	对于无滩地河段,采用河道上口线确定临水控制线。对于滩槽关系明显的河段,以河槽上口线作为临水控制线	根据各县(市,区)管理范围划定成果划定外缘控制线,崔庄村一老聊滑路段可结合老聊滑路段的管理范围线作为定线依据
	右岸	22+670	32+200	9.53	9.53	9.67		老聊滑路一朱庄村段结合堤防资料,老聊滑路一朱庄村段结合合提防的管理范围线作为定线依据
经开区	左岸	32+200	40+500	8.30	8.78	9.06	对于无滩地河段,采用河道上口线确定临水控制线。对于滩槽关系明显的河段,以河槽上口线作为临水控制线	根据各县(市,区)管理范围划定成果划定外缘控制线,辽河路一东昌路原始保留段可结合合竣工断面资料作为定线依据
	右岸	32+200	40+500	8.30	8.30	8.92		东昌路结合合竣工断面资料,其余段结合工竣工断面资料作为定线依据
	左岸	40+500	40+900	0.40	—	—	徒骇河岸线范围内不作规划	
	右岸	40+500	40+900	0.40	—	—		

3)外缘控制线定线

按照确权资料并结合各县(市、区)管理范围划定成果划定外缘控制线。

3. 茌平县段

1)控制线定线条件

茌新河茌平县段河长 16.01 km,范围为小井庄村至白庄村,其中泥王渡槽—邯济铁路段 2010 年进行了扩挖治理。全段规划堤防等级为 4 级,现状堤防存在大段缺失的情况。该段河道于 20 世纪 90 年代完成了确权工作,并办理了国有土地使用证。

2)临水控制线定线

根据 1:2 000 航拍影像图和 1:10 000 地形图,采用河道上口线确定临水控制线。

3)外缘控制线定线

泥王渡槽—邯济铁路段在扩挖治理时对两岸进行了征地,此段根据征地范围线,并结合现场房屋建筑、道路、绿化带等地物划定外缘控制线。其余段按照确权资料划定外缘控制线。此外,结合各县(市、区)管理范围划定成果,各县(市、区)管理范围因工程建设或实际管理需要发生变化的,外缘控制线随之变化。

综合前述各河段岸线控制线定线方案,形成茌新河岸线控制线成果表,见表 6-8。

6.5.2.4　赵牛新河岸线控制线划定成果

1. 东阿县段

1)控制线定线条件

赵牛新河东阿县段河长 21.42 km,该段河道于 20 世纪 90 年代完成了确权划界工作,并办理了国有土地使用证。

2)临水控制线定线

根据赵牛新河 1:2 000 航拍影像图和 1:10 000 地形图,采用河道上口线并考虑上下游河段连接等情况平顺定线。

3)外缘控制线定线

按照最新划定的管理范围成果,并结合确权资料划定外缘控制线。

2. 茌平县段

1)控制线定线条件

赵牛新河茌平县段河长 22.48 km,该段河道于 20 世纪 90 年代完成了确权工作,并办理了国有土地使用证。

2)临水控制线定线

根据赵牛新河 1:2 000 航拍影像图和 1:10 000 地形图,采用河道上口线并考虑上下游河段连接等情况平顺定线。

3)外缘控制线定线

按照最新划定的管理范围成果,并结合确权资料划定外缘控制线。

综合前述,各河段岸线控制线定线方案,形成赵牛新河岸线控制线方案汇总表,见表 6-9。

表 6-8　在新河岸线控制线成果

县（区）	岸别	河段起止点（桩号）		河段长度/km	临水控制线长度/km	外缘控制线长度/km	划分的主要依据	
							临水控制线	外缘控制线
高新区	左岸	0+000	4+700	4.70	4.84	4.98	采用河道上口线确定临水控制线	按照确权资料并结合各县（市、区）管理范围划定成果划定外缘控制线
	右岸	0+000	4+700	4.70	4.82	4.90		
经开区	左岸	4+700	12+000	7.30	7.74	7.75		
	右岸	4+700	12+000	7.30	7.00	7.20		
茌平县	左岸	12+000	27+720	15.72	15.03	15.26	采用河道上口线确定临水控制线	泥王渡槽—邯济铁路段根据征地范围线，并结合现场地物资料划定外缘控制线。此外，结合各县（市、区）管理范围划定成果
		28+010	27+720	0.29	—	—	徒骇河岸线范围内不作规划	徒骇河岸线范围内不作规划
	右岸	12+000	27+720	15.72	15.85	15.89	采用河道上口线确定临水控制线	泥王渡槽—邯济铁路段根据征地范围线，并结合现场地物资料划定外缘控制线。此外，结合各县（市、区）管理范围划定成果
		28+010	27+720	0.29	—	—	徒骇河岸线范围内不作规划	徒骇河岸线范围内不作规划

表 6-9 赵牛新河岸线控制线方案汇总

县（区）	岸别	河段起止点桩号		河道长度/km	临水控制线 长度/km	外缘控制线 长度/km	划分的主要依据	
							临水控制线	外缘控制线
东阿县	左岸	0+000	21+420	21.42	21.60	21.60	采用河道上口线并考虑上下游河段连接等情况平顺定线	按照最新划定的管理范围成果,并结合确权资料划定外缘控制线
		38+862	40+102	1.24	1.24	1.24		
		41+372	41+162	0.21	0.21	0.21		
茌平县	左岸	21+420	38+862	17.44	17.26	17.26		
		40+102	41+162	1.06	1.06	1.06		
		41+372	43+900	2.53	2.89	2.89		
东阿县	右岸	0+000	21+420	21.42	21.60	21.60		
茌平县	右岸	21+420	43+900	22.48	22.66	22.66		

6.5.2.5　周公河岸线控制线划定成果

1. 河道上游段

1) 控制线定线条件

周公河上游段总长 5.65 km,其中东昌府区段河长 3.54 km,范围为芦庄村—老庙村,旅游度假区段河长 2.11 km,范围为前十里营村—八东村,全段为梯形断面,两岸均属于自然岸坡,未建有堤防。该段河道于 20 世纪 90 年代完成了确权工作,并办理了国有土地使用证。近期,东昌府区和旅游度假区划定了最新的周公河管理范围。

2) 临水控制线定线

根据周公河 1:2 000 航拍影像图和 1:10 000 地形图,采用河道上口线确定临水控制线。

3) 外缘控制线定线

根据东昌府区和旅游度假区的周公河管理范围划定成果,并结合确权长度及宽度资料划定外缘控制线。

2. 河道下游段

1) 控制线定线条件

周公河下游段总长 9.02 km,其中东昌府区和经开区交界段 4.03 km,范围为卫育路—位山二干渠,左岸为经开区,右岸为东昌府区,其上游段和下游段属经开区,长 4.99 km。2014 年,下游段全段进行疏浚清淤,部分段填筑堤防,目前全段建有 2 级堤防,形式为土堤,部分段滩槽关系明显。该段河道于 20 世纪 90 年代完成了确权工作,并办理了国有土地使用证,河道治理时进行了重新征地。近期,东昌府区和经开区划定了最新的周公河管理范围。

2) 临水控制线定线

根据 1:2 000 航拍影像图和 1:10 000 地形图,对于无滩地河段,采用河道上口线确定临水控制线;对于滩槽关系明显的河段,则以河槽上口线定线。

3) 外缘控制线定线

根据东昌府区和经开区的周公河管理范围划定成果,并结合确权长度及宽度、现状堤防管理范围等资料划定外缘控制线。

综合前述各河段岸线控制线定线方案,形成周公河岸线控制线成果表,见表 6-10。

6.5.2.6　运河(东昌湖)岸线控制线划定成果

1. 运河东昌府区段

1) 岸线控制线定线条件

该段范围经东昌府区的古楼街道办事处、柳园街道办事处、新区街道办事处,至十里铺村,长度为 10.09 km。该段双力路以南为城区景观段,两岸为直立岸墙;双力路以北未经治理。近期,东昌府区划定了最新的运河管理范围。

2) 临水控制线定线

根据运河(东昌湖)1:2 000 航拍影像图和 1:10 000 地形图,采用河道上口线并考虑上下游河段连接等情况平顺定线。

3) 外缘控制线定线

根据东昌府区划定的运河管理范围成果,并结合确权长度及宽度资料划定外缘控制线。

表 6-10　周公河岸线控制线成果

县（区）	岸别	功能区起止点（桩号或地点）		河道长度/km	临水控制线长度/km	外缘控制线长度/km	划分的主要依据	
							临水控制线	外缘控制线
东昌府区	左岸	0+000	3+540	3.54	3.53	3.61	采用河道上口线确定临水控制线	根据管理范围划定成果并结合确权资料划定外缘控制线
东昌府区	右岸	0+000	3+540	3.54	3.83	3.85	采用河道上口线确定临水控制线	根据管理范围划定成果并结合确权资料划定外缘控制线
旅游度假区	左岸	3+540	5+650	2.11	2.12	2.12	采用河道上口线确定临水控制线	根据管理范围划定成果并结合确权资料划定外缘控制线
旅游度假区	右岸	3+540	5+650	2.11	1.81	1.81	采用河道上口线确定临水控制线	根据管理范围划定成果并结合确权资料划定外缘控制线
旅游度假区、东昌府区	两岸	5+650	14+700	9.05	—	—	与南水北调干渠重合段，本次不作规划	
经开区	左岸	14+700	16+640	1.94	1.96	2.12	对于无滩地河段，采用河道上口线确定临水控制线；对于滩槽关系明显的河段，以河槽上口线定线	根据管理范围划定成果并结合确权资料划定，堤防管理范围线
经开区	右岸	14+700	16+640	1.94	1.94	2.10	对于无滩地河段，采用河道上口线确定临水控制线；对于滩槽关系明显的河段，以河槽上口线定线	根据管理范围划定成果并结合确权资料划定，堤防管理范围线
东昌府区与经开区交界段	左岸	16+640	20+670	4.03	4.02	4.04	对于无滩地河段，采用河道上口线确定临水控制线；对于滩槽关系明显的河段，以河槽上口线定线	根据管理范围划定成果并结合确权资料划定，堤防管理范围线
东昌府区与经开区交界段	右岸	16+640	20+670	4.03	4.00	4.02	对于无滩地河段，采用河道上口线确定临水控制线；对于滩槽关系明显的河段，以河槽上口线定线	根据管理范围划定成果并结合确权资料划定，堤防管理范围线
经开区	左岸	20+670	23+720	3.05	3.02	3.12	对于无滩地河段，采用河道上口线确定临水控制线；对于滩槽关系明显的河段，以河槽上口线定线	根据管理范围划定成果并结合确权资料划定，堤防管理范围线
经开区	右岸	20+670	23+720	3.05	3.02	3.10	对于无滩地河段，采用河道上口线确定临水控制线；对于滩槽关系明显的河段，以河槽上口线定线	根据管理范围划定成果并结合确权资料划定，堤防管理范围线

2. 运河经开区段

1）岸线控制线定线条件

运河经开区段经北城街道办事处，由辛闸村西北入西新河，长度为 5.65 km。目前尚未治理，部分河段断流。近期，经开区划定了最新的运河管理范围。

2）临水控制线定线

根据运河（东昌湖）1:2 000 航拍影像图和 1:10 000 地形图，采用河道上口线并考虑上下游河段连接等情况平顺定线。

3）外缘控制线定线

根据经开区划定的运河管理范围成果，并结合确权长度及宽度资料划定外缘控制线。

3. 东昌湖

1）临水控制线定线

以湖面与岸边的交界线划定临水线。

2）外缘控制线定线

根据东昌府区划定的东昌湖管理范围成果，并结合《东昌湖风景区道路规划方案》设计资料确定外缘线。

综合前述各河段岸线控制线定线方案，形成运河（东昌湖）岸线控制线定线方案汇总表，见表 6-11。

6.5.2.7　西新河岸线控制线划定成果

1. 东昌府区段

1）控制线定线条件

西新河东昌府区段河长 27.14 km，该段河道于 20 世纪 90 年代完成了确权划界工作，并办理了国有土地使用证。

2）临水控制线定线

根据西新河 1:2 000 航拍影像图和 1:10 000 地形图，采用河道上口线并考虑上下游河段连接等情况平顺定线。

3）外缘控制线定线

按照最新划定的管理范围成果，并结合确权资料划定外缘控制线。

2. 茌平县段

1）控制线定线条件

西新河茌平县段河长 14.08 km，该段河道于 20 世纪 90 年代完成了确权工作，并办理国有土地使用证。

2）临水控制线定线

根据西新河 1:2 000 航拍影像图和 1:10 000 地形图，采用河道上口线并考虑上下游河段连接等情况平顺定线。

3）外缘控制线定线

按照最新划定的管理范围成果，并结合确权资料划定外缘控制线。

综合前述各河段岸线控制线定线方案，形成西新河岸线控制线成果，见表 6-12。

表 6-11　运河（东昌湖）岸线控制线定线方案汇总

县（区）	岸别	功能区名称	功能区起止点（桩号或地点）		河道长度/km	临水控制线 长度/km	外缘控制线 长度/km	临水线	主要依据	外缘线
东昌府区	左岸	东昌府区控制利用区 1	0+000	10+090	10.09	9.71	10.79	采用河道上口线并考虑上下游段河情况平顺定线	根据管理范围划定成果划定外缘控制线	根据管理范围划定成果划定外缘控制线
东昌府区	右岸	东昌府区控制利用区 2	0+000	10+090	10.09	9.71	10.05	采用河道上口线并考虑上下游段河情况平顺定线	根据管理范围划定成果划定外缘控制线	根据管理范围划定成果划定外缘控制线
经开区	左岸	经开区控制利用区 1	10+090	11+610	1.52	1.52	1.52	采用河道上口线并考虑上下游段河情况平顺定线	根据管理范围划定成果并结合确权资料划定外缘控制线	根据管理范围划定成果并结合确权资料划定外缘控制线
经开区	左岸	经开区保护区 1	11+610	15+740	4.13	4.14	4.16	采用河道上口线并考虑上下游段河情况平顺定线	根据管理范围划定成果并结合确权资料划定外缘控制线	根据管理范围划定成果并结合确权资料划定外缘控制线
经开区	右岸	经开区开发利用区 1	10+090	11+610	1.52	1.52	1.52	采用河道上口线并考虑上下游段河情况平顺定线	根据管理范围划定成果并结合确权资料划定外缘控制线	根据管理范围划定成果并结合确权资料划定外缘控制线
经开区	右岸	经开区保护区 2	11+610	15+740	4.13	4.13	4.15	采用河道上口线并考虑上下游段河情况平顺定线	根据管理范围划定成果并结合确权资料划定外缘控制线	根据管理范围划定成果并结合确权资料划定外缘控制线
东昌湖	—	控制利用区	—	—	—	23.75	17.71	以湖面与岸边的交界线划定临水线	根据管理范围划定成果并结合《东昌湖风景区道路规划方案》设计资料确定外缘线	根据管理范围划定成果并结合《东昌湖风景区道路规划方案》设计资料确定外缘线

表 6-12 西新河岸线控制线成果

县（区）	岸别	功能区起止点（桩号或地点）		河道长度/km	临水控制线长度/km	外缘控制线长度/km	划分的主要依据	
							临水控制线	外缘控制线
东昌府区	左岸	0+000	15+900	15.90	15.89	15.91	采用河道上口线并考虑上下游河段连接等情况平顺定线	按照最新划定的管理范围成果，并结合确权资料划定外缘控制线
		15+900	16+900	1.00	1.00	1.00		
		16+900	27+140	10.24	10.91	10.93		
茌平县		27+140	41+220	14.08	14.42	14.42		
东昌府区	右岸	0+000	27+140	27.14	27.89	27.91		
茌平县		27+140	41+220	14.08	14.42	14.42		

6.5.2.8　德王东支岸线控制线划定成果

1. 冠县段

1）控制线定线条件

德王东支冠县段河长 5.75 km,范围为张四古庄村—南夏村,全段为梯形断面,两岸均属于自然岸坡,未建有堤防,未确权。

2）临水控制线定线

根据德王东支 1∶2 000 航拍影像图和 1∶10 000 地形图,采用河道上口线确定临水控制线。

3）外缘控制线定线

考虑与上下游衔接关系,并结合各县(市、区)管理范围划定成果划定外缘控制线,各县(市、区)管理范围因工程建设或实际管理需要发生变化的,外缘控制线随之变化。

2. 东昌府区段

1）控制线定线条件

德王东支东昌府区段河长 10.80 km,范围为南夏村—谭楼村,全段为梯形断面,建有 4 级堤防,形式为土堤,存在大段堤防缺失的情况。该段河道于 20 世纪 90 年代完成了确权工作,并办理了国有土地使用证。

2）临水控制线定线

根据 1∶2 000 航拍影像图和 1∶10 000 地形图,采用河道上口线确定临水控制线。

3）外缘控制线定线

按照各县(市、区)最新划定的管理范围成果,并结合确权资料划定外缘控制线,各县(市、区)管理范围因工程建设或实际管理需要发生变化的,外缘控制线随之变化。

3. 临清市段

1）控制线定线条件

德王东支临清市段河长 3.45 km,范围为谭楼村—东魏湾村,全段为梯形断面,两岸均属于自然岸坡,未建有堤防,未确权。

2）临水控制线定线

根据 1∶2 000 航拍影像图和 1∶10 000 地形图,采用河道上口线确定临水控制线。

3）外缘控制线定线

按照各县(市、区)最新划定的管理范围成果,并结合确权资料划定外缘控制线,各县(市、区)管理范围因工程建设或实际管理需要发生变化的,外缘控制线随之变化。

综合前述各河段岸线控制线定线方案,形成德王东支岸线控制线成果,见表 6-13。

表 6-13　德王东支岸线控制线成果

县（市、区）	岸别	功能区起止点（桩号或地点）		河道长度/km	临水控制线长度/km	外缘控制线长度/km	划分的主要依据		
							临水控制线	外缘控制线	
冠县	左岸	0+000	0+100	0.10	—	—	位山三干渠岸线范围内不作规划		
		0+100	5+750	5.65	5.66	5.66	采用河道上口线确定临水控制线	考虑与上下游衔接关系并结合各县（市、区）管理范围划定成果划定外缘控制线	
	右岸	0+000	0+100	0.10	—	—	位山三干渠岸线范围内不作规划		
		0+100	5+750	5.65	5.65	5.69	采用河道上口线确定临水控制线	考虑与上下游衔接关系并结合各县（市、区）管理范围划定成果划定外缘控制线	
东昌府区	左岸	5+750	16+550	10.80	10.75	10.81	采用河道上口线确定临水控制线	按照各县（市、区）最新划定的管理范围成果，并结合确权资料划定外缘控制线	
	右岸	5+750	16+550	10.80	10.71	10.80	采用河道上口线确定临水控制线	按照各县（市、区）最新划定的管理范围成果，并结合确权资料划定外缘控制线	
临清市	左岸	16+550	19+750	3.20	3.05	3.07	采用河道上口线确定临水控制线	按照各县（市、区）最新划定的管理范围成果，并结合确权资料划定外缘控制线	
		19+750	20+000	0.25	—	—	马颊河岸线范围内不作规划		
	右岸	16+550	19+750	3.20	3.04	3.03	采用河道上口线确定临水控制线	按照各县（市、区）最新划定的管理范围成果，并结合确权资料划定外缘控制线	
		19+750	20+000	0.25	—	—	马颊河岸线范围内不作规划		

6.5.2.9　德王河岸线控制线划定成果

1. 临清市段

1）控制线定线条件

德王河临清市段河长 14.00 km，范围为后张官营村—张洼村，全段为梯形断面，两岸均属于自然岸坡，未建有堤防。该段河道于 20 世纪 90 年代完成了确权工作，并办理了国有土地使用证。

2）临水控制线定线

根据德王河 1:2 000 航拍影像图和 1:10 000 地形图，采用河道上口线确定临水控制线。

3）外缘控制线定线

按照各县（市、区）最新划定的管理范围成果，并结合确权资料划定外缘控制线，各县（市、区）管理范围因工程建设或实际管理需要发生变化的，外缘控制线随之变化。

2. 茌平县段

1）控制线定线条件

德王河茌平县段河长 2.98 km，范围为崔营村—于洼村，全段为梯形断面，两岸均属于自然岸坡，未建有堤防，未确权。

2）临水控制线定线

根据 1:2 000 航拍影像图和 1:10 000 地形图，采用河道上口线确定临水控制线。

3）外缘控制线定线

考虑与上下游衔接关系，并结合各县（市、区）管理范围划定成果划定外缘控制线，各县（市、区）管理范围因工程建设或实际管理需要发生变化的，外缘控制线随之变化。

3. 高唐县段

1）控制线定线条件

德王河高唐县段河长 4.02 km，范围为皮庄村—土楼村北，全段为梯形断面，两岸均属于自然岸坡，未建有堤防，未确权。

2）临水控制线定线

根据 1:2 000 航拍影像图和 1:10 000 地形图，采用河道上口线确定临水控制线。

3）外缘控制线定线

考虑与上下游衔接关系，并结合各县（市、区）管理范围划定成果划定外缘控制线，各县（市、区）管理范围因工程建设或实际管理需要发生变化的，外缘控制线随之变化。

综合前述各河段岸线控制线定线方案，形成德王河岸线控制线成果表，见表 6-14。

表 6-14　德王河岸线控制线成果

县(市、区)	岸别	功能区起止点(桩号或地点)		河道长度/km	临水控制线 长度/km	外缘控制线 长度/km	划分的主要依据	
							临水控制线	外缘控制线
临清市	左岸	0+000	14+000	14.00	14.64	14.73	采用河道上口线确定临水控制线	按照各县(市、区)最新划定的管理范围划定成果,并结合确权资料划定外缘控制线
	右岸	0+000	14+000	14.00	14.19	14.20		
茌平县	左岸	14+000	16+980	2.98	2.62	2.62	采用河道上口线确定临水控制线	考虑与上下游衔接关系并结合各县(市、区)管理范围划定成果划定外缘控制线
	右岸	14+000	16+980	2.98	3.08	3.09		
高唐县	左岸	16+980	20+780	3.80	3.89	4.02	采用河道上口线确定临水控制线	考虑与上下游衔接关系并结合各县(市、区)管理范围划定成果划定外缘控制线
		20+780	21+000	0.22	—	—	马颊河岸线范围内不作规划	
	右岸	16+980	20+780	3.80	3.85	3.85	采用河道上口线确定临水控制线	考虑与上下游衔接关系并结合各县(市、区)管理范围划定成果划定外缘控制线
		20+780	21+000	0.22	—	—	马颊河岸线范围内不作规划	

6.5.2.10　**羊角河岸线控制线划定成果**

1. 羊角河上段(阳谷县)

1)控制线定线条件

羊角河上段(阳谷县)河长 16.85 km,范围为迷魂阵村—后宋村,全段为梯形断面,两岸均属于自然岸坡,现状未建有堤防,规划堤防等级为 4 级。该段河道于 20 世纪 90 年代完成了确权工作,并办理了国有土地使用证。近期,阳谷县划定了最新的羊角河管理范围。

2)临水控制线定线

根据羊角河 1∶2 000 航拍影像图和 1∶10 000 地形图,采用河道上口线确定临水控制线。

3)外缘控制线定线

根据阳谷县的羊角河管理范围划定成果,并结合确权长度及宽度资料划定外缘控制线。

2. 羊角河中段(阳谷县)

1)控制线定线条件

羊角河中段(阳谷县)河长 8.37 km,范围为徐庄村—位山三干渠,全段为梯形断面,两岸均属于自然岸坡,现状未建有堤防,规划堤防等级为 4 级。该段河道于 20 世纪 90 年代完成了确权工作,并办理了国有土地使用证。近期,阳谷县划定了最新的羊角河管理范围。

2)临水控制线定线

根据 1∶2 000 航拍影像图和 1∶10 000 地形图,采用河道上口线确定临水控制线。

3)外缘控制线定线

根据阳谷县的羊角河管理范围划定成果,并结合确权长度及宽度资料划定外缘控制线。

3. 羊角河下段(旅游度假区)

1)控制线定线条件

羊角河下段(旅游度假区)河长 12.18 km,范围为位山三干渠—顾庄村,全段为梯形断面,两岸均属于自然岸坡,未建有堤防,规划堤防等级为 4 级。该段河道于 20 世纪 90 年代在潘屯村段、姚屯村段、顾庄村段完成了确权工作,并办理了国有土地使用证。近期,旅游度假区划定了最新的羊角河管理范围。

2)临水控制线定线

根据 1∶2 000 航拍影像图和 1∶10 000 地形图,采用河道上口线确定临水控制线。

3)外缘控制线定线

根据旅游度假区的羊角河管理范围划定成果,并结合确权长度及宽度资料划定外缘控制线。

综合前述各河段岸线控制线定线方案,形成羊角河岸线控制线成果表,见表 6-15。

6.5.2.11　**新金线河岸线控制线划定成果**

1. 莘县段

1)控制线定线条件

新金线河莘县境内干流长 28.55 km,起源于莘县樱桃园镇英西村道口干渠右岸,流经莘县柿子园乡、古城镇、朝城镇、徐庄乡。河宽 32~48 m。河道两岸均属于自然边坡形式,未见明显堤防,两岸现状均未达设计防洪标准,河道淤积较严重。该段河道于 20 世纪 90 年代完成了确权划界工作,并办理了国有土地使用证。近期,莘县划定了最新的新金线河管理范围。

表 6-15　羊角河岸线控制线成果

县（区）	岸别	功能区起止点（桩号或地点）		河道长度/km	临水控制线 长度/km	外缘控制线 长度/km	划分的主要依据	
							临水控制线	外缘控制线
上段（阳谷县）	左岸	0+000	16+760	16.76	16.80	16.76	采用河道上口线确定临水控制线	根据管理范围划定成果并结合确权资料划定外缘控制线
		16+760	16+850	0.09	—	—	徒骇河岸线范围内不作规划	
	右岸	0+000	16+760	16.76	16.77	16.75	采用河道上口线确定临水控制线	根据管理范围划定成果并结合确权资料划定外缘控制线
		16+760	16+850	0.09	—	—	徒骇河岸线范围内不作规划	
中段（阳谷县）	左岸	0+000	8+370	8.37	8.31	8.31	采用河道上口线确定临水控制线	根据管理范围划定成果并结合确权资料划定外缘控制线
	右岸	0+000	8+370	8.37	8.34	8.36	采用河道上口线确定临水控制线	根据管理范围划定成果并结合确权资料划定外缘控制线
下段（旅游度假区）	左岸	0+000	12+030	12.03	11.94	11.96	采用河道上口线确定临水控制线	根据管理范围划定成果并结合确权资料划定外缘控制线
		12+030	12+180	0.15	—	—	徒骇河岸线范围内不作规划	
	右岸	0+000	12+030	12.03	11.96	11.98	采用河道上口线确定临水控制线	根据管理范围划定成果并结合确权资料划定外缘控制线
		12+030	12+180	0.15	—	—	徒骇河岸线范围内不作规划	

2)临水控制线定线

采用河道上口线并考虑上下游河段连接等情况平顺定线。

3)外缘控制线定线

根据莘县划定的新金线河管理范围成果,并结合确权长度及宽度资料划定外缘控制线。

2.莘县与阳谷交叉段

1)岸线控制线定线条件

新金线河莘县与阳谷县交叉段干流长 26.45 km,由阳谷县西湖镇范庄村进入阳谷县境内,流经西湖镇、大布乡、定水镇,最终于阳谷县定水镇李丙东村入徒骇河。河道两岸均属于自然边坡形式,未见明显堤防,两岸现状均未达设计防洪标准,河道淤积较严重。该段河道于 20 世纪 90 年代完成了确权划界工作,并办理了国有土地使用证。近期,莘县、阳谷县划定了最新的新金线河管理范围。

2)临水控制线定线

采用河道上口线并考虑上下游河段连接等情况平顺定线。

3)外缘控制线定线

根据莘县、阳谷县划定的新金线河管理范围成果,并结合确权长度及宽度资料划定外缘控制线。

综合前述各河段岸线控制线定线方案,形成新金线河岸线控制线成果,如表 6-16 所示。

6.5.2.12　七里河岸线控制线划定成果

1.荏平县段

1)控制线定线条件

七里河荏平县段河长 28.05 km,该段河道于 20 世纪 90 年代完成了确权工作,并办理了国有土地使用证。

2)临水控制线定线

根据七里河 1∶2 000 航拍影像图和 1∶10 000 地形图,采用河道上口线并考虑上下游河段连接等情况平顺定线。

3)外缘控制线定线

按照最新划定的管理范围成果,并结合确权资料划定外缘控制线。

2.高唐县段

1)控制线定线条件

七里河规划范围内高唐县段河长 9.90 km,该段河道于 20 世纪 90 年代完成了确权工作,并办理了国有土地使用证。

2)临水控制线定线

根据七里河 1∶2 000 航拍影像图和 1∶10 000 地形图,采用河道上口线并考虑上下游河段连接等情况平顺定线。

3)外缘控制线定线

按照最新划定的管理范围成果,并结合确权资料划定外缘控制线。

综合前述各河段岸线控制线定线方案,形成七里河岸线控制线成果,见表 6-17。

表6-16 新金线河岸线控制线成果

县(区)	岸别	功能区名称	功能区起止点(桩号或地点)	河道长度/km	临水控制线 长度/km	外缘控制线 长度/km	划分的主要依据 临水控制线	外缘控制线
莘县	左岸	莘县开发利用区1	0+000 7+800	7.80	7.71	7.73	采用河道上口线并考虑上下游段河道连接等情况平顺定线	根据管理范围划定成果并结合确权资料划定外缘控制线
		莘县控制利用区1	7+800 9+000	1.20	1.20	1.22		
		莘县开发利用区2	9+000 28+550	19.55	19.56	19.72		
	右岸	莘县开发利用区1	0+000 7+800	7.80	7.74	7.84		
		莘县控制利用区1	7+370 9+000	1.20	1.20	1.28		
		莘县开发利用区2	9+000 28+550	19.55	19.52	19.52		
莘县, 阳谷县 交叉段	左岸	莘县、阳谷县交叉段开发利用区1	28+550 33+100	4.55	4.51	4.73		
		莘县、阳谷县交叉段开发利用区2	33+100 35+100	2.00	2.03	2.03		
		莘县、阳谷县交叉段开发利用区3	35+100 45+930	10.83	10.83	11.45		
		莘县、阳谷县交叉段控制利用区1	45+930 48+430	2.50	2.50	2.64		
		莘县、阳谷县交叉段开发利用区4	48+430 55+000	6.57	6.56	6.76		
	右岸	莘县、阳谷县交叉段开发利用区1	28+550 33+100	4.55	4.59	4.71		
		莘县、阳谷县交叉段开发利用区1	33+100 35+100	2.00	1.99	1.99		
		莘县、阳谷县交叉段开发利用区2	35+100 45+930	10.83	10.84	11.16		
		莘县、阳谷县交叉段控制利用区2	45+930 48+430	2.50	2.50	2.62		
		莘县、阳谷县交叉段开发利用区3	48+430 55+000	6.57	6.56	6.76		

表 6-17　七里河岸线控制线成果

县（区）	岸别	功能区起止点（桩号或地点）		河道长度/km	临水控制线长度/km	外缘控制线长度/km	划分的主要依据	
							临水控制线	外缘控制线
茌平县	左岸	0+000	28+050	28.05	28.57	28.55	采用河道上口线并考虑上下游河段连接等情况平顺定线	按照最新划定的管理范围成果，并结合确权资料划定外缘控制线
	右岸	0+000	28+050	28.05	28.55	28.55		
	左岸	28+050	29+000	0.95	0.45	0.45		
	右岸	28+050	29+000	0.95	0.45	0.45		
	左岸	29+000	31+300	2.30	2.30	2.30		
	右岸	29+000	31+300	2.30	2.30	2.30		
高唐县	左岸	31+300	32+700	1.40	1.40	1.40		
	右岸	31+300	32+700	1.40	1.40	1.40		
	左岸	32+700	33+900	1.20	1.20	1.20		
	右岸	32+700	33+900	1.20	1.20	1.20		
	左岸	33+900	37+950	4.05	4.73	4.73		
	右岸	33+900	37+950	4.05	4.73	4.75		

6.5.2.13　俎店渠岸线控制线划定成果

1. 莘县段

1）控制线定线条件

俎店渠莘县段河长 26.38 km，范围为董杜庄镇西张庄村—莘亭镇于庙村，河宽 10～70 m，堤防形式为土堤，级别为 4 级。该段河道于 20 世纪 90 年代完成了确权划界工作，并办理了国有土地使用证。近期，莘县划定了最新的俎店渠管理范围。

2）临水控制线定线

采用河道上口线并考虑上下游河段连接等情况平顺定线。

3）外缘控制线定线

根据莘县划定的俎店渠管理范围成果，并结合确权长度及宽度资料划定外缘控制线。

2. 东昌府区段

1）控制线定线条件

俎店渠东昌府区段河长 2.70 km，范围为沙镇军屯村—沙镇前化村，河宽 30～70 m，堤防形式为土堤，级别为 4 级。该段河道尚未确权划界。近期，东昌府区划定了最新的俎店渠管理范围。

2）临水控制线定线

采用河道上口线并考虑上下游河段连接等情况平顺定线。

3）外缘控制线定线

根据东昌府区划定的俎店渠管理范围成果，并结合河道两岸现状地物地貌、农田种植情况、村庄房屋分布情况等划定外缘控制线。

3. 阳谷县段

1）控制线定线条件

俎店渠阳谷县段河长 2.23 km，包括定水镇前泓村、定水镇康泓村、沙镇前泓村等，河宽 16～67 m，堤防形式为土堤，级别为 4 级。该段河道尚未确权划界。近期，阳谷县划定了最新的俎店渠管理范围。

2）临水控制线定线

采用河道上口线并考虑上下游河段连接等情况平顺定线。

3）外缘控制线定线

根据东昌府区划定的俎店渠管理范围成果，并结合河道两岸现状地物地貌、农田种植情况、村庄房屋分布情况等划定外缘控制线。

综合前述各河段岸线控制线定线方案，形成俎店渠岸线控制线成果，见表 6-18。

6.5.2.14　鸿雁渠岸线控制线划定成果

1. 莘县段

1）控制线定线条件

鸿雁渠在莘县内有西滩村—耿楼村、西大场村—焦庄村两段，总长 17.43 km，全段为梯形断面，两岸均属于自然岸坡，未建有堤防。该段河道于 20 世纪 90 年代完成了确权工作，并办理了国有土地使用证。

2）临水控制线定线

根据鸿雁渠 1∶2 000 航拍影像图和 1∶10 000 地形图，采用河道上口线确定临水控制线。

表 6-18　苴店渠岸线控制线成果

县（市、区）	岸别	功能区名称	功能区起止点（桩号或地点）		河道长度/km	临水控制线 长度/km	外缘控制线 长度/km	划分的主要依据	
								临水控制线	外缘控制线
莘县	左岸	莘县开发利用区 1	0+000	7+380	7.38	7.24	7.26	采用河道上口线并考虑上下游河段连接等情况平顺定线	根据管理范围划定成果并结合确权资料划定外缘控制线
		莘县控制利用区 1	7+380	10+650	3.27	3.20	3.24		
		莘县开发利用区 2	10+650	14+020	3.37	3.30	3.36		
		莘县开发利用区 2	14+020	17+340	3.32	3.26	3.32		
		莘县控制利用区 3	17+340	21+670	4.33	4.24	4.40		
		莘县开发利用区 3	21+670	26+380	4.71	4.62	4.64		
	右岸	莘县开发利用区 1	0+000	7+380	7.38	7.23	7.23		
		莘县开发利用区 2	7+380	10+650	3.27	3.21	3.25		
		莘县开发利用区 3	10+650	14+020	3.37	3.30	3.36		
		莘县控制利用区 1	14+020	17+340	3.32	3.25	3.39		
		莘县开发利用区 2	17+340	21+670	4.33	4.23	4.31		
		莘县开发利用区 4	21+670	26+380	4.71	4.62	4.70		

续表 6-18

县(市、区)	岸别	功能区名称	功能区起止点（桩号或地点）		河道长度/km	临水控制线长度/km	外缘控制线长度/km	划分的主要依据	
								临水控制线	外缘控制线
东昌府区	左岸	东昌府区段开发利用区	26+380	29+080	2.70	2.65	2.69	采用河道上口线并考虑上下游河段连接等情况平顺定线	根据管理范围划定成果并结合确权资料、两岸现状地物地貌、农田种植情况、村庄房屋分布情况划定外缘控制线
	右岸		26+380	29+080	2.70	2.65	2.57		
阳谷县	左岸	阳谷县段开发利用区	29+080	31+310	2.23	1.94	1.92		
	右岸		29+080	31+310	2.23	1.91	1.89		

3)外缘控制线定线

按照各县(市、区)最新划定的管理范围成果,并结合确权资料划定外缘控制线,各县(市、区)管理范围因工程建设或实际管理需要发生变化的,外缘控制线随之变化。

2. 冠县段

1)控制线定线条件

鸿雁渠在冠县内有耿楼村—西大场村、焦庄村—李海子村两段,总长 16.91 km,全段为梯形断面,两岸均属于自然岸坡,未建有堤防。该段河道于 20 世纪 90 年代完成了确权工作,并办理了国有土地使用证。

2)临水控制线定线

根据 1:2 000 航拍影像图和 1:10 000 地形图,采用河道上口线确定临水控制线。

3)外缘控制线定线

按照各县(市、区)最新划定的管理范围成果,并结合确权资料划定外缘控制线,各县(市、区)管理范围因工程建设或实际管理需要发生变化的,外缘控制线随之变化。

综合前述各河段岸线控制线定线方案,形成鸿雁渠岸线控制线成果表,见表 6-19。

6.5.2.15　金堤河岸线控制线划定成果

1. 莘县(高堤口闸—仲子庙闸)段

1)控制线定线条件

金堤河莘县(高堤口闸—仲子庙闸)段河长 32.95 km,滩槽关系明显。左岸有北金堤,形式为土堤,规划堤防等级为 4 级;右岸有南小堤,形式为土堤,规划堤防等级为 4 级。

2)临水控制线定线

根据金堤河 1:2 000 航拍影像图和 1:10 000 地形图,以河槽上口线作为临水控制线。

3)外缘控制线定线

根据北金堤和南小堤的堤线位置并结合各县(市、区)管理范围划定成果划定外缘控制线,各县(市、区)管理范围因工程建设或实际管理需要发生变化的,外缘控制线随之变化。

2. 阳谷县(仲子庙闸—张庄入黄闸)段

1)控制线定线条件

金堤河莘县(高堤口闸—仲子庙闸)段河长 47.50 km,滩槽关系明显。左岸有北金堤,形式为土堤,规划堤防等级为 1 级,其中斗虎店西村—东金一村段(长度为 3.9 km)和莲花池一村—刘垓村段(长度为 20.0 km)在北金堤范围内有北小堤,形式为土堤,规划堤防等级为 4 级。右岸有南小堤,形式为土堤,规划堤防等级为 4 级。

2)临水控制线定线

根据 1:2 000 航拍影像图和 1:10 000 地形图,以河槽上口线作为临水控制线。

3)外缘控制线定线

左岸斗虎店西村—东金一村段和莲花池一村—刘垓村段根据北小堤堤线位置,其余段根据北金堤堤线位置;右岸根据南小堤堤线位置划定外缘线。结合各县(市、区)管理范围划定成果划定外缘控制线,各县(市、区)管理范围因工程建设或实际管理需要发生变化的,外缘控制线随之变化。

综合前述各河段岸线控制线定线方案,形成金堤河聊城段岸线控制线成果表,见表 6-20。

表 6-19 鸿雁渠岸线控制线成果

县(市,区)	岸别	功能区起止点(桩号或地点) 起	止	河道长度/km	临水控制线 长度/km	外缘控制线 长度/km	划分主要依据 临水控制线	划分主要依据 外缘控制线
莘县(西滩村—耿楼村)	左岸	0+000	11+030	11.03	10.97	11.01	采用河道上口线确定临水控制线	按照各县(市,区)最新划定的管理范围成果,并结合确权资料划定外缘控制线
	右岸	0+000	11+030	11.03	10.93	10.99		
冠县(耿楼村—西大场村)	左岸	11+030	15+770	4.74	4.73	4.74		
	右岸	11+030	15+770	4.74	5.05	4.75		
莘县(西大场村—焦庄村)	左岸	15+770	22+170	6.40	6.38	6.39		
	右岸	15+770	22+170	6.40	6.63	6.43		
	左岸	22+170	34+070	11.90	11.92	12.02	采用河道上口线确定临水控制线	按照各县(市,区)最新划定的管理范围成果,并结合确权资料划定外缘控制线
		34+070	34+340	0.27	—	—	马颊河岸线范围内不作规划	
冠县(焦庄村—李海子村)	右岸	22+170	34+070	11.90	11.87	11.83	采用河道上口线确定临水控制线	按照各县(市,区)最新划定的管理范围成果,并结合确权资料划定外缘控制线
		34+070	34+340	0.27	—	—	马颊河岸线范围内不作规划	

表 6-20 金堤河聊城段岸线控制线成果

县(市、区)	岸别	功能区起止点（桩号或地点）		河道长度/km	临水控制线长度/km	外缘控制线长度/km	划分的主要依据		
							临水控制线	外缘控制线
莘县(高堤口闸—仲子庙闸)	左岸	0+000	32+950	32.95	32.73	35.03	以河槽上口线作为临水控制线	根据北金堤和南小堤堤线管理范围划定成果划定外缘控制线
	右岸	0+000	32+950	32.95	28.56	27.68		
阳谷县(仲子庙闸—张庄入黄闸)	左岸	32+950	80+450	47.50	35.70	37.24	以河槽上口线作为临水控制线	根据北小堤、北金堤和南小堤堤线位置并结合各县(市、区)管理范围划定成果划定外缘控制线
	右岸	32+950	80+450	47.50	32.55	32.21		

6.5.2.16 位山一干渠(含东引水渠、东沉沙池、东西连渠)岸线控制线划定成果

1. 高新区段

1) 控制线定线条件

位山一干渠高新区段渠长 16.20 km,起于高新区兴隆村,桩号 0+000—16+200,现状渠道均已衬砌,两岸均有堤防,堤防形式为土堤,级别为 4 级。

位山一干渠段于 20 世纪 90 年代完成了确权划界工作,并办理了国有土地使用证,且渠道两岸堆放有弃土,边界较为清晰。近期,高新区划定了最新的位山一干渠管理范围。

2) 临水控制线定线

采用现状渠道上口线作为临水控制线。

3) 外缘控制线定线

根据高新区划定的位山一干渠管理范围成果,并结合确权长度及宽度资料划定外缘控制线。

2. 经开区段

1) 控制线定线条件

位山一干渠经开区段渠长 8.70 km,桩号 16+200—24+900,现状渠道均已衬砌,两岸均有堤防,堤防形式为土堤,级别为 4 级。

位山一干渠段于 20 世纪 90 年代完成了确权划界工作,并办理了国有土地使用证,且渠道两岸堆放有弃土,边界较为清晰。近期,经开区划定了最新的位山一干渠管理范围。

2) 临水控制线定线

采用现状渠道上口线作为临水控制线。

3) 外缘控制线定线

根据经开区划定的位山一干渠管理范围成果,并结合确权长度及宽度资料划定外缘控制线。

3. 茌平县段

1) 控制线定线条件

位山一干渠茌平县段渠长 32.00 km,桩号 24+900—56+900,现状渠道均已衬砌,两岸均有堤防,堤防形式为土堤,级别为 4 级。

位山一干渠段于 20 世纪 90 年代完成了确权划界工作,并办理了国有土地使用证,且渠道两岸堆放有弃土,边界较为清晰。近期,茌平县划定了最新的位山一干渠管理范围。

2) 临水控制线定线

采用现状渠道上口线作为临水控制线。

3) 外缘控制线定线

根据茌平县划定的位山一干渠管理范围成果,并结合确权长度及宽度资料划定外缘控制线。

4. 高唐县段

1) 控制线定线条件

位山一干渠高唐县段渠长 6.16 km，桩号 56+9000—63+060，高唐县段部分渠段没有衬砌，两岸均无堤防，为土质岸坡。

位山一干渠段于 20 世纪 90 年代完成了确权划界工作，并办理了国有土地使用证，且渠道两岸堆放有弃土，边界较为清晰。近期，高唐县划定了最新的位山一干渠管理范围。

2) 临水控制线定线

采用现状渠道上口线作为临水控制线。

3) 外缘控制线定线

根据高唐县划定的位山一干渠管理范围成果，并结合确权长度及宽度资料划定外缘控制线。

5. 东引水渠段

1) 控制线定线条件

东引水渠段起源于位山引黄节制闸，流经东阿县刘集镇、姜楼镇和高新区顾官屯镇 3 个镇，本段渠道长 14.45 km，现状渠道均已衬砌，两岸均有堤防，堤防形式为土堤，级别为 4 级。

该段于 20 世纪 90 年代完成了确权划界工作，并办理了国有土地使用证，且渠道两岸堆放有弃土，边界较为清晰。近期，划定了最新的东引水渠管理范围。

2) 临水控制线定线

采用现状渠道上口线作为临水控制线。

3) 外缘控制线定线

根据东引水渠管理范围成果，并结合确权长度及宽度资料划定外缘控制线。

6. 东沉沙池段

1) 控制线定线条件

东沉沙池现状无衬砌，沿线无堤防。

东沉沙池段于 20 世纪 90 年代完成了确权划界工作，并办理了国有土地使用证。近期，划定了最新的东沉沙池管理范围。

2) 临水控制线定线

东沉沙池内的几个条状沉沙池轮流使用，内部变化较大，本次不对东沉沙池内部划定临水控制线。

3) 外缘控制线定线

根据东沉沙池管理范围成果，并结合确权长度及宽度资料划定外缘控制线。

7. 东西连渠段

1) 控制线定线条件

东西连渠长 7.4 km，现状渠道均已衬砌。

东西连渠段无确权资料。近期,划定了最新的东西连渠管理范围。

2)临水控制线定线

采用现状渠道上口线作为临水控制线。

3)外缘控制线定线

根据东西连渠管理范围成果划定外缘控制线。

本次规划,东引水渠、东西连渠、一干渠左岸岸线按左岸临水控制线与外缘控制线均值确定,右岸岸线按右岸临水控制线与外缘控制线均值确定,干渠岸线总长按两岸岸线均值确定,东沉沙池外缘控制线即为其岸线。

根据岸线控制线划定方法,本次规划范围内位山一干渠(含东引水渠、东沉沙池、东西连渠)河道岸线 180.35 km,其中左岸岸线长 84.82 km,右岸岸线长 84.74 km,东沉沙池岸线长 10.79 km。

位山一干渠(含东引水渠、东沉沙池、东西连渠)岸线控制线成果见表 6-21。

6.5.2.17 位山二干渠岸线控制线划定成果

1. 旅游度假区段

1)控制线定线条件

位山二干渠旅游度假区段渠长 15.90 km,现状渠道均已衬砌,两岸均有堤防,堤防形式为土堤,级别为 4 级。

该段于 20 世纪 90 年代完成了确权划界工作,并办理了国有土地使用证,且渠道两岸堆放有弃土,边界较为清晰。近期,旅游度假区划定了最新的位山二干渠管理范围。

2)临水控制线定线

采用现状渠道上口线作为临水控制线。

3)外缘控制线定线

根据旅游度假区划定的位山二干渠管理范围成果,并结合确权长度及宽度资料划定外缘控制线。

2. 东昌府区段

1)控制线定线条件

位山二干渠东昌府区段渠长 10.50 km,现状渠道均已衬砌。两岸均有堤防,堤防形式为土堤,级别为 4 级。

该段于 20 世纪 90 年代完成了确权划界工作,并办理了国有土地使用证,且渠道两岸堆放有弃土,边界较为清晰。近期,东昌府区划定了最新的位山二干渠管理范围。

2)临水控制线定线

采用现状渠道上口线作为临水控制线。

表 6-21　位山一干渠岸线控制线成果

河流	县（区）	岸别	河段起止点 起点桩号	河段起止点 终点桩号	河道长度/km	临水控制线 长度/km	外缘控制线 长度/km	岸线长度/km	划分的主要依据 临水控制线	划分的主要依据 外缘控制线
东引水渠	东阿县	左岸	0+000	14+500	14.45	14.38	14.48	14.43	采用渠道上口线定线	根据管理范围及确权边线确定
东引水渠	东阿县	右岸	0+000	14+500	14.45	14.44	14.47	14.45	采用渠道上口线定线	根据管理范围及确权边线确定
东沉沙池	东阿县、高新区	—	—	—	—	—	10.79	10.79	—	根据管理范围及确权边线确定
东丙连渠	东阿县、高新区、旅游度假区	左岸	0+000	7+400	7.40	7.38	7.38	7.38		
东丙连渠	东阿县、高新区、旅游度假区	右岸	0+000	7+400	7.40	7.36	7.36	7.36		
一干渠	高新区	左岸	0+000	16+200	16.20	16.25	16.31	16.28	采用渠道上口线定线	根据管理范围及确权边线确定
一干渠	经开区	左岸	16+200	24+900	8.70	8.54	8.53	8.53		
一干渠	茌平县	左岸	24+900	56+900	32.00	31.79	32.04	31.92		
一干渠	高唐县	左岸	56+900	63+060	6.16	6.22	6.34	6.28		
一干渠	高新区	右岸	0+000	16+200	16.20	16.25	16.32	16.28		
一干渠	经开区	右岸	16+200	24+900	8.70	8.52	8.60	8.56		
一干渠	茌平县	右岸	24+900	56+900	32.00	31.84	32.04	31.94		
一干渠	高唐县	右岸	56+900	63+060	6.16	6.22	6.08	6.15		

3) 外缘控制线定线

根据东昌府区划定的位山二干渠管理范围成果,并结合确权长度及宽度资料划定外缘控制线。

3. 经开区段

1) 控制线定线条件

位山二干渠经开区段渠长 6.30 km,现状渠道均已衬砌。堤防形式为土堤,级别为Ⅳ级。

位山二干渠段于 20 世纪 90 年代完成了确权划界工作,并办理了国有土地使用证,且渠道两岸堆放有弃土,边界较为清晰。近期,经开区划定了最新的位山二干渠管理范围。

2) 临水控制线定线

采用现状渠道上口线作为临水控制线。

3) 外缘控制线定线

根据经开区划定的位山二干渠管理范围成果,并结合确权长度及宽度资料划定外缘控制线。

4. 茌平县段

1) 控制线定线条件

位山二干渠茌平县段渠长 18.87 km,现状渠道均已衬砌,该段两岸有堤防,堤防形式为土堤,级别为 4 级。

位山二干渠段于 20 世纪 90 年代完成了确权划界工作,并办理了国有土地使用证,且渠道两岸堆放有弃土,边界较为清晰。近期,茌平县划定了最新的位山二干渠管理范围。

2) 临水控制线定线

采用现状渠道上口线作为临水控制线。

3) 外缘控制线定线

根据茌平县划定的位山二干渠管理范围成果,并结合确权长度及宽度资料划定外缘控制线。

5. 高唐县段

1) 控制线定线条件

位山二干渠高唐县段渠长 35.60 km,现状下游部分渠段尚未衬砌。东孙村—鱼邱湖街道周官屯村渠段两岸为砌石堤,鱼邱湖街道周官屯村—固河镇吴官屯村渠段渠道无堤防,其余渠段堤防形式为土堤,级别为 4 级。

位山二干渠段于 20 世纪 90 年代完成了确权划界工作,并办理了国有土地使用证,且渠道两岸堆放有弃土,边界较为清晰。近期,高唐县划定了最新的位山二干渠管理范围。

2) 临水控制线定线

采用现状渠道上口线作为临水控制线。

3) 外缘控制线定线

根据高唐县划定的位山二干渠管理范围成果,并结合确权长度及宽度资料划定外缘控制线。

本次规划,位山二干渠左岸岸线按左岸临水控制线与外缘控制线均值确定,右岸岸线按右岸临水控制线与外缘控制线均值确定,岸线总长按两岸岸线总和确定。

根据岸线控制线划定方法,本次规划范围内位山二干渠岸线总长 172.34 km,其中左岸岸线长 86.78 km,右岸岸线长 85.56 km。

位山二干渠岸线控制线成果如表 6-22 所示。

6.5.2.18　位山三干渠岸线控制线划定成果

1. 旅游度假区段

1)控制线定线条件

位山三干渠旅游度假区段渠长 13.70 km,起于东阿县刘集镇,桩号 0+000—13+700,现状渠道已衬砌。

位山三干渠段于 20 世纪 90 年代完成了确权划界工作,并办理了国有土地使用证,且渠道两岸堆放有弃土,边界较为清晰。近期,旅游度假区划定了最新的位山三干渠管理范围。

2)临水控制线定线

采用现状渠道上口线作为临水控制线。

3)外缘控制线定线

根据旅游度假区划定的位山三干渠管理范围成果,并结合确权长度及宽度资料划定外缘控制线。

2. 东昌府区段

1)控制线定线条件

位山三干渠东昌府区段渠长 30.40 km,桩号 13+700—44+100,现状渠道已衬砌。

位山三干渠段于 20 世纪 90 年代完成了确权划界工作,并办理了国有土地使用证,且渠道两岸堆放有弃土,边界较为清晰。近期,东昌府区划定了最新的位山三干渠管理范围。

2)临水控制线定线

采用现状渠道上口线作为临水控制线。

3)外缘控制线定线

根据东昌府区划定的位山三干渠管理范围成果,并结合确权长度及宽度资料划定外缘控制线。

3. 冠县段

1)控制线定线条件

位山三干渠冠县段渠长 15.10 km,桩号 44+100—59+200,现状渠道已衬砌。

表 6-22 位山二干渠岸线控制线成果

河流区段	县（区）	岸别	河段起止点 起点桩号	河段起止点 终点桩号	河道长度/km	临水控制线 长度/km	外缘控制线 长度/km	划分的主要依据 临水控制线	划分的主要依据 外缘控制线
位山二干渠	旅游度假区	左岸	0+000	5+100	5.10	5.28	5.15	采用渠道上口线定线	根据管理范围及确权边线确定
			5+100	9+046	3.95	3.95	3.92		
			9+046	15+900	6.85	6.32	6.33		
	东昌府区		15+900	26+400	10.50	10.54	10.53		
	经开区		26+400	32+700	6.30	7.15	7.14		
	茌平县		32+700	51+574	18.87	17.95	17.98		
	高唐县		51+574	67+900	16.33	16.31	16.27		
			67+900	69+100	1.20	1.22	1.20		
			69+100	87+166	18.07	18.17	18.16		
	旅游度假区	右岸	0+000	5+100	5.10	5.09	5.05		
			5+100	9+046	3.95	3.98	3.92		
			9+046	15+900	6.85	6.35	6.35		
	东昌府区		15+900	26+400	10.50	10.58	10.54		
	经开区		26+400	32+700	6.30	7.18	7.19		
	茌平县		32+700	51+574	18.87	17.92	17.91		
	高唐县		51+574	67+900	16.33	16.32	16.31		
			67+900	69+100	1.20	1.14	1.15		
			69+100	87+166	18.07	17.11	17.06		

说明：表中数据为四舍五入，有一定的误差。

位山三干渠段于 20 世纪 90 年代完成了确权划界工作，并办理了国有土地使用证，且渠道两岸堆放有弃土，边界较为清晰。近期，冠县划定了最新的位山三干渠管理范围。

2）临水控制线定线

采用现状渠道上口线作为临水控制线。

3）外缘控制线定线

根据冠县划定的位山三干渠管理范围成果，并结合确权长度及宽度资料划定外缘控制线。

4.临清市段

1）控制线定线条件

位山三干渠临清市段渠长 19.40 km，桩号 59+200—78+600，临清市段部分渠道没有衬砌，为土质岸坡，其余均衬砌完好。

位山三干渠段于 20 世纪 90 年代完成了确权划界工作，并办理了国有土地使用证，且渠道两岸堆放有弃土，边界较为清晰。近期，临清市划定了最新的位山三干渠管理范围。

2）临水控制线定线

采用现状渠道上口线作为临水控制线。

3）外缘控制线定线

根据临清市划定的位山三干渠管理范围成果，并结合确权长度及宽度资料划定外缘控制线。

5.西引水渠段

1）控制线定线条件

西引水渠段起源于位山引黄闸，本段渠道长 15 km，现状渠道均已衬砌。

西引水渠东侧与截渗沟相邻，截渗沟过总干渠后称为四新河，四新河过总干渠后河段由四新河岸线利用管理规划报告进行规划，四新河总干渠以上河段称为截渗沟，本次将截渗沟纳入西引水渠段一并定线、划分功能区。西引水渠桩号 8+900—14+100 对应的截渗沟单独划定外缘控制线，截渗沟其余段与西引水渠统一定线。

西引水渠及截渗沟于 20 世纪 90 年代完成了确权划界工作，并办理了国有土地使用证，西引水渠两岸堆有弃土，边界较为清晰，且确权资料中对截渗沟也划定了边界。近期，划定了最新的西引水渠管理范围。

2）临水控制线定线

采用现状渠道上口线作为临水控制线。

3）外缘控制线定线

根据西引水渠管理范围成果，并结合确权长度和宽度资料及截渗沟（四新河）位置和管理范围划定外缘控制线。

6.总干渠段

1）控制线定线条件

总干渠与西沉沙池连接，位于于集镇境内，总干渠长 3.4 km，现状渠道均已衬砌，两岸沿线有截渗沟。

该段于 20 世纪 90 年代完成了确权划界工作，并办理了国有土地使用证，且确权资料

中对渠道两岸的截渗沟划定了边界,渠道两岸堆放有弃土,边界较为清晰。近期,划定了
最新的总干渠管理范围。

2)临水控制线定线

采用现状渠道上口线作为临水控制线。

3)外缘控制线定线

根据总干渠管理范围成果划定外缘控制线。

7.西沉沙池段

1)控制线定线条件

西沉沙池段于 20 世纪 90 年代完成了确权划界工作,并办理了国有土地使用证,且确
权资料中对西沉沙池外围的截渗沟划定了边界,渠道两岸堆放有弃土,边界较为清晰。近
期,划定了最新的西沉沙池管理范围。

2)临水控制线定线

西沉沙池内的条状沉沙池轮流使用,内部变化较大,本次不对西沉沙池内部划定临水
控制线。

3)外缘控制线定线

根据西沉沙池管理范围成果,并结合确权长度和宽度资料及截渗沟(四新河)位置和
管理范围划定外缘控制线。

本次规划,西引水渠、总干渠、位山三干渠左岸岸线按左岸临水控制线与外缘控制线
均值确定,右岸岸线按右岸临水控制线与外缘控制线均值确定,干渠岸线总长按两岸岸线
总和确定,西沉沙池外缘控制线即为其岸线。

根据岸线控制线划定方法,本次规划范围内位山三干渠(含西引水渠、西沉沙池、总
干渠)岸线总长 215.13 km,其中左岸岸线长 96.84 km,右岸岸线长 102.31 km,西沉沙池
岸线长 15.98 km。

位山三干渠岸线控制线成果如表 6-23 所示。

6.5.2.19　彭楼干渠岸线控制线划定成果

1.莘县段

1)岸线控制线定线条件

彭楼干渠莘县段,两岸均属于单式梯形断面,规划对莘县段 0+000—4+650、11+
250—19+200、56+180—60+450、72+800—77+500,共 21.57 km 渠段进行清淤扩挖衬砌,
并且对规划扩挖的渠段批复了新的征地范围,其余渠段维持原单式梯形断面不变,大部分
渠段有确权资料。近期,莘县划定了最新的彭楼干渠管理范围。

道口干渠 3.03 km,全段位于莘县境内,两岸均属于单式梯形断面,该渠段全段有确
权资料。

2)临水控制线定线

规划清淤扩挖衬砌的渠段,依据规划的设计渠道上口线作为渠道的临水控制线,其余
渠段依据原渠道上口线作为渠道的临水控制线。

3)外缘控制线定线

根据莘县划定的彭楼干渠管理范围成果,并结合确权划界、征地范围等资料划定外缘

表 6-23 位山三干渠岸线控制线成果

河流区段	县(市、区)	岸别	渠道分段起止点		渠道长度/km	临水控制线 长度/km	外缘控制线 长度/km	岸线长度/km	划分的主要依据	
			起点桩号	终点桩号					临水控制线	外缘控制线
三干渠	旅游度假区	左岸	0+000	13+700	13.70	13.47	13.69	13.58	采用渠道上口线定线	根据管理范围确定
	东昌府区		13+700	44+100	30.40	30.16	30.14	30.15		
	冠县		44+100	59+200	15.10	15.09	15.13	15.11		
	临清市		59+200	64+100	4.90	5.17	7.22	6.20		
			64+100	69+776	5.67	5.53	3.53	4.53		
			69+776	78+600	9.82	8.78	8.67	8.73		
	旅游度假区	右岸	0+000	13+700	13.70	13.42	16.38	14.90		
	东昌府区		13+700	44+100	30.40	30.18	30.22	30.20		
	冠县		44+100	59+200	15.10	15.07	15.13	15.10		
	临清市		59+200	64+100	4.90	5.13	7.11	6.12		
			64+100	69+776	5.67	5.55	3.57	4.56		
			69+776	78+600	9.82	8.83	8.09	8.46		
西沉沙池	旅游度假区				2.34	—	4.79	4.79	—	根据管理范围并结合确权资料及截渗沟管理范围确定
	东阿县		—	—	2.18	—	4.47	4.47	—	
	阳谷县				3.28	—	6.71	6.71	—	

续表 6-23

| 河流区段 | 县（市、区） | 岸别 | 渠道分段起止点 | | 渠道长度/km | 临水控制线 | | 外缘控制线 | | 岸线长度/km | 划分的主要依据 | | |
			起点桩号	终点桩号		长度/km		长度/km			临水控制线	外缘控制线	外缘控制线
西引水渠	阳谷县、东阿县	左岸	0+000	8+900	15	8.79		8.91		8.85	采用渠道上口线定线		根据管理范围并结合确权资料及截渗沟管理范围确定
			8+900	14+380		5.50		6.21		5.86			
			14+380	15+000		0.54		0.58		0.56			
		右岸	0+000	8+900		8.83		8.77		8.80			
			8+900	14+380		5.51		15.53		10.52			
			14+380	15+000		0.56		0.58		0.57			
总干渠	旅游度假区	左岸	0+000	3+400	3.4	3.33		3.21		3.27	采用渠道上口线定线		根据管理范围确定
		右岸	0+000	3+400	3.4	3.08		3.08		3.08			

说明：表中数据为四舍五入，有一定的误差。

控制线。

2. 冠县段

1）岸线控制线定线条件

彭楼干渠冠县段，其中桩号 77+500—90+600 段为新设计渠道，规划对该渠段进行清淤扩挖衬砌，并且对规划扩挖的渠段批复了新的征地范围。规划对桩号 90+650—116+700 段进行清淤，断面形式维持原单式梯形断面不变，大部分渠段有确权资料。近期，冠县划定了最新的彭楼干渠管理范围。

2）临水控制线定线

规划清淤扩挖衬砌的渠段，依据规划的设计渠道上口线作为渠道的临水控制线；规划只清淤的渠段，依据原渠道上口线作为渠道的临水控制线。

3）外缘控制线定线

根据冠县划定的彭楼干渠管理范围成果，并结合确权划界、征地范围等资料划定外缘控制线。

3. 临清市段

1）岸线控制线定线条件

彭楼干渠冠县段长 39.20 km，桩号 77+500—116+700，规划对该段渠道进行清淤，断面形式维持原单式梯形断面不变，该段渠道有确权资料。近期，临清市划定了最新的彭楼干渠管理范围。

2）临水控制线定线

依据原渠道上口线作为渠道的临水控制线。

3）外缘控制线定线

根据临清市划定的彭楼干渠管理范围成果，并结合确权划界等资料划定外缘控制线。

本次规划，彭楼干渠左岸岸线长度按左岸临水控制线与外缘控制线均值确定，右岸岸线长度按右岸临水控制线与外缘控制线均值确定，干渠岸线总长按两岸岸线均值确定，沉沙池外缘控制线长度即为其岸线长度。

根据岸线控制线划定方法，本次规划范围内彭楼干渠渠道岸线总长 288.27 km，其中左岸岸线长 144.11 km，右岸岸线长 144.16 km。

鼓楼干渠岸线控制线成果如表 6-24 所示。

表 6-24　彭楼干渠岸线控制线成果

河流区段	县(市、区)	岸别	河段起止点(桩号或地点)		河道长度/km	临水控制线长度/km	外缘控制线长度/km	岸线长度/km	划分的主要依据	
									临水控制线	外缘控制线
彭楼干渠	莘县	左岸	0+000(高堤口村)	4+650(陶庄村)	4.65	4.68	4.71	4.70	根据《山东聊城市彭楼灌区改扩建工程初步设计报告(北金堤以北段)》(报批稿),按照设计村砌顶内口线定线	根据管理范围并结合确权、征地资料确定
			4+650(陶庄村)	11+000(肖屯村)	6.35	3.42	6.55	4.99	沉沙池不划定临水线,其余渠段依据新开渠设计村砌顶内口线定线	根据管理范围并结合确权、征地资料确定
			11+000(肖屯村)	65+040(玉庄村)	54.04	52.89	52.87	52.88	根据《山东聊城市彭楼灌区改扩建工程初步设计报告(北金堤以北段)》(报批稿),按照设计村砌顶内口线定线;依据原渠道设计上口线定线	根据管理范围并结合确权、征地资料确定
			65+040(玉庄村)	66+333(桂庄村)	1.29	1.28	1.28	1.28	依据渠道上口线定线	根据管理范围并结合确权、征地资料确定
	冠县		66+333(桂庄村)	77+500(西岩村)	11.17	10.89	10.89	10.89	依据渠道上口线定线	根据管理范围并结合确权、征地资料确定
			77+500(西岩村)	116+700(西路寨村)	39.20	39.17	39.19	39.18	根据《山东聊城市彭楼灌区改扩建工程初步设计报告(北金堤以北段)》(报批稿),按照设计村砌顶内口线定线;依据原渠道设计上口线定线	根据管理范围并结合确权、征地资料确定
	临清市		116+700(西路寨村)	146+700(闫屯村)	30.00	30.18	30.19	30.19	依据原渠道上口线定线	根据管理范围并结合确权、征地资料确定

续表6-24

河流区段	县(市、区)	岸别	河段起止地点(桩号或地点)	河道长度/km	临水控制线长度/km	外缘控制线长度/km	岸线长度/km	划分的主要依据 临水控制线	划分的主要依据 外缘控制线
彭楼干渠	莘县	右岸	0+000(宫堤口村) 4+650(陶庄口村)	4.65	4.62	4.6	4.61	根据《山东聊城市彭楼灌区改扩建工程初步设计报告》(报批稿),按照设计衬砌顶内口线定线	根据管理范围并结合确权、征地资料确定
			4+650(陶庄口村) 11+000(肖屯村)	6.35	3.53	6.62	5.07	沉沙池不划定临水线,其余渠段依据新开渠设计衬砌顶内口线定线	根据管理范围并结合确权、征地资料确定
			11+000(肖屯村) 65+040(玉庄村)	54.00	52.97	53	52.99	根据《山东聊城市彭楼灌区改扩建工程初步设计报告》(报批稿),按照设计衬砌顶内口线定线;依据原渠道设计上口线定线	根据管理范围并结合确权、征地资料确定
	冠县	右岸	65+040(玉庄村) 66+333(桂庄村)	1.29	1.28	1.28	1.28	依据渠道上口线定线	根据管理范围并结合确权、征地资料确定
			66+333(桂庄村) 77+500(西岩村)	11.17	10.89	10.89	10.89	依据渠道上口线定线	根据管理范围并结合确权、征地资料确定
			77+500(西岩村) 116+700(西路寨村)	39.20	39.12	39.13	39.13	根据《山东聊城市彭楼灌区改扩建工程初步设计报告》(报批稿),按照设计衬砌顶内口线定线;依据原渠道设计上口线定线	根据管理范围并结合确权、征地资料确定
	临清市		116+700(西路寨村) 146+700(闫屯村)	30.00	30.18	30.19	30.19	依据原渠道上口线定线	根据管理范围并结合确权、征地资料确定

第7章　岸线功能区划分

岸线保护区:岸线开发利用可能对防洪安全、河势稳定、航道稳定、供水安全、生态环境、重要枢纽工程安全等有明显不利影响的岸段。

岸线保留区:规划期内暂时不宜开发利用或者尚不具备开发利用条件、为生态保护预留的岸段。

岸线控制利用区:岸线开发利用程度较高,或开发利用对防洪安全、河势稳定、供水安全、生态环境可能造成一定影响,需要控制其开发利用强度、调整开发利用方式或开发利用用途的岸段。

岸线开发利用区:河势基本稳定、岸线利用条件较好,岸线开发利用对防洪安全、河势稳定、供水安全及生态环境影响较小的岸段。

7.1　海河流域重要河流岸线功能区划分

7.1.1　划分方法

7.1.1.1　岸线保护区

按照"保护优先、合理利用、统筹兼顾、科学布局、依法依规、从严管控、远近结合、持续发展"等规划原则,结合规划区域基本情况,对事关流域防洪安全、生态环境保护、供水安全、重要文物等至关重要的岸段进行严格保护。

1. 为保障防洪安全而划分的岸线保护区

对两岸防洪安全至关重要或处于城市防洪圈内,防洪压力和风险较大的,岸线划分为岸线保护区。

2. 为保护生态环境而划分的岸线保护区

国家级、省级湿地公园等生态敏感区内,属自然保护地核心保护区内的,或管控要求与核心保护区基本接近的,岸线原则上划分为岸线保护区。

3. 为保障供水安全而划分的岸线保护区

全国重要饮用水水源地名录中的饮用水水源地所在岸段划为岸线保护区;省级及以下集中式饮用水水源地,其一级保护区划为岸线保护区。

4. 为保护文物而划分的岸线保护区

属于文物保护范围的岸段,按照文物保护管理要求划分为岸线保护区。

7.1.1.2　岸线保留区

按照河势条件、生态敏感区保护、城市生活生态岸线建设需要及经济社会发展需求等因素,进行规划范围内岸线保留区划分。

1.为保障防洪安全,对河势不稳,暂不具备开发利用条件划分的岸线保留区

对河势尚不稳定、岸线开发利用条件较差或河道治理和河势调整方案尚未确定或尚未实施等暂不具备开发利用条件的岸段,划分为岸线保留区。

2.为保护生态环境划分的岸线保留区

涉及生态敏感区划分的岸线保留区:位于国家级、省级湿地公园等生态敏感区内,属自然保护地核心保护区以外的其他区域,或管控要求与之基本接近的,原则上划分为岸线保留区。

涉及生态保护红线划分的岸线保留区:生态保护红线内、自然保护地核心保护区以外的其他区域,结合河道自身功能定位与地方经济发展需求,划分为岸线保留区。

属两省(市)界河,只有一岸涉及生态保护红线的岸段,为使两岸协调统一,两岸统一划分为岸线保留区。

7.1.1.3　岸线控制利用区

考虑现有岸线开发利用程度及限制条件,规划范围内岸线控制利用区划分有以下几种情况。

1.位于河口治导线范围而划分的岸线控制利用区

位于海河、独流减河、永定新河河口整治与开发工程建设的外缘控制线范围的岸段,划分为岸线控制利用区。

2.属于大运河而划分的岸线控制利用区

属于大运河的河道岸段,应结合运河文化保护传承利用的管控要求对岸线功能区提出管控要求,划分为岸线控制利用区。

3.需要控制开发利用强度和方式划分的岸线控制利用区

对岸线开发利用程度相对较高的岸段,为避免进一步开发带来不利影响,需要控制其开发利用强度和方式,划分为岸线控制利用区。

7.1.2　规划成果

7.1.2.1　岸线保护区划分

海河流域规划范围内共划分岸线保护区 48 个,岸线长度为 518.0 km,占岸线总长的 18%。

1.保护防洪安全、河势稳定类

岸线开发利用会影响防洪安全、河势稳定,对防洪特别重要、防洪压力和风险较大的城市防洪圈涉及的岸线保护区的岸段 16 个,岸线长度共计 143.5 km,占岸线保护区总长的 28%。

保护防洪安全类岸线保护区划分如表 7-1 所示。

表 7-1　保护防洪安全类岸线保护区划分

河道	省(直辖市)	市(地)级行政区	起止位置	岸别	敏感因素
永定河	北京市	门头沟区	三家店至柳林庄	左岸	永定河三家店至卢沟桥段左堤,对北京市防洪安全至关重要
		石景山区	柳林庄至首钢总公司第一材料厂		
		丰台区	首钢总公司第一材料厂至卢沟桥枢纽		
			卢沟桥枢纽至丰台与大兴交界		平原游荡型河道,对北京市城市防洪很重要
		大兴区	丰台与大兴交界至京冀省界		
		门头沟区	三家店至柳林庄以下约 260 m	右岸	距离北京市较近,对北京城市防洪很重要
		石景山区	柳林庄以下 260 m 至侯庄子村上 270 m		
		门头沟区	侯庄子村以上约 270 m 至鹰山公园以上约 1 km		
		丰台区	鹰山公园以上约 1 km 至卢沟桥枢纽		
			卢沟桥至丰台与房山交界		平原游荡型河道,对北京市城市防洪很重要
		房山区	丰台与房山交界至韩营京冀省界		
	河北省	涿州市	韩营京冀省界至涿州与固安交界		距离北京城区较近,防洪压力和风险较大
	天津市	北辰区	增产堤与南遥堤交界至屈家店枢纽		南遥堤为天津市防洪圈,对天津市城市防洪很重要
永定新河口	天津市	滨海新区	永定新河防潮闸闸上 500 m 至彩虹桥	右岸	永定新河右堤为天津市防洪圈,对天津市城市防洪很重要
			彩虹桥至永定新河防潮闸		
独流减河口	天津市	滨海新区	独流减河防潮闸闸上 500 m 至独流减河防潮闸	左岸	独流减河左堤为天津市防洪圈,对天津市城市防洪很重要

2. 保护生态环境类

位于国家湿地公园保育区和恢复重建区的岸段,从自然保护地的核心保护区角度出发,从严划分,共划分 15 个岸线保护区,岸线长度 128.3 km,占岸线保护区总长的 25%。

保护生态环境类岸线保护区划分如表 7-2 所示。

表 7-2　保护生态环境类岸线保护区划分

河道	市(地)级行政区	县级行政区	起止位置	岸别	敏感因素
北运河	廊坊市	香河县	曹店橡胶坝至青龙湾减河	左岸	河北香河潮白河大运河国家湿地公园保育区和恢复重建区
			曹店橡胶坝至河北与天津交界	右岸	
潮白河	廊坊市	香河县	河北吴村至吴村闸	左岸	河北香河潮白河大运河国家湿地公园保育区和恢复重建区
			吴村闸至河北与天津交界		
	宝坻区	—	河北天津交界至津蓟铁路桥		天津市河滨岸带生态保护红线,天津宝坻潮白河国家湿地公园保育区和恢复重建区
	廊坊市	香河县	北京与河北交界至吴村闸	右岸	河北香河潮白河大运河国家湿地公园保育区和恢复重建区
			吴村闸至河北与天津交界		
	宝坻区	—	河北天津交界至津蓟铁路桥		天津市河滨岸带生态保护红线,天津宝坻潮白河国家湿地公园保育区和恢复重建区
老减河	德州市	德城区	四女寺枢纽至罗小屯村	左岸	德州市减河国家湿地公园恢复重建区(山东德州市减河国家湿地公园水源涵养生态保护红线区内)
		武城县	罗小屯村至聂官屯村		
		德城区	聂官屯村至果子李村		
			段庄村至山东河北省界		
		武城县	四女寺枢纽至武城县与德城区界	右岸	
		德城区	武城县与德城区界至渠庄村		
			段庄村至山东河北省界		

3. 保护水资源类

永定河朱官屯—三家店段主要为保障供水安全的岸段,共划分 6 个岸线保护区,岸线长度 238.7 km,占岸线保护区总长的 46%。

保护水资源类岸线保护区划分如表 7-3 所示。

表 7-3　保护水资源类岸线保护区划分

河道	市(地)级行政区	县级行政区	起止位置	岸别	敏感因素
永定河	张家口	怀来县	朱官屯至丰沙铁路桥	两岸	位于官厅水库水源保护区上游、河北省一级水功能区洋河张家口缓冲区
			官厅水库坝下至幽州村(京冀交界)	两岸	官厅水库水源一级保护区输水口门区河段,承担官厅水库供水输水任务
	北京市	门头沟区	幽州村(京冀交界)至三家店枢纽	两岸	官厅水库水源一级保护区、北京市地表水永定河山峡段饮用水源区

4. 保护文物类

属于文物保护范围划分为岸线保护区的岸段 11 个,共计岸线长度为 7.5 km,占岸线保护区总长的 1%。

保护文物类岸线保护区划分如表 7-4 所示。

表 7-4　保护文物类岸线保护区划分

河道	市(地)级行政区	县级行政区	起止位置	岸别	敏感因素
海河	天津市	滨海新区	海河防潮闸闸上 406 m 至闸下 431 m	左岸	海河防潮闸为第四批天津市重点文物保护单位
			海河大桥至闸下 431 m	右岸	
卫运河	衡水市	故城县	四女寺枢纽船闸	左岸	四女寺枢纽列入第七批全国重点文物保护单位名单,对工程建筑设施列入文物保护范围
	德州市	武城县	四女寺枢纽	右岸	
岔河	德州市	德城区	四女寺枢纽	左岸	
				右岸	
老减河	德州市	德城区	四女寺枢纽	左岸	
		武城县		右岸	
南运河	衡水市	故城县	四女寺枢纽船闸	左岸	
	德州市	德城区	四女寺枢纽南运河节制闸	右岸	
			四女寺枢纽	—	

7.1.2.2　岸线保留区划分

海河流域规划范围内共划分岸线保留区 58 个,长度为 974.8 km,占岸线总长度的 34%。

1. 保障防洪安全、暂不具备开发利用条件类

因暂不具备开发利用条件划分的岸线保留区共 33 个,岸线长度 529.0 km,占岸线保留区总长的 54%。

暂不具备开发利用条件类保留区划分如表 7-5 所示。

表 7-5　暂不具备开发利用条件类保留区划分

河道	市(地)级行政区	县级行政区	起止位置	岸别	敏感因素
(1)因规划期内暂不具备开发利用条件					
漳河	邯郸市	磁县、临漳县	京广铁路桥至磁县与临漳县交界	左岸	游荡性河段,尚不稳定
	邯郸市	临漳县	磁县与临漳交界至临漳与魏县交界	右岸	
			京广铁路桥至临漳与魏县交界		
海河口	滨海新区	—	南疆 1 号排泥场、南疆 2 号排泥场、规划 3 号排泥场	左岸	重要防洪设施,不具备开发条件
			规划 1 号排泥场	右岸	
			新 6 号排泥场		
			规划 2 号排泥场		
独流减河口	滨海新区	—	1 号排泥场	右岸	重要防洪设施,不具备开发条件,且不宜开发利用
			2 号排泥场		
(2)因河道治理方案尚未确定或尚未实施					
潮白河	廊坊市	三河市	北京与河北交界至白庙桥	左岸	河道治理方案尚未确定或尚未实施
蓟运河	宝坻区	—	新安镇至小河口村	右岸	
赵王新河	沧州	任丘市	枣林庄枢纽至任丘文安交界	左岸	
	廊坊	文安县	任丘文安交界至文安霸州交界		
		霸州市	文安霸州交界至任庄子		
	沧州	任丘市	枣林庄枢纽至任丘文安交界	右岸	
	廊坊	文安县	任丘文安交界至任庄子		
新盖房分洪道	雄安新区	雄县	新盖房枢纽闸下至刘家铺	左岸	
				右岸	
漳河	邯郸市	魏县	规划东王村分洪口门上游至魏县与大名交界	右岸	
		大名县	魏县与大名交界至徐万仓		
漳卫新河口	沧州市	海兴县	海丰至大口河	左岸	
	滨州市	无棣县	孟家庄至大口河	右岸	

续表 7-5

河道	市(地)级行政区	县级行政区	起止位置	岸别	敏感因素
\(3\)因岸线位于或紧邻行洪区、蓄滞洪区,防洪压力和风险较大					
永定河	廊坊市	广阳区	京冀省界至广阳区与安次区交界	左岸	河北省生态功能区为京津保中心区生态过渡带
		安次区	广阳区与安次区交界至津冀省界		
	武清区	—	津冀省界至武清区与北辰区交界		河道主槽位于永定河河滨岸带生态保护红线范围
	北辰区	—	武清区与北辰区交界至屈家店枢纽以上约 500 m		
		—	屈家店枢纽以上约 500 m 至屈家店枢纽		
	廊坊市	永清县	梁各庄至永清县与安次区交界	右岸	河北省生态功能区为京津保中心区生态过渡带
		安次区	永清县与安次区交界至后沙窝(津冀交界)		
	武清区	—	后沙窝(津冀交界)至武清区与北辰区交界		河道主槽位于永定河河滨岸带生态保护红线范围
	北辰区	—	武清区与北辰区交界至增产堤与南遥堤交接点		
共产主义渠	鹤壁市	浚县	刘庄闸至共卫合流隔埝处	两岸	河道左岸无堤,为共产主义渠以西行洪区,当上游淇河刘庄附近水位超过 64.1 m 时,淇河洪水经刘庄闸自由满溢入共产主义渠以西行洪区,防洪压力较大

2. 保护生态环境类

为保护生态环境共划分 25 个岸线保留区,岸线长度 445.8 km,占岸线保留区总长的 46%。

位于国家湿地公园合理利用区的岸段,共划分 4 个岸线保留区,岸线长度 31.7 km,占岸线保留区总长的 3%。

涉及生态敏感区的岸线保留区划分如表 7-6 所示。

表 7-6　涉及生态敏感区的岸线保留区划分

河道	市(地)级行政区	县级行政区	起止位置	岸别	敏感因素
北运河	廊坊市	香河县	北京与河北交界至曹店橡胶坝	左岸	河北香河潮白河大运河国家湿地公园合理利用区
			鲁家务村至曹店橡胶坝	右岸	
老减河	德州市	德城区	果子李村至段庄村	左岸	德州市减河国家湿地公园合理利用区(山东德州市减河国家湿地公园水源涵养生态保护红线区内)
			渠庄村至段庄村	右岸	

　　涉及生态保护红线内,自然保护地核心保护区外的其他区域或生态保护红线范围对岸区域划分的岸线保留区共 21 个,岸线长度 414.1 km,占岸线保留区总长的 93%。

　　涉及各地生态保护红线的岸线保留区划分如表 7-7 所示。

表 7-7　涉及各地生态保护红线的岸线保留区划分

河道	市(地)级行政区	县级行政区	起止位置	岸别	敏感因素
北运河	通州区	—	儒林桥至北京市与河北交界	左岸	北京市重要河湖生态保护红线
				右岸	
	武清区	—	河北省与天津市交界至筐儿港枢纽	左岸	天津市河滨岸带生态保护红线
				右岸	
	廊坊市	香河县	北京市与河北省交界至鲁家务村	右岸	北京市重要河湖生态保护红线对岸区域
			青龙湾减河至河北省与天津市交界	左岸	天津市河滨岸带生态保护红线对岸区域
潮白河	顺义区	—	苏庄橡胶坝至北京市与河北省交界	左岸	北京市重要河湖生态保护红线
			苏庄橡胶坝至北京市顺义区与通州区交界	右岸	
	通州区	—	北京市顺义区与通州区交界至北京市与河北省交界	右岸	
	廊坊市	三河市	白庙桥至河北省三河市与大厂区交界	左岸	北京市重要河湖生态保护红线对岸区域
	廊坊市	大厂区	河北省三河市与大厂区交界至大厂区与香河县交界	左岸	
	廊坊市	香河县	大厂区与香河县交界至河北省吴村	左岸	

续表 7-7

河道	市(地)级行政区	县级行政区	起止位置	岸别	敏感因素
海河	滨海新区	—	海河防潮闸闸上 500 m 至海河大桥	右岸	海河河滨岸带生态保护红线区
卫运河	德州市	夏津县	清河县与夏津县交界至夏津县与武城县交界	右岸	山东省德州市世界文化自然遗产水源涵养生态保护红线区
卫运河	德州市	武城县	夏津县与武城县交界至四女寺枢纽	右岸	山东省德州市世界文化自然遗产水源涵养生态保护红线区
卫运河	邢台市	清河县	临西县与清河县交界至清河县与故城县交界	左岸	德州市世界文化自然遗产水源涵养生态保护红线对岸区域
卫运河	衡水市	故城县	清河县与故城县交界至四女寺枢纽	左岸	德州市世界文化自然遗产水源涵养生态保护红线对岸区域
南运河	德州市	德城区	大曹庄村至叶园村(山东、河北省交界)	左岸	德州市世界文化自然遗产水源涵养生态保护红线区
南运河	德州市	德城区	四女寺枢纽至第三店村	右岸	德州市世界文化自然遗产水源涵养生态保护红线区
南运河	衡水市	故城县	四女寺枢纽至大曹庄村	左岸	德州市世界文化自然遗产水源涵养生态保护红线对岸区域
南运河	衡水市	景县	叶园村至第三店村	左岸	德州市世界文化自然遗产水源涵养生态保护红线对岸区域

7.1.2.3　岸线控制利用区划分

海河流域规划范围内共划分岸线控制利用区 68 个,长度为 1 372.0 km,占岸线总长度的 48%。

1.河口段

因涉及河口治导线的岸线,划分为控制利用区 12 个,涉及岸线长度 126.9 km,占岸线控制利用区总长的 9%。

保护河口段岸线控制利用区划分如表 7-8 所示。

表 7-8　保护河口段岸线控制利用区划分

河道	市(地)级行政区	县级行政区	起止位置	岸别	敏感因素
永定新河	滨海新区	—	彩虹桥至闸下 19 000 m	左岸	—
永定新河	滨海新区	—	永定新河防潮闸至闸下 19 000 m	右岸	—
独流减河	滨海新区	—	独流减河防潮闸至闸下 21 500 m	左岸	—
独流减河	滨海新区	—	独流减河防潮闸闸上 500 m 至 1 号排泥场	右岸	—
独流减河	滨海新区	—	1、2 号排泥场之间	右岸	—
独流减河	滨海新区	—	独流减河防潮闸闸下 900 m 至闸下 21 500 m	右岸	—

续表 7-8

河道	市(地)级行政区	县级行政区	起止位置	岸别	敏感因素
海河	滨海新区	—	海河防潮闸闸下 431 m 至闸下 1 160 m	左岸	—
			海河防潮闸闸下 4 750 m 至闸下 22 000 m		—
			海河防潮闸闸下 431 m 至闸下 1 150 m	右岸	—
			海河防潮闸闸下 1 850 m 至闸下 2 500 m		—
			海河防潮闸闸下 3 000 m 至闸下 3 150 m		—
			海河防潮闸闸下 3 500 m 至闸下 22 000 m		—

2. 大运河段(生态保护红线范围之外)

属于大运河的岸段需与运河治理、管护相结合,涉及 24 个岸线控制利用区,岸线长度 555.2 km,占岸线控制利用区总长的 40%。

保护大运河段岸线控制利用区划分如表 7-9 所示。

3. 其余河段

其余河段河势基本稳定,开发利用条件较好,岸线开发利用对防洪安全、河势稳定、供水安全以及生态环境影响较小,共划分岸线控制利用区 32 个,长度为 689.9 km,占岸线控制利用区总长的 50%。

表 7-9 保护大运河段岸线控制利用区划分

河道	市(地)级行政区	县级行政区	起止位置	岸别
北运河	廊坊市	香河县	青龙湾减河至河北与天津交界	左岸
			北京市与河北省交界至鲁家务村	右岸
卫运河	邯郸市	馆陶县	徐万仓村至馆陶县与临西县交界	左岸
	邢台市	临西县	馆陶县与临西县交界至清河与故城县交界	
	聊城市	冠县	徐万仓至冠县与临清市交界	右岸
		临清市	冠县与临清市交界至山东省与河北省交界	
	邢台市	清河县	山东省与河北省交界至清河县与夏津县交界	

续表 7-9

河道	市(地)级行政区	县级行政区	起止位置	岸别
北运河	廊坊市	香河县	青龙湾减河至河北省与天津市交界	左岸
			北京市与河北省交界至鲁家务村	右岸
卫河	鹤壁市	浚县	淇门至王湾村(浚县与滑县交界处)	左岸
	安阳市	滑县	王湾村至徐村(浚县与滑县交界处)	
	鹤壁市	浚县	徐村(滑县与浚县交界处)至共卫合流隔埝	
	鹤壁市、安阳市	浚县、汤阴县、内黄县	老观嘴至牤牛河汇入卫河河口右堤	
	安阳市	内黄县	牤牛河汇入卫河河口右堤至内黄县与魏县交界处	
	邯郸市	魏县	内黄县与魏县交界处至大郭村(魏县与南乐县交界处)	
	濮阳市	南乐县	河北魏县与河南省南乐县交界至大北张村(河南省南乐县与河北省大名县交界)	
	邯郸市	大名县	大北张村至徐万仓村	
	鹤壁市	浚县	淇门至烧酒营(浚县与滑县交界处)	右岸
	安阳市	滑县	烧酒营至徐村(滑县与浚县交界处)	
	鹤壁市	浚县	徐村至共卫合流隔埝	
			共卫合流隔埝至北苏村(浚县与内黄县交界处)	
	安阳市	内黄县	北苏村至摊上村(内黄县与清丰县交界处)	
	濮阳市	清丰县	摊上村至潮汪村(清丰县与南乐县交界处)	
		南乐县	潮汪村至大北张村(河南省南乐县与河北省大名县省界处)	
	邯郸市、聊城市	大名县、冠县	大北张村至徐万仓村	
	鹤壁市	浚县	卫河路大桥至黎阳路大桥	河心滩

7.2　聊城市 19 条河流岸线功能区划分

7.2.1　划定方法

根据《山东省省级重要河湖岸线利用管理规划工作大纲》(2017 年 5 月发布)的要求,岸线功能区划分的基本要求和方法如下所述。

7.2.1.1　基本要求

(1)对于经济较发达地区的岸线和城市河段岸线,由于开发利用程度已较高,岸线资源已非常紧缺,因此应充分重视河道防洪、生态环境保护、水功能区划等方面要求,避免过度开发利用。

（2）河流的城市段和中下游经济发达的地区岸线开发利用程度较高,而岸线资源紧缺,各行业对岸线利用的需求仍然十分迫切,功能区段划分宜综合考虑各方面的需求,结合规划河段开发利用与保护的具体情况,对岸线功能区段进行细划。

对于岸线开发利用要求相对较低、经济发展相对落后的农村河段,或两岸人口稀少的河道,可结合实际情况适当加大单个功能区段的长度。

（3）岸线功能区的划分应在已划分的岸线控制线的带状区域内合理进行划分。岸线功能区划定时应尽可能详细具体,以便于管理。

7.2.1.2　划分方法

1.岸线保护区的划分

（1）国家和省级人民政府批准划定的各类自然保护区的河道（湖泊）岸线,一般宜列为岸线保护区。地表水功能区划中已被划为保护区的,原则上相应河段岸线应划分为岸线保护区。

（2）重要的水源地河段一般宜按照有关规定的长度划分为岸线保护区或岸线保留区,若经济社会发展有迫切需要的,可划分为岸线控制利用区。

（3）重要的水利枢纽工程、分洪口门上下游一定长度范围内应划分为岸线保护区。

（4）一般情况下,是国家和省级保护区（自然保护区、风景名胜区、森林公园、地质公园自然文化遗产等）的岸线区应划分为岸线保护区。

（5）对于河势稳定、防洪安全、生态保护有重要影响的岸线,一般应划分为岸线保护区。

2.岸线保留区的划分

（1）处于河势剧烈演变中的河段岸线、河道治理和河势控制方案尚未确定的或规划进行围垦的岸线一般宜划分为岸线保留区。

（2）岸线开发利用条件较差,开发利用可能对河势稳定、防洪安全产生一定影响的河段应划分为岸线保留区。

3.岸线控制利用区和开发利用区的划分

（1）为实现岸线的保护,岸线控制利用区和开发利用区需根据地方经济社会发展的客观需要适当划定。

（2）目前河道冲刷较为明显,或迫切需要实施河势控制工程才能开发利用的岸段,应划分为岸线控制利用区。

（3）城市区段岸线开发利用程度相对较高,工业和生活取水口、跨河建筑物较多。根据防洪要求、河势稳定情况,在分析岸线资源开发利用潜力和对防洪及生态保护影响的基础上,可划分为岸线开发利用区或控制利用区。

（4）目前开发利用程度很高的岸线一般宜划分为岸线控制利用区。

（5）根据经济社会发展的迫切需要,在满足河势稳定、防洪安全、供水安全及河流健康等方面的严格要求的前提下,才可划分为岸线开发利用区。

4.岸线功能区划分遵循的其他原则

（1）河段的重要控制点、较大支流汇入的河口可作为不同岸线功能区之间的分界。

（2）为便于岸线利用管理，县（区）级行政区域界可作为岸线功能区划分的节点。

（3）为便于岸线利用管理，县（区）级行政区域界可作为河段划分节点。

（4）当局部河段两岸功能区不同时，应单独划分。

7.2.1.3　划分条件

根据上述岸线功能区划分原则、要求和方法，结合河道（湖、渠道）特点按节点划分条件和类型划分条件筛选出主要条件因子，并以此作为岸线功能区划分的主要依据条件。

1. 节点划分条件

（1）河流生态环境和功能情况：自然保护区分界、水功能区划节点、河流功能有重要变化的节点、对河流生态或水环境有重要作用的河段节点等。

（2）防洪形势及标准：依据防洪重要性有较大变化的节点，河道演变特性发生明显变化的节点，河段、堤防设计洪水标准有重要变化的节点。

（3）防洪工程情况：现状防洪工程和规划防洪工程布局有重要变化的河段节点。

（4）河道管理和行政区划情况：河道管理及建设项目审批权限分界、市（地）级行政区域界。

（5）岸线现状利用和需求情况：岸线现状开发利用程度和规划需求状况有较大变化的节点。

2. 类型划分条件

（1）河道演变特性、河势稳定性；

（2）河流功能、自然保护区、水功能区划、生态环境等情况；

（3）防洪重要性；

（4）现状及规划防洪工程情况；

（5）河段两岸区域经济情况、土地资源情况、发展规划等；

（6）岸线现状开发利用和需求情况。

7.2.2　划分成果

7.2.2.1　赵王河岸线功能区划分成果

根据岸线资源及其开发利用的实际情况，考虑经济社会发展各方面对岸线利用的需求，在前述岸线功能区划分原则及方法的指导下，赵王河岸线功能区划分为3种功能区：岸线保护区、岸线控制利用区、岸线开发利用区。其中，赵王河与南水北调干渠重合段、新开挖河道段、赵王河与位山三干渠交叉段划分为岸线保护区；目前开发利用程度较高的岸线（如旅游度假区段等）划分为岸线控制利用区，其余岸线划分为岸线开发利用区。

赵王河流经阳谷县、旅游度假区2个县（区），岸线总长97.79 km，其中左岸48.86 km，右岸48.93 km。本次规划结合地方生态红线保护区、聊城市城市发展规划及各县（区）的具体情况，共划分功能区16处，包括：岸线保护区4处，岸线长8.79 km，占岸线长度比例8.99%，其中，左岸长4.34 km，右岸长4.45 km；岸线控制利用区3处，岸线长5.52 km，占岸线长度比例5.64%，其中，左岸长3.51 km，右岸长2.01 km；岸线开发利用区9处，岸线长83.48 km，占岸线长度比例85.37%，其中，左岸长41.01 km，右岸长42.47 km。各县（区）河段功能区划分具体如下。

1. 阳谷县段

赵王河阳谷县段河势相对稳定,两岸无堤,岸线现状利用程度低,未来的需求少,河段区间无支流汇入,主要功能为排涝,并承担金堤河分洪任务,岸线范围没有自然保护区。

根据上述条件,将赵王河与南水北调东线重合段划为岸线保护区,沿河村庄范围大、分布集中的河段划为控制利用区,其余河段功能区类型均为岸线开发利用区。

阳谷县岸线总长 74.79 km,共划分 10 个功能分区,其中:岸线控制利用区 3 处,岸线长 5.52 km;岸线开发利用区 7 处,岸线长 69.27 km。

2. 旅游度假区段

赵王河旅游度假区段始于位山三干渠桥,经赵王河改道工程新开挖河道入徒骇河。新开挖河道紧邻南水北调输水干渠,其余河段开发利用程度不高,岸线范围没有自然保护区。

根据上述条件,将与南水北调东线渠道相邻段划为岸线保护区,其余河段为岸线开发利用区。旅游度假区岸线总长 23.00 km,共划分 6 个功能分区,其中:岸线开发利用区 2 处,岸线长 14.21 km;岸线保护区 4 处,岸线长 8.79 km。

7.2.2.2　四新河岸线功能区划分成果

四新河岸线总长 80.91 km,其中左岸 40.37 km,右岸 40.54 km。本次规划结合地方生态红线保护区、聊城市城市发展规划及各县(区)的具体情况,共划分功能区 14 处,其中:岸线控制利用区 6 处,左、右岸各 3 处,岸线长 32.63 km,占岸线长度比例 40.33%,左岸长 16.32 km,右岸长 16.31 km;岸线开发利用区 8 处,左、右岸各 4 处,岸线长 48.28 km,占岸线长度比例 59.67%,左岸长 24.05 km,右岸长 24.23 km。

四新河各县(区)岸线功能区划分成果如下。

1. 东阿县段

四新河东阿县段河势相对稳定,根据《聊城市水功能区划》(聊政字〔2013〕70 号),其对应的水功能一级区为岸线开发利用区,水功能二级区为农业用水区。该段全段为承担灌溉任务的西引水渠和西沉沙池的截渗沟,划为岸线控制利用区。

东阿县段岸线总长 29.98 km,划定岸线控制利用区 2 处,左、右岸各 1 处。

2. 旅游度假区段

四新河旅游度假区河势相对稳定,根据《聊城市水功能区划》,其对应的水功能一级区为开发利用区,水功能二级区为农业用水区。其中,牛王村—总干渠段为承担灌溉任务的西引水渠和西沉沙池的截渗沟,划为控制利用区;总干渠—邢庄段岸线利用程度较低,临水房屋和取水口、桥梁、管涵等建筑物较少,且没有国家或省级自然保护区及重要水源地,根据经济社会发展的需要,全段划为岸线开发利用区。

与总干渠相交段,处于总干渠岸线范围内的河段服从总干渠功能区划分成果。

旅游度假区段岸线总长 14.68 km,划定岸线开发利用区 4 处,其中:岸线控制利用区 2 处,岸线长 0.51 km,左、右岸各 1 处;岸线开发利用区 2 处,岸线长 14.17 km,左、右岸各 1 处。

3. 高新区段

四新河高新区段河势相对稳定,根据《聊城市水功能区划》,其对应的水功能一级区为开发利用区,水功能二级区为景观娱乐用水区。其中,李楼村段、海子村段、前许营村段有大面积房屋紧邻堤防,并建有桥梁、管线、涵闸、取水口等工程,岸线开发利用程度较高,划为控制利用区。其余段岸线开发利用程度较低,且没有国家或省级自然保护区及重要水源地,根据经济社会发展的需要,划为岸线开发利用区。

高新区段岸线总长 18.72 km,共划分为 6 个功能分区,其中:岸线控制利用区 2 处,岸线长 2.14 km,左、右岸各 1 处;岸线开发利用区 4 处,岸线长 16.58 km,左、右岸各 2 处。

4. 经开区段

四新河开发区段河势相对稳定,根据《聊城市水功能区划》,其对应的水功能一级区为开发利用区,水功能二级区为景观娱乐用水区。全段岸线开发利用程度较低,小孟营村、大孟营村、李皮村、蒋官屯村、姜韩村等村庄与堤防紧邻的房屋在 2013 年河道治理时全部征迁,该段没有国家或省级自然保护区及重要水源地,根据经济社会发展的需要,划为开发利用区。

经开区段岸线总长 17.53 km,划定岸线开发利用区 2 处,左、右岸各 1 处。

5. 茌平县段

位于徒骇河管理范围内,本次不再进行岸线规划。

7.2.2.3　茌新河岸线功能区划分成果

茌新河岸线总长 55.63 km,其中左岸 27.80 km,右岸 27.83 km。本次规划结合地方生态红线保护区、聊城市城市发展规划及各县(区)的具体情况,共划分功能区 15 处,其中:岸线控制利用区 8 处,左、右岸各 4 处,岸线长 19.08 km,占岸线长度比例 34.30%,左岸长 10.04 km,右岸长 9.04 km;岸线开发利用区 7 处,左岸 3 处、右岸 4 处,岸线长 36.55 km,占岸线长度比例 65.70%,左岸长 17.76 km,右岸长 18.79 km。

茌新河各县(区)岸线功能区划分成果如下。

1. 高新区段

茌新河高新区段河势相对稳定,根据《聊城市水功能区划》,其对应的水功能一级区为开发利用区,水功能二级区为农业用水区。其中,石海子村段有大面积房屋临河而建,并有桥梁、管线、取水口等建筑物,岸线开发利用程度较高,对应段左岸划为控制利用区。其余段岸线利用程度较低,且没有国家或省级自然保护区及重要水源地,根据经济社会发展的需要,划为开发利用区。

高新区段岸线共划分为 3 个功能分区,其中:岸线控制利用区 1 处,岸线长 1.59 km;岸线开发利用区 2 处,岸线长 8.18 km。

2. 经开区段

茌新河高新区段河势相对稳定,根据《聊城市水功能区划》,其对应的水功能一级区为开发利用区,水功能二级区为农业用水区。其中,下游 9+870—12+000 河段河道范围内存在生物多样性维护生态保护红线区,该段划为岸线控制利用区。梁庄段有大面积房屋临河而建,并有桥梁、管线等建筑物,岸线开发利用程度较高,对应段右岸划为控制利用区。其余段岸线利用程度较低,且没有国家或省级自然保护区及重要水源地,根据经济社会发展的需要,划为开发利用区。

经开区段岸线总长 14.85 km,共划分为 6 个功能分区,其中:岸线控制利用区 3 处,岸线长 5.24 km;岸线开发利用区 3 处,岸线长 9.61 km。

3. 茌平县段

茌新河茌平县段河势相对稳定,根据《聊城市水功能区划》,其对应的水功能一级区为开发利用区,水功能二级区为农业用水区。其中上游 12+000—17+420 河段河道范围内存在生物多样性维护生态保护红线区,该段岸线划为岸线控制利用区。后王村段、营坊村段、寺西王村段有大面积房屋临河而建,并有节制闸、桥梁、管线等建筑物,岸线开发利用程度较高,对应段划为控制利用区。其余段岸线利用程度较低,且没有国家或省级自然保护区及重要水源地,根据经济社会发展的需要,划为岸线开发利用区。

茌新河与位山一干渠相交段,处于位山一干渠岸线范围内的河段服从位山一干渠功能区划分成果,并在《位山一干渠岸线利用管理规划》中体现。

下游茌新河与徒骇河相交段,处于徒骇河岸线范围内的河段服从徒骇河功能区划分成果。

茌平县段岸线总长 31.02 km,共划分为 6 个功能分区,其中:岸线控制利用区 4 处,岸线长 12.26 km;岸线开发利用区 2 处,岸线长 18.76 km。

7.2.2.4　赵牛新河岸线功能区划分成果

赵牛新河流经东阿县、茌平县 2 个县(市、区),岸线总长 88.52 km,其中左岸 44.26 km,右岸 44.26 km。本次规划结合地方生态红线保护区、聊城市城市发展规划及各县(区)的具体情况,赵牛新河岸线功能区共划分为 2 类功能区,即岸线开发利用区、岸线控制利用区,共划分功能区 10 处,其中:岸线开发利用区 9 处,岸线长 83.82 km,占岸线长度比例 94.69%,左岸长 39.56 km,右岸长 44.26 km;岸线控制利用区 1 处,位于河道左岸,岸线长 4.70 km,占岸线长度比例 5.31%。

赵牛新河各县(区)岸线功能区划分成果如下。

1. 东阿县区段

根据《聊城市水功能区划》,东阿县段对应的水功能一级区为开发利用区,水功能二级区为农业用水区。13+200—17+900 段河道已经成为洛神湖公园的核心景观带,为便于洛神湖公园的建设与管理,将该段岸线划定为控制利用区,其余河段河道岸线利用程度较低,临水房屋和取水口、桥梁、管涵等建筑物较少,根据经济社会发展的需要,全段划为岸线开发利用区。

2. 茌平县段

赵牛新河茌平县段河势相对稳定,根据《聊城市水功能区划》,其对应的水功能一级区为开发利用区,水功能二级区为景观娱乐用水区。全段岸线开发利用程度较低,没有国家或省级自然保护区及重要水源地,根据经济社会发展的需要,划为岸线开发利用区。

7.2.2.5　周公河岸线功能区划分成果

周公河岸线总长 29.57 km,其中左岸 14.83 km,右岸 14.74 km。本次规划结合地方生态红线保护区、聊城市城市发展规划及各县(区)的具体情况,共划分功能区 12 处,其中:岸线保护区 6 处,左、右岸各 3 处,岸线长 13.09 km,占岸线长度比例 44.27%,左岸长 6.59 km,右岸长 6.50 km;岸线控制利用区 6 处,左、右岸各 3 处,岸线长 16.48 km,占岸线长度比例 55.73%,左岸长 8.24 km,右岸长 8.24 km。

周公河各县(区)岸线功能区划分成果如下。

1. 上游段

根据《聊城市水功能区划》,其对应的水功能一级区为聊城调水水源保护区,全段划为保护区。

上游段东昌府区段岸线总长 7.41 km,划定岸线保护区 2 处,左、右岸各 1 处。

上游段旅游度假区段岸线总长 3.93 km,划定岸线保护区 2 处,左、右岸各 1 处。

2. 下游段

根据《聊城市城区水系专项规划》,将自南水北调干渠中心线向河道上游延伸 500 m、下游延伸 1 km 的区域定为饮用水水源地的保护区范围,周公河下游段相应岸线划为保护区。

其余段对应的水功能一级区为开发利用区,对应的水功能二级区为景观娱乐用水区,全段有生物多样性维护的生态需求,且河段位于聊城市外环以内,沿线有西海子村、邱庙村、王屯村和旗杆王村等村庄,临水房屋及桥梁、管线、涵闸等建筑物较多,岸线利用程度较高,划为控制利用区。

周公河与位山二干渠相交段,处于位山二干渠岸线范围内的河段服从位山二干渠功能区划分成果,并在《位山二干渠岸线利用管理规划》中体现。

周公河与徒骇河相交段,处于徒骇河岸线范围内的河段服从徒骇河功能区划分成果。

下游段经开区段岸线总长 10.19 km,共划分为 6 个功能分区,其中:岸线保护区 2 处,左、右岸各 1 处,岸线长 1.75 km;岸线控制利用区 4 处,左、右岸各 2 处,岸线长 8.44 km。

下游段东昌府区和经开区交界段岸线总长 8.04 km,划定岸线控制利用区 2 处,左、右岸各 1 处。

7.2.2.6　运河(东昌湖)岸线功能区划分成果

根据岸线资源及其开发利用的实际情况,考虑经济社会发展各方面对岸线利用的需求,在前述岸线功能区划分原则及方法的指导下,运河(东昌湖)功能区划分为 3 种功能区:岸线保护区、岸线控制利用区、岸线开发利用区。其中,紧邻南水北调输水明渠段划分为岸线保护区;目前开发利用程度较高的岸线(如东昌湖段、运河城区段等)划分为岸线控制利用区;其余岸线划分为岸线开发利用区。

运河流经东昌府区、经开区 2 个区,岸线总长 31.46 km,其中左岸 15.92 km,右岸 15.54 km。本次规划结合地方生态红线保护区、聊城市城市发展规划及各县(区)的具体情况,共划分功能区 6 处,包括:岸线保护区 2 处,岸线长 8.29 km,占岸线长度比例 26.35%,其中,左岸长 4.15 km,右岸长 4.14 km;岸线控制利用区 3 处,岸线长 21.65 km,占岸线长度比例 68.82%,其中,左岸长 11.77 km,右岸长 9.88 km;岸线开发利用区 1 处,岸线长 1.52 km,占岸线长度比例 4.83%,位于右岸。东昌湖岸线划为岸线控制利用区,岸线长 17.71 km。

各县(区)功能区划分成果如下。

1. 东昌府区段

运河东昌府区段经东昌府区的古楼街道办事处、柳园街道办事处、新区街道办事处，至十里铺村，长度为 10.09 km。该段为城区景观段，开发利用程度较高，且岸线范围内没有自然保护区，划为岸线控制利用区。

该段岸线总长 20.13 km，共划分 2 个功能分区。

2. 经开区段

运河经开区段经北城街道办事处，由辛闸村西北入西新河，长度为 5.65 km。目前尚未治理，部分河段断流。河道左岸紧邻南水北调输水明渠，根据《聊城市水系专项规划》，南水北调干线工程输水明渠保护范围为工程管理范围边线向外延伸 100 m。

根据上述条件，将该段与南水北调干渠相邻段划为岸线保护区，开发利用程度较高的河段划为岸线控制利用区，开发利用程度较低的河段划为岸线开发利用区。

该段岸线总长 11.33 km，共划分 4 个功能分区，其中：岸线保护区 2 处，岸线长 8.29 km；岸线控制利用区 1 处，岸线长 1.52 km；岸线开发利用区 1 处，岸线长 1.52 km。

3. 东昌湖

东昌湖由 8 个湖区和 20 余块水面组成，环绕聊城古城一周，是中国江北地区罕见的大型城内湖泊，湖水清澈，景色宜人。为保护生态环境、维护生物多样性，将东昌湖岸线划为控制利用区。岸线长 17.71 km。

7.2.2.7　西新河岸线功能区划分成果

西新河流经东昌府区、茌平县 2 个县（区），岸线总长 84.56 km，其中左岸 42.24 km，右岸 42.32 km。本次规划结合地方生态红线保护区、聊城市城市发展规划及各县（区）的具体情况，西新河岸线功能区共划分为 2 类功能区，即岸线开发利用区、岸线控制利用区，共划分功能区 6 处，其中岸线开发利用区 5 处，岸线长 83.56 km，占岸线长度比例 98.82%，左岸长 41.24 km，右岸长 42.32 km；岸线控制利用区 1 处，岸线长 1.00 km，占岸线长度比例 1.18%，位于左岸。

西新河各县（区）岸线功能区划分成果如下。

1. 东昌府区段

西新河东昌府区段岸线根据利用情况的不同划分为岸线开发利用区与岸线限制开发利用区，其中 0+000—15+900 段与 16+900—27+650 段左、右两岸岸线由于利用程度较低，临水房屋和取水口、桥梁、管涵等建筑物较少，且没有国家或省级自然保护区及重要水源地，根据经济社会发展的需要，划为岸线开发利用区；其中 15+900—16+900 段河道左岸由于村庄密集，开发程度较大，面源污染控制难度较大，因此将该段岸线划定为岸线控制利用区，15+900—16+900 段河道右岸为岸线开发利用区。

2. 茌平县段

西新河茌平县段岸线利用程度较低，临水房屋和取水口、桥梁、管涵等建筑物较少，根据经济社会发展的需要，全段划为岸线开发利用区。

7.2.2.8　德王东支岸线功能区划分成果

德王东支岸线总长 38.96 km，其中左岸 19.50 km，右岸 19.46 km。本次规划结合地方生态红线保护区、聊城市城市发展规划及各县（区）的具体情况，共划分功能区 8 处，其中:岸线保护区 2 处,左、右岸各 1 处,岸线长 2.20 km,占岸线长度比例 5.65%,左岸长 1.13 km,右岸长 1.07 km;岸线开发利用区 6 处,左、右岸各 3 处,岸线长 36.76 km,占岸线长度比例 94.35%,左岸长 18.37 km,右岸长 18.39 km。

德王东支各县(市、区)岸线功能区划分成果如下。

1. 冠县段

德王东支河势相对稳定,主要功能为农业供水和排涝,根据《聊城市水功能区划》,其对应的水功能一级区为开发利用区,水功能二级区为农业用水区。冠县段岸线利用程度较低,临水房屋和取水口、桥梁、管涵等建筑物较少,且没有国家或省级自然保护区及重要水源地,根据经济社会发展的需要,全段划为岸线开发利用区。

上游德王东支与位山三干渠相交段,处于位山三干渠岸线范围内的河段服从位山三干渠功能区划分成果,并在《位山三干渠岸线利用管理规划》中体现。

冠县段岸线总长 11.33 km,划定开发利用区 2 处,左、右岸各 1 处。

2. 东昌府区段

德王东支东昌府区段岸线利用程度较低,临水房屋和取水口、桥梁、管涵等建筑物较少,且没有国家或省级自然保护区及重要水源地,根据经济社会发展的需要,全段划为开发利用区。

东昌府区段岸线总长 21.54 km,划定岸线开发利用区 2 处,左、右岸各 1 处。

3. 临清市段

德王东支临清市段与南水北调干渠相交处,根据《聊城市城区水系专项规划》,将自南水北调干渠中心线向河道上游延伸 500 m、下游延伸 1 000 m 的区域定为饮用水水源地的保护区范围,该段岸线划为保护区。其余段岸线利用程度较低,临水房屋和取水口、桥梁、管涵等建筑物较少,根据经济社会发展的需要,划为岸线开发利用区。

下游德王东支与马颊河相交段,处于马颊河岸线范围内的河段服从马颊河功能区划分成果。

临清市段岸线总长 6.10 km,共划分为 4 个功能分区,其中:岸线保护区 2 处,左、右岸各 1 处,岸线长 2.20 km;岸线开发利用区 2 处,左、右岸各 1 处,岸线长 3.90 km。

7.2.2.9　德王河岸线功能区划分成果

德王河岸线总长 42.39 km,其中左岸 21.26 km,右岸 21.13 km。本次规划结合地方生态红线保护区、聊城市城市发展规划及各县(区)的具体情况,共划分功能区 8 处。其中:岸线保护区 2 处,左、右岸各 1 处,岸线长 1.93 km,占岸线长度比例 4.55%,左岸长 0.98 km,右岸长 0.95 km;岸线开发利用区 6 处,左、右岸各 3 处,岸线长 40.46 km,占岸线长度比例 95.45%,左岸长 20.28 km,右岸长 20.18 km。

德王河各县(市)岸线功能区划分成果如下。

1. 临清市段

德王河临清市段与南水北调干渠相交处,根据《聊城市城区水系专项规划》,将自南水北调干渠中心线向河道上游延伸 500 m、下游延伸 1 000 m 的区域定为饮用水水源地的保护区范围,德王河起于南水北调干渠张官营闸,故将下游 1 000 m 范围内岸线划为保护区。其余段岸线利用程度较低,临水房屋和取水口、桥梁、管涵等建筑物较少,根据经济社会发展的需要,划为岸线开发利用区。

临清市段岸线总长 28.88 km,共划分为 4 个功能分区,其中:岸线保护区 2 处,左、右岸各 1 处,岸线长 1.93 km;岸线开发利用区 2 处,左、右岸各 1 处,岸线长 26.95 km。

2.茌平县段

茌平县段岸线利用程度较低,没有临水乡(镇)、桥梁、管涵等建筑物较少,且没有国家或省级自然保护区及重要水源地,根据经济社会发展的需要,全段划为开发利用区。

茌平县段岸线总长 5.71 km,划定岸线开发利用区 2 处,左、右岸各 1 处。

3.高唐县段

高唐县段岸线利用程度较低,没有临水乡(镇)、桥梁、管涵等建筑物较少,且没有国家或省级自然保护区及重要水源地,根据经济社会发展的需要,全段划为开发利用区。

下游德王河与马颊河相交段,处于马颊河岸线范围内的河段服从马颊河功能区划分成果。

高唐县段岸线总长 7.81 km,划定开发利用区 2 处,左、右岸各 1 处。

7.2.2.10　羊角河岸线功能区划分成果

羊角河岸线总长 74.12 km,其中左岸 37.04 km,右岸 37.08 km。本次规划结合地方生态红线保护区、聊城市城市发展规划及各县区的具体情况,共划分功能区 18 处,其中:岸线保护区 2 处,左岸 1 处、右岸 1 处,岸线长 2.88 km,占岸线长度比例 3.89%,左岸长 1.43 km,右岸长 1.45 km;岸线控制利用区 5 处,左岸 2 处,右岸 3 处,岸线长 4.47 km,占岸线长度比例 6.03%,左岸长 1.94 km,右岸长 2.53 km;岸线开发利用区 11 处,左岸 5 处,右岸 6 处,岸线长 66.77 km,占岸线长度比例 90.08%,左岸长 33.67 km,右岸长 33.10 km。

羊角河各县(区)岸线功能区划分成果如下。

1.羊角河上段(阳谷县)

羊角河上段河势相对稳定。定水镇中心段两岸、青杨李村段右岸有连片临水房屋,并建有桥梁、管线等工程,岸线开发利用程度较高,划为控制利用区。其余段临水房屋和取水口、桥梁、管涵等建筑物较少,且没有国家或省级自然保护区及重要水源地,根据经济社会发展的需要,划为开发利用区。

下游与徒骇河相交段,处于徒骇河岸线范围内的河段服从徒骇河功能区划分成果。

羊角河上段岸线总长 33.54 km,共划分为 10 个功能分区,其中:岸线控制利用区 3 处,岸线长 2.02 km;岸线开发利用区 7 处,岸线长 31.52 km。

2.羊角河中段(阳谷县)

羊角河中段河势相对稳定。张大庙村段有连片临水房屋,并建有铁路桥和多座生产桥、管线等工程,岸线开发利用程度较高,划为控制利用区。其余段临水房屋和取水口、桥梁、管涵等建筑物较少,且没有国家或省级自然保护区及重要水源地,根据经济社会发展的需要,划为开发利用区。

羊角河中段岸线总长 16.66 km,共划分为 4 个功能分区,其中:岸线控制利用区 2 处,岸线长 2.45 km;岸线开发利用区 2 处,岸线长 14.21 km。

3.羊角河下段(旅游度假区)

羊角河下段河势相对稳定。河道与南水北调干渠相交处,根据《聊城市城区水系专项规划》,将自南水北调干渠中心线向河道上游延伸 500 m、下游延伸 1 000 m 的区域定为饮用水水源地的保护区范围,该段岸线划为保护区。其余段临水房屋和取水口、桥梁、管涵等建筑物较少,且没有国家或省级自然保护区及重要水源地,根据经济社会发展的需要,划为开发利用区。

上游与位山三干渠相交段,处于位山三干渠岸线范围内的河段服从位山三干渠功能区划分成果,并在《位山三干渠岸线利用管理规划》中体现。

下游与徒骇河相交段,处于徒骇河岸线范围内的河段服从徒骇河功能区划分成果。

羊角河下段岸线总长 23.92 km,共划分为 4 个功能分区,其中:岸线保护区 2 处,岸线长 2.88 km;岸线开发利用区 2 处,岸线长 21.04 km。

7.2.2.11　新金线河岸线功能区划分成果

根据岸线资源及其开发利用的实际情况,考虑经济社会发展各方面对岸线利用的需求,在前述岸线功能区划分原则及方法的指导下,新金线河功能区划分为 2 种功能区:岸线控制利用区、岸线开发利用区。其中,目前开发利用程度较高的岸线划分为岸线控制利用区,其余岸线划分为开发利用区。

新金线河流经莘县、阳谷 2 个县(区),岸线总长 111.00 km,其中左岸 55.59 km,右岸 55.41 km。本次规划结合地方生态红线保护区、聊城市城市发展规划及各县(区)的具体情况,共划分功能区 16 处,其中:岸线控制利用区 5 处,岸线长 9.57 km,占聊城市岸线长度比例 8.62%,左岸长 3.78 km,右岸长 5.79 km;岸线开发利用区 11 处,岸线长 101.43 km,占聊城市岸线长度比例 91.38%,左岸长 51.81 km,右岸长 49.62 km。

各县(区)功能区划分如下。

1. 莘县段

新金线河莘县段河势相对稳定,两岸无堤,岸线现状利用程度低,未来的需求少,河段区间无支流汇入,主要功能为排涝,岸线范围没有自然保护区等。

根据上述条件,除沿河村庄范围大、分布集中的河段划为控制利用区外,其余河段功能区类型均为岸线开发利用区。

莘县岸线总长 57.12 km,共划分 6 个功能分区,其中:岸线开发利用区 4 处,岸线长 54.67 km;岸线控制利用区 2 处,岸线长 2.45 km。

2. 莘县与阳谷交叉段

新金线河莘县与阳谷交叉段河势相对稳定,两岸无堤,岸线现状利用程度低,未来的需求少,河段区间无支流汇入,主要功能为排涝,岸线范围没有自然保护区等。

根据上述条件,除沿河村庄范围大、分布集中的河段划为岸线控制利用区外,其余河段功能区类型均为岸线开发利用区。

莘县与阳谷交叉段岸线总长 53.88 km,共划分 10 个功能分区,其中:岸线开发利用区 7 处,岸线长 46.76 km;岸线控制利用区 3 处,岸线长 7.12 km。

7.2.2.12　七里河岸线功能区划分成果

七里河岸线总长 77.28 km,其中左岸 38.64 km,右岸 38.64 km。本次规划结合地方生态红线保护区、聊城市城市发展规划及各县(区)的具体情况,共划分功能区 12 处,其中:岸线控制利用区 4 处,左岸 2 处、右岸 2 处,岸线长 7.00 km,占岸线长度比例 9.06%;

岸线开发利用区 8 处,左岸 4 处、右岸 4 处,岸线长 70.28 km,占岸线长度比例 90.94%。

七里河各县(区)岸线功能区划分成果如下。

1. 茌平县段

七里河茌平县段河势相对稳定,根据《聊城市水功能区划》,其对应的水功能一级区为岸线开发利用区,水功能二级区为景观娱乐用水区。全段岸线开发利用程度较低,没有国家或省级自然保护区及重要水源地,根据经济社会发展的需要,划为岸线开发利用区。

茌平县段岸线总长 57.11 km,共划分为 2 个功能分区,均为岸线开发利用区。

2. 高唐县段

七里河高唐县段河势相对稳定,根据《聊城市水功能区划》,其对应的水功能一级区为岸线开发利用区,水功能二级区为景观娱乐用水区。其中,29+000—31+300 段与 32+700—33+900 段有部分房屋紧邻堤防,并建有桥梁、管线、涵闸、取水口等工程,岸线开发利用程度较高,划为岸线控制利用区。其余段岸线开发利用程度较低,且没有国家或省级自然保护区及重要水源地,根据经济社会发展的需要,划为岸线开发利用区。

高唐县段岸线总长 20.17 km,共划分为 10 个功能分区,其中:岸线控制利用区 4 处,岸线长 7.00 km,左岸 2 处、右岸 2 处;岸线开发利用区 6 处,岸线长 13.17 km,左岸 3 处、右岸 3 处。

7.2.2.13　俎店渠岸线功能区划分成果

根据岸线资源及其开发利用的实际情况,考虑经济社会发展各方面对岸线利用的需求,在前述岸线功能区划分原则及方法的指导下,俎店渠功能区划分为 2 种功能区:岸线控制利用区、岸线开发利用区。其中,莘县饮用水水源涵养区段及目前开发利用程度较高的岸线划分为岸线控制利用区,其余岸线划分为岸线开发利用区。

俎店渠流经莘县、东昌府区与阳谷县 3 个县(区),岸线总长 61.19 km,其中左岸 30.64 km,右岸 30.55 km。本次规划结合莘县饮用水水源涵养保护区、聊城市城市发展规划及各县(区)的具体情况,共划分功能区 16 处,其中:岸线控制利用区 5 处,岸线长 18.42 km,占岸线长度比例 30.10%,左岸长 10.83 km,右岸长 7.59 km;岸线开发利用区 11 处,岸线长 42.77 km,占岸线长度比例 69.90%,左岸长 19.81 km,右岸长 22.96 km。

各县(区)岸线功能区划分情况如下。

1. 莘县段

俎店渠莘县段河势相对稳定,两岸均为土堤,岸线现状利用程度低,未来的需求少,河段区间无支流汇入,主要功能为排涝。莘县饮用水水源涵养区位于该段岸线范围内。

根据上述条件,将莘县水源涵养区及沿河村庄范围大、分布集中的河段划为岸线控制利用区,其余河段功能区类型均为岸线开发利用区。

莘县岸线总长 52.08 km,共划分 12 个功能分区,其中:岸线控制利用区 5 处,岸线长 18.42 km;岸线开发利用区 7 处,岸线长 33.66 km。

2. 东昌府区段

俎店渠东昌府区段范围为沙镇军屯村—沙镇前化村,河段开发利用程度不高,岸线范围没有自然保护区。

根据上述条件,将俎店渠东昌府区段划为岸线开发利用区。

东昌府区段岸线总长 5.28 km,共划分 2 个功能分区,为岸线开发利用区。

3. 阳谷县段

徂店渠阳谷县段包括定水镇前泓村、定水镇康泓村、沙镇前泓村等,河段开发利用程度不高,岸线范围没有自然保护区。

根据上述条件,将徂店渠阳谷县段划为岸线开发利用区。

阳谷县段岸线总长 3.83 km,共划分 2 个功能分区,为岸线开发利用区。

7.2.2.14　鸿雁渠岸线功能区划分成果

鸿雁渠岸线总长 68.32 km,其中左岸 34.08 km,右岸 34.24 km。本次规划结合地方生态红线保护区、聊城市城市发展规划及各县(区)的具体情况,共划分功能区 8 处,全部划为岸线开发利用区。

鸿雁渠各县(区)岸线功能区划分成果如下。

1. 莘县段

鸿雁渠莘县段河势相对稳定,主要功能为排涝和农业灌溉,根据《聊城市水功能区划》,其对应的水功能一级区为开发利用区,水功能二级区为农业用水区。此段岸线利用程度较低,基本没有临水房屋,沿线桥梁、管涵等建筑物较少,且没有国家或省级自然保护区及重要水源地,根据经济社会发展的需要,全段划为岸线开发利用区。

莘县段岸线总长 34.86 km,划定岸线开发利用区 4 处,左、右岸各 2 处。

2. 冠县段

鸿雁渠冠县段河势相对稳定,主要功能为排涝和农业灌溉,根据《聊城市水功能区划》,其对应的水功能一级区为开发利用区,水功能二级区为农业用水区。此段岸线利用程度较低,基本没有临水房屋,沿线桥梁、管涵等建筑物较少,且没有国家或省级自然保护区及重要水源地,根据经济社会发展的需要,全段划为岸线开发利用区。

冠县段岸线总长 33.46 km,划定岸线开发利用区 4 处,左、右岸各 2 处。

下游鸿雁渠与马颊河相交段,处于马颊河岸线范围内的河段服从马颊河功能区划分成果。

7.2.2.15　金堤河岸线功能区划分成果

根据岸线资源及其开发利用的实际情况,考虑经济社会发展各方面对岸线利用的需求,在前述岸线功能区划分原则及方法的指导下,金堤河聊城段全段划为岸线保留区。

金堤河聊城段河势相对稳定,根据《聊城市水功能区划》,其对应的水功能区为金堤河豫鲁缓冲区。全段岸线区域处于黄河滞洪区范围内,具有特定的防洪功能,开发利用可能对防洪安全造成影响,故全段划定为岸线保留区。其中莘县段划分保留区共计 2 处,左、右岸各 1 处,岸线总长 62.00 km;阳谷县段划分岸线保留区共计 2 处,左、右岸各 1 处,岸线总长 68.85 km。全段岸线总长 130.85 km。

7.2.2.16　位山一干渠(含东引水渠、东沉沙池、东西连渠)岸线功能区划分成果

根据岸线资源及其开发利用的实际情况,考虑经济社会发展各方面对岸线利用的需求,在前述岸线功能区划分原则及方法的指导下,位山一干渠(含东引水渠、东沉沙池、东西连渠)功能区全划分为岸线控制利用区。

本次规划结合地方生态红线保护区、聊城市城市发展规划及各县(区)的具体情况,

共划分功能区14处,岸线总长180.35 km,其中左岸84.82 km,右岸84.74 km,沉沙池10.79 km。

位山一干渠(含东引水渠、东沉沙池、东西连渠)各段岸线功能区划分成果如下。

1. 高新区段

位山一干渠高新区段,不涉及生态红线保护范围,由于一干渠承担沿线灌溉任务,划分为岸线控制利用区。

高新区段岸线总长32.56 km,其中左岸16.28 km,右岸16.28 km。

2. 经开区段

位山一干渠经开区段,不涉及生态红线保护范围,由于一干渠承担沿线灌溉任务,划分为岸线控制利用区。

经开区段岸线总长17.09 km,其中左岸8.53 km,右岸8.56 km。

3. 茌平县段

位山一干渠茌平县段,不涉及生态红线保护范围,由于一干渠承担沿线灌溉任务,划分为岸线控制利用区。

茌平县岸线总长63.86 km,其中左岸31.92 km,右岸31.94 km。

4. 高唐县段

位山一干渠高唐县段,不涉及生态红线保护范围,由于一干渠承担沿线灌溉任务,划分为岸线控制利用区。

高唐县段岸线总长12.43 km。岸线功能区划分为岸线控制利用区,其中左岸6.28 km,右岸6.15 km。

5. 东引水渠段

东引水渠为引水渠道,承担下游沿线灌溉任务,划分为岸线控制利用区。

东引水渠岸线总长28.88 km,其中左岸14.43 km,右岸14.45 km。

6. 东沉沙池

东沉沙池承担下游沿线灌溉任务,划分为岸线控制利用区,岸线总长10.79 km。

7. 东西连渠段

东西连渠为引水渠道,承担下游沿线灌溉任务,划分为岸线控制利用区。

东西连渠岸线总长14.74 km,其中左岸7.38 km,右岸7.36 km。

7.2.2.17　位山二干渠岸线功能区划分成果

根据岸线资源及其开发利用的实际情况,考虑经济社会发展各方面对岸线利用的需求,在前述岸线功能区划分原则及方法的指导下,本次位山二干渠功能区只划分为2种功能区,即岸线保护区、岸线控制利用区。

其中,对于位山二干渠与聊城市生态红线划定区域重合的部分划分为岸线保护区;对于有水库从位山二干渠取水的,且水库承担城镇生活供水的,将取水口上游1 000 m、下游100 m的范围划定为岸线保护区;其余渠段承担着沿线各县的灌溉任务,岸线划分为岸线控制利用区。

本次规划结合地方生态红线保护区、聊城市城市发展规划及各县(区)的具体情况,共划分功能区18处,其中:岸线控制利用区14处,岸线长162.10 km,占岸线长度比例

94%,其中左岸长 81.63 km,右岸长 80.47 km;岸线保护区 4 处,岸线长 10.24 km,占聊城市岸线长度比例 6%,其中左岸长 5.15 km,右岸长 5.09 km。

位山二干渠各段岸线功能区划分成果如下。

1. 旅游度假区段

位山二干渠旅游度假区段将属于生态红线范围内的渠段(桩号 6+500—9+046)划分为岸线保护区,同时,由于附近有谭庄水库从二干渠取水,将取水口上游 1 km、下游 100 m的范围划分为岸线保护区,综合确定桩号 5+100—9+046 为岸线保护区。其余渠段因承担灌溉任务,故功能区类型均划分为岸线控制利用区。

旅游度假区段岸线总长 30.84 km,共划分 6 个功能分区,其中:岸线保护区 2 处,岸线长 7.89 km;岸线控制利用区 4 处,岸线长 22.95 km。

2. 东昌府区段

位山二干渠东昌府区段不涉及生态红线保护范围,因承担灌溉任务,故此段功能区类型划分为岸线控制利用区。

东昌府区岸线总长 21.09 km,共划分 2 个功能分区,均为岸线控制利用区,左岸岸线长 10.53 km,右岸岸线长 10.56 km。

3. 经开区段

位山二干渠经开区段不涉及生态红线保护范围,因承担灌溉任务,故此段功能区类型划分为岸线控制利用区。

经开区段岸线总长 14.33 km,共划分 2 个功能分区,均为岸线控制利用区,左岸岸线长 7.15 km,右岸岸线长 7.18 km。

4. 茌平县段

位山二干渠茌平县段不涉及生态红线保护范围,因承担灌溉任务,故此段功能区类型划分为岸线控制利用区。

茌平县段岸线总长 35.87 km,共划分 2 个功能分区,均为岸线控制利用区,左岸岸线长 17.96 km,右岸岸线长 17.91 km。

5. 高唐县段

位山二干渠高唐县段有环城新河从位山二干渠取水向南王水库供水,南王水库为城区、农村饮用水的水源地,故将二干渠上环城新河取水口上游 1 km、下游 100 m 的范围划分为岸线保护区;其余渠段不涉及生态红线保护范围,因承担灌溉任务,故此段功能区类型划分为岸线控制利用区。

高唐县段岸线总长 70.21 km,共划分 6 个功能分区,其中:岸线保护区 2 处,岸线长 2.35 km;岸线控制利用区 4 处,岸线长 67.86 km。

7.2.2.18 位山三干渠(含西引水渠、西沉沙池、总干渠)岸线功能区划分成果

根据岸线资源及其开发利用的实际情况,考虑经济社会发展各方面对岸线利用的需求,在前述岸线功能区划分原则及方法的指导下,位山三干渠(含西引水渠、西沉沙池、总干渠)功能区划分为 2 种功能区,即岸线保护区和岸线控制利用区。其中,对于位山三干渠原本涉及生态红线,而后又被部分核减掉的仍属于水源保护地的渠段划分为岸线保护区;西引水渠、西沉沙池、总干渠及三干渠承担下游沿线灌溉任务,将此类渠段划分为岸线

控制利用区。

本次规划结合地方生态红线保护区、聊城市城市发展规划及各县(区)的具体情况,共划分功能区 17 处,其中:岸线控制利用区 15 处,岸线长 206.04 km,岸线控制利用区长度占总岸线长度比例 96%;岸线保护区 2 处,岸线长 9.09 km,岸线保护区长度占总岸线长度比例 4%。

位山三干渠(含西引水渠、西沉沙池、总干渠)各段岸线功能区划分成果如下。

1. 旅游度假区段

位山三干渠旅游度假区段岸线总长 28.48 km,其中左岸 13.58 km,右岸 14.90 km,岸线功能区划分为岸线控制利用区。

位山三干渠旅游度假区段不涉及生态红线保护范围,由于该段承担沿线灌溉任务,故划分为岸线控制利用区。

2. 东昌府区段岸线功能区

位山三干渠东昌府区段岸线总长 60.35 km,其中左岸 30.15 km,右岸 30.20 km,岸线功能区划分为岸线控制利用区。

位山三干渠东昌府区段不涉及生态红线保护范围,由于该段承担沿线灌溉任务,故划分为岸线控制利用区。

3. 冠县段岸线功能区

位山三干渠冠县段岸线总长 30.21 km,其中左岸 15.11 km,右岸 15.10 km,岸线功能区划分为岸线控制利用区。

位山三干渠冠县段不涉及生态红线保护范围,由于该段承担沿线灌溉任务,故划分为岸线控制利用区。

4. 临清市段岸线功能区

位山三干渠临清市段岸线总长 38.59 km,其中左岸 19.45 km,右岸 19.14 km,岸线功能区划分为岸线控制利用区和岸线保护区。

位山三干渠临清市段,桩号 66+235—69+776 中部分渠段现涉及生态红线保护范围,划分为岸线保护区,部分渠段处于备用水源地范围,同时,由于附近有城南水库从三干渠取水,将取水口上游 1 km、下游 100 m 的范围划分为岸线保护区,综合确定桩号 64+100—69+776 为岸线保护区。其余渠段因承担灌溉任务,故功能区类型均划分为岸线控制利用区。

5. 西引水渠段

西引水渠为引水渠道,岸线总长 35.16 km,其中左岸 15.27 km,右岸 19.89 km,岸线功能区划分为岸线控制利用区。

该渠段不涉及生态红线保护范围,由于西引水渠为引水渠道,承担下游沿线灌溉任务,故划分为岸线控制利用区。

6. 总干渠段

总干渠为引水渠道,总干渠岸线总长 6.35 km,其中左岸 3.27 km,右岸 3.08 km,岸线功能区划分为岸线控制利用区。

该渠段不涉及生态红线保护范围,由于承担沿线灌溉任务,故划分为岸线控制利用区。

7.西沉沙池

西沉沙池岸线总长 15.98 km。

西沉沙池不涉及生态红线保护范围,但其承担下游沿线灌溉任务,对下游灌溉水质有重要影响,并且西沉沙池中的条状水池轮换使用,变换较大,故划分为岸线控制利用区。

7.2.2.19　彭楼干渠岸线功能区划分成果

根据岸线资源及其开发利用的实际情况,考虑经济社会发展各方面对岸线利用的需求,在前述岸线功能区划分原则及方法的指导下,彭楼干渠功能区划分为 2 种功能区,即岸线保护区、岸线控制利用区。

其中,对于彭楼干渠与聊城市生态红线划定区域重合的部分划分为岸线保护区;彭楼干渠承担着沿线各县的灌溉任务,其余渠段岸线划分为岸线控制利用区。

本次规划结合地方生态红线保护区、聊城市城市发展规划及各县(区)的具体情况,共划分功能区 14 处,其中:岸线保护区 2 处,岸线长 2.56 km,占岸线长度比例 0.89%,其中左岸长 1.28 km,右岸长 1.28 km;岸线控制利用区 12 处,岸线长 285.71 km,占岸线长度比例 99.11%,其中左岸长 142.83 km,右岸长 142.88 km。

彭楼干渠各段岸线功能区划分成果如下。

1.莘县段

彭楼干渠莘县段,桩号 65+040—66+333 渠段原属于生态红线保护范围,故将此渠段划分为岸线保护区,由于彭楼干渠承担沿线灌溉任务,其余渠段功能区类型均划分为岸线控制利用区。

莘县段岸线总长 143.45 km,共划分 10 个功能分区,其中:岸线保护区 2 处,岸线长 2.56 km;岸线控制利用区 8 处,岸线长 140.89 km。

2.冠县段

彭楼干渠冠县段不涉及生态红线与水源地,冠县范围内全渠段划分为岸线控制利用区。

冠县段岸线总长 78.31 km,共划分 2 个功能分区,均为岸线控制利用区。

3.临清市段

彭楼干渠临清市段,不涉及生态红线与水源地,临清市范围内全渠段划分为岸线控制利用区。

临清市段岸线总长 60.38 km,共划分 2 个功能分区,均为岸线控制利用区。

第 8 章　岸线保护与管控

8.1　岸线利用与保护需求分析

8.1.1　岸线利用需求

随着沿河地区经济的发展,河道(湖、渠道)岸线土地资源日益被开发者关注,对于部分常年少水或无水河段,开发岸线主要是利用其土地资源属性,以河岸为依托,利用河道水域的开发项目较少,今后的需求也主要集中在土地资源属性上。

8.1.2　岸线保护需求

8.1.2.1　防洪安全对岸线保护的需求

随着人口的增加,由于自然和人为因素的影响,河势均发生了一定的变化。部分河道由于河道淤积,对洪水的调蓄能力有所降低,抬高了河道洪水位,加大了洪水危害。随着城乡经济的快速发展,沿河城乡、企业不断增加和扩大规模,人为设障等现象日益增多,公路、铁路的跨河桥梁等阻水建筑物缩小了河道行洪断面,影响了河道行洪安全。岸线资源的有效保护与防洪安全、洪涝灾害程度存在着密切的联系,对河流岸线资源实施有效保护是保障防洪安全的重要条件。

8.1.2.2　水生态环境保护对岸线保护的需求

随着国民经济的发展,水生态环境保护的形势更加严峻,水资源短缺、水体污染已经成为制约国民经济可持续发展的重要因素。

由于水资源短缺,城市与工业用水挤占农业用水、生产或生活用水挤占生态用水的现象日益严重及农业生产和生活排污量不断增加,致使河道水质出现恶化,给水资源保护和城乡饮水安全带来了威胁。对岸线进行功能区划分,合理规划岸线资源利用、保护和控制分区,是保障经济社会可持续发展、不断改善和保护水生态环境的重要需求。

8.2　岸线边界线管控要求

岸线利用必须保障河势稳定、防洪安全、供水安全,保护水生态环境。在满足行洪安全的前提下,要实现岸线的合理开发、科学保护、有效管理,必须对岸线范围加以界定。岸线边界线是确定岸线范围的重要依据,包括位于河道内的临水边界线和位于河道外的外缘边界线。

临水边界线是为保障河流畅通、行洪安全、稳定河势和维护河流健康生命的基本要求,对进入河道范围的岸线利用项目加以限定的控制线,除防洪及河势控制工程,任何阻水的实体建筑物原则上不允许逾越临水边界线。确需越过临水边界线、穿越河道的岸线利用建设项目,必须充分论证项目影响,提出穿越方案,并经有审批权限的行政主管部门或流域管理机构审查同意后方可实施。桥梁、管线、取水、排水等基础设施需超越临水边界线的项目,超越临水边界线的部分应尽量采取架空、贴地或下沉等方式,尽量减小占用河道过流断面。

外缘边界线是岸线资源保护与管理的外缘边界线。任何进入外缘边界线以内岸线区域的岸线利用项目必须服从《中华人民共和国水法》(2016 年 7 月 2 日修订)《中华人民共和国防洪法》(2016 年 7 月 2 日修订)《中华人民共和国河道管理条例》(2018 年 3 月 19 日修订)规定,并符合本规划提出的岸线利用功能分区和管控要求。新建、改建、扩建各类建筑物、构筑物、管线和其他工程设施,应依法向水行政主管部门申请办理水行政许可手续后,方可开工建设。

8.3　岸线功能区管控要求

8.3.1　岸线功能区管控说明

8.3.1.1　涉及不同敏感因素的管控

当同一河段涉及不同敏感因素时,按照敏感因素中最严格的管控要求实施。

8.3.1.2　岸线功能区与生态保护红线的关系

岸线位于地方已公示的生态保护红线范围内的,依据中共中央办公厅、国务院办公厅《关于在国土空间规划中统筹划定落实三条控制线的指导意见》等文件,生态保护红线内、自然保护地核心保护区与其他区域的管控要求不同,故涉及生态保护红线的岸线功能区应分类分级管控。

岸线同时涉及生态保护红线和湿地公园、饮用水水源保护区等各类保护地的,按照相关法律法规进行管理。

8.3.1.3　海河流域重要河道岸线功能区与大运河的关系

规划范围内涉及大运河的河道有北运河、卫河、卫运河、南运河,河道总长 467 km。划入不同岸线功能区的大运河道,应遵循《大运河文化保护传承利用规划纲要》(2019 年 2 月制订)的保护要求,同时应与《大运河河道水系治理管护规划》(2020 年 6 月制订)、《大运河生态环境保护修复专项规划》(2020 年 8 月制订)等相关专项规划的管控要求相协调。

根据《大运河河道水系治理管护规划》,划入岸线保护区的河段,实施最严格的岸线管控措施,禁止建设妨害生态环境、威胁防洪安全、破坏运河遗产等建设项目,逐步清退或关闭已建成的违法违规项目、不符合岸线管控要求的项目。划入岸线保留区的河段,加强岸线生态环境保护,保障堤岸防洪安全,为生态建设、防洪治理等需要预留岸段。划入岸线控制利用区的河段,合理控制或降低岸线开发利用强度,开发建设项目必须经过严格论证,降低开发建设对防洪安全、遗产安全、供水安全、航运稳定等带来的不利影响。

根据《大运河生态环境保护修复专项规划》,在大运河岸线 1 km 滨河生态空间内,严格保护耕地,严禁占用粮食生产功能区和重要农产品生产保护区,严控新增非公益建设用地,属城市建成区的,强化规划管控,落实用途管制,腾退的土地用于公共绿地。大运河岸线 2 km 核心监控区范围内,严禁占用生态空间新建高风险、高污染、高耗水产业和不利于生态环境保护的工矿企业,以及不符合相关规划的码头工程,严禁开发未利用地。严格控制大运河沿线地区景区景点、历史文化名镇名村和传统村落、特色小镇等周边生态空间占用,严禁风电、光伏等建设项目占用河湖水域岸线。核心监控区的非建成区严禁大规模新建扩建房地产、大型及特大型主题公园等开发项目;城市建成区老城改造按照高层禁建区管理,落实限高、限密度的具体要求,限制各类用地调整为大型工商业项目、商务办公项目、住宅商品房、仓储物流设施等用地。

8.3.1.4　岸线功能区的农业利用问题

流域内有些河道两岸滩地存在村庄,有居民的生活生产活动,此类情况由来已久,且未来一段时间内仍会维持现状。三种岸线功能区内滩区的生活生产活动,不能影响河道行洪、供水等基本功能。

8.3.1.5　岸线功能区和岸线利用项目类型的关系

根据《中华人民共和国防洪法》第二十二条规定:河道、湖泊管理范围内的土地和岸线的利用,应当符合行洪、输水的要求。防洪是保障人民生命财产安全的公益行为,防洪工程建设和抗洪抢险在不影响生态安全、供水安全的前提下可在岸线功能区实施。

根据《关于在国土空间规划中统筹划定落实三条控制线的指导意见》,生态保护红线内,自然保护地核心保护区以外的其他区域允许国家重大战略项目和对生态功能不造成破坏的有限人为活动,需在自然保护地核心保护区以外的岸线区域内进行时,应当予以准许,但必须充分论证并按照相关法律法规要求履行相关审批程序。

8.3.1.6　两岸功能区不一致的情况

在一岸无明确保护目标的前提下,可参照其中较低级别功能区的管控要求,在管控上尽量保持协调一致。

8.3.2　岸线功能区总体管控要求

河道岸线功能区的主要保护目标是保障河道的防洪、供水等相关功能,两岸的开发建设需求应给洪水留出足够的通道,应在不违反《中华人民共和国水法》《中华人民共和国防洪法》《中华人民共和国河道管理条例》《中华人民共和国水污染防治法》(2017 年 6 月修订)等国家和地方的法律、法规的前提下,方可在各功能区内开发利用。

岸线功能区所涉及的各类敏感因素,有法律法规、管理文件或相关的约束要求,对各功能区管控要求分类进行详述。根据岸线功能区划分成果,综合考虑沿河各地区经济发展水平,分别提出各岸线功能区的管理规划目标。

8.3.2.1　岸线保护区

(1)岸线保护区原则上不准进行与保护对象无关的开发利用,确需开发的,应经过重点论证并报水行政主管部门审批。

(2)城镇引水水源地类岸线保护区,禁止除取水工程以外的各类项目建设行为,且取水工程在施工期间应避免发生污染水源地水质的行为。

(3)对为保护生态环境和文物划定的岸线保护区,原则上不允许进行河道治理以外的任何项目建设。若要建设河道治理工程,应满足防洪和河势稳定要求,不破坏风景名胜区和自然保护区,且符合风景名胜区和自然保护区的相关保护条例,进行生态环境影响评价。

(4)岸线保护区内利用堤防建设公路的路堤结合项目,公路建设应符合所在河段堤防的远期规划防洪标准。

(5)岸线保护区内的生态景观项目建设,应符合河道近远期防洪及河势稳定要求。

(6)险工段和部分河势不稳的支流河口段类岸线保护区,禁止岸线开发利用行为。

(7)保护区内建设项目或活动,国家法律法规及相关规定另有要求的,应符合国家法律法规要求。

8.3.2.2　岸线保留区

(1)对为水源地类水质保护的需求与规划建设的需求协调统一而划定的岸线保留区,禁止围垦、工业与城镇开发,禁止污染企业进驻,允许不影响水源地安全的跨河设施、取水等工程建设。

(2)对为河势稳定、防洪安全而划定的岸线保留区,一般禁止所有类型的项目建设,如确有必要时,可允许进行与防洪、排涝、供水等相关的工程建设。

8.3.2.3　岸线控制利用区

(1)对为现状开发利用程度比较高的河段而划定的岸线控制利用区,严格控制桥梁、取排水工程等项目的建设,项目新占用岸线长度比率不得超过现有岸线占有率的 20%;特别是同类岸线利用项目,如现状项目较多,应对项目的必要性、可行性重点论证,充分考虑其不利影响。

(2)容许进行生态景观和堤顶公路项目建设的河段,项目建设应满足所在河段堤防的远期防洪标准。

(3)对为取水口和城区河段而划定的岸线控制利用区,除生态景观和堤顶公路项目,一般限制所有类型的项目建设,项目建设应满足所在河段堤防的远期防洪标准。

(4)在岸线开发利用可能对防洪安全、河势稳定、河流生态保护造成不利影响的河段,应根据项目类型及其开发利用行为进行研究或论证,充分考虑其不利影响,并采取必要措施,减小或消除不利影响。

8.3.2.4　岸线开发利用区

(1)禁止影响堤防、护岸工程安全的项目建设,要注重对河岸的保护。

(2)在城区段的岸线开发利用区,要控制岸线开发类型,禁止污染严重的项目建设,保护城市取水口,保障水源保护区域的安全。

(3)在非城区段的岸线开发利用区,可开发桥梁、取(排)水口、管线、生态景观、旅游等项目,项目建设不得影响防洪安全、河势稳定、水环境安全,并满足防汛交通要求,应符合河道内建设项目管理要求。桥梁、取排水口等项目建设(不包括生态景观项目)的岸线占用率累计不得超过 50%(50% 为项目占用自然岸线长度净比例,如条件允许,不同类型建设项目可重复占用岸线,因此实际占用比例可适当高于 50%)。

除上述管理规划目标,与岸线功能区管理规划目标不符的已有开发利用项目或设施,不得在现有规模上进行改建、扩建;严重影响防洪、水质及水利设施安全的,应逐步进行调整、清退或搬迁。

岸线功能区划分区分类管控要求,详见表 8-1。

表 8-1　岸线功能区划分区分类管控要求

功能区分类	管控要求			
	防洪安全、河势稳定	供水安全	生态因素和生态保护红线	其他保护需求
岸线保护区	禁止建设不符合《中华人民共和国水法》《中华人民共和国防洪法》《中华人民共和国河道管理条例》及防洪安全、河势稳定等保护要求的建设项目	①水源地范围内禁止从事可能污染饮用水源的活动，未征得水行政主管部门的批准和环保部门的许可，不得在水源保护区内进行建设活动；②一级保护区内岸线，禁止新增、扩建入河排污口，严格控制影响水功能区管理目标的新增取用水及新建、改建、扩建与保护水源无关的工程项目	位于国家湿地公园保护区和恢复重建区的岸线，应遵循《国家林业局关于印发〈国家湿地公园管理办法〉的通知》（林湿发〔2017〕150号）。保育区除开展保护、监测、科学研究等必需的保护管理活动外，不得进行任何与湿地生态系统保护和管理无关的其他活动。恢复重建区应当开展培育和恢复湿地的相关活动	生态保护红线内自然保护地核心保护区内的岸线，原则上禁止人为活动	文物保护管理范围内的岸线，遵循文物保护要求
岸线保留区	①泛区段、共渠段，应遵循相关条例；②河势不稳段，具备开发利用条件后或在不影响后续防洪治理等前提方可开发利用；③河道治理和河势调整方案尚未确定或尚未实施的岸段，一般情况下不进行其他开发利用	已列入国家或省级规划，尚未实施的水资源保护区、供水水源地等岸段，应预留出空间，一般情况下不进行开发利用	位于国家湿地公园合理利用区的岸线，应遵循《国家林业局关于印发〈国家湿地公园管理办法〉的通知》（林湿发〔2017〕150号）。合理利用区应当开展以生态展示、科普教育为主的宣教活动，可开展不损害湿地生态系统功能的生态体验及管理服务等活动	生态保护红线内自然保护地核心保护区外的岸线，遵循红线管控要求，严格禁止开发性、建设性活动，允许国家重大战略项目和对生态功能不造成破坏的有限人为活动	大运河文化保护范围内的岸线，遵循运河保护要求
岸线控制利用区	—	饮用水地表水源二级保护区内禁止新建、改建、扩建排放污染物的建设项目，禁止设立装卸垃圾、粪便、油类和有毒物品的码头；准保护区内禁止新建、扩建对水体污染严重的建设项目；改建建设项目，不得增加排污量	位于地方重要湿地、地方一般湿地的岸段，应遵循地方的相关管理条文	—	大运河文化保护范围内的岸线，遵循运河保护要求

8.3.3　海河流域重要河道岸线功能区管控要求

海河流域重要河道岸线划分为岸线保护区、岸线保留区和岸线控制利用区,对各岸线功能区分别提出管控要求。

8.3.3.1　岸线保护区管理

岸线保护区应根据保护目标有针对性地进行管理,结合不同岸线保护目标确定具体要求,有针对性地提出岸线保护区的具体要求及管理意见。

1. 保障防洪安全类

因保障防洪安全而划分的岸线保护区,相关法律法规明确禁止以外的水利、交通等国家重要基础设施类项目,确需开发利用的,应符合河道防洪及河势稳定要求,需经过充分论证并严格按照法律法规要求履行相关许可程序,报水行政主管部门审批。

2. 保护生态环境类

涉及国家湿地公园保育区和恢复重建区而划分的岸线保护区,应按照《国家湿地公园管理办法》(林湿发〔2017〕150 号)的相关规定进行管控。

根据《国家湿地公园管理办法》(林湿发〔2017〕150 号)第十一条,保育区除开展保护、监测、科学研究等必需的保护管理活动外,不得进行任何与湿地生态系统保护和管理无关的其他活动。恢复重建区应当开展培育和恢复湿地的相关活动。第十九条,国家湿地公园内禁止下列行为:开(围)垦、填埋或者排干湿地;截断湿地水源;挖沙、采矿;倾倒有毒有害物质、废弃物、垃圾;从事房地产、度假村、高尔夫球场、风力发电、光伏发电等任何不符合主体功能定位的建设项目和开发活动;破坏野生动物栖息地和迁徙通道、鱼类洄游通道,滥采滥捕野生动植物;引入外来物种;擅自放牧、捕捞、取土、取水、排污、放生;其他破坏湿地及其生态功能的活动。

3. 保护水资源类

涉及一级水功能区、水源地等敏感因素而划分的岸线保护区应按照以下相关规定进行管控。

根据《中华人民共和国水污染防治法》《饮用水水源保护区污染防治管理规定》,在饮用水水源保护区内,禁止设置排污口;禁止一切破坏水环境生态平衡的活动以及破坏水源林、护岸林、与水源保护相关植被的活动。

禁止在饮用水水源一级保护区内新建、改建、扩建与供水设施和保护水源无关的建设项目;已建成的与供水设施和保护水源无关的建设项目,由县级以上人民政府责令拆除或者关闭;禁止向水域排放污水,已设置的排污口必须拆除;不得设置与供水需要无关的码头,禁止停靠船舶;禁止堆置和存放工业废渣、城市垃圾、粪便和其他废弃物;禁止设置油库;禁止从事种植、放养禽畜、网箱养殖、旅游、游泳、垂钓或者其他可能污染饮用水水体的活动。

4. 保护文物类

涉及文物保护敏感因素而划分的岸线保护区应按照《中华人民共和国文物保护法》(2017 年修正)、《天津市文物保护单位保护区划》等相关规定对文物及其保护范围进行管控要求;在文物保护单位的保护范围和建设控制地带内,不得建设污染文物保护单位及其环境的设施,不得进行可能影响文物保护单位安全及其环境的活动;允许建设控制地带内的水利工程主体功能建设和管理活动。

8.3.3.2　岸线保留区管理

远近结合是岸线保留区管理的首要目标。考虑远期发展,有针对性地提出结合当地实际的合理开发利用计划与管控要求。

1. 为保障防洪安全、暂不具备开发利用条件类

涉及河道治理和河势调整方案尚未确定、防洪风险和压力较大等暂不具备开发利用条件的河段划分的岸线保留区应按以下要求分别管控。

永定河泛区段、共产主义渠段岸线保留区:根据国务院〔1988〕74 号文件《蓄滞洪区安全与建设指导纲要》中的蓄滞洪区土地利用、开发和各项建设必须符合防洪的要求。①在指定的分洪口门附近和洪水主流区域内,不允许设置有碍行洪的各种建筑物。上述地区的土地,一般只限于农牧业以及其他露天方式的使用,以保持其自然空地状态。②蓄滞洪区内工业生产布局应根据蓄滞洪区的使用机率进行可行性研究。对使用机率较高的蓄滞洪区,原则上不应布置大中型项目;使用机遇较低的蓄滞洪区,建设大中型项目必须自行安排可靠的防洪措施。禁止在蓄滞洪区内建设有严重污染物质的工厂和储仓。③蓄滞洪区内新建的永久性房屋(包括学校、商店、机关、企业房屋等),必须采取平顶、能避洪救人的结构形式,并避开洪水流路,否则不准建设。

河势不稳段岸线保留区:需待河势趋于稳定,具备岸线开发利用条件后,或在不影响后续防洪(包括险工险段)治理、河道治理及航道整治的前提下,方可开发利用。

河道治理方案尚未实施的岸线保留区:在治理方案实施前,应为规划建设的河道治理工程预留出空间,规划期内确有需求的,应在不影响河道治理方案实施的前提下,经充分论证并按照相关法律法规要求,履行相关审批程序。

2. 保护生态环境类

(1)涉及国家湿地公园合理利用区而划分的岸线保留区,应按照《国家湿地公园管理办法》(林湿发〔2017〕150 号)的相关规定进行管控。

根据《国家湿地公园管理办法》(林湿发〔2017〕150 号)第十一条,合理利用区应当开展以生态展示、科普教育为主的宣教活动,可开展不损害湿地生态系统功能的生态体验及管理服务等活动。第十九条,国家湿地公园内禁止下列行为:开(围)垦、填埋或者排干湿地;截断湿地水源;挖沙、采矿;倾倒有毒有害物质、废弃物、垃圾;从事房地产、度假村、高尔夫球场、风力发电、光伏发电等任何不符合主体功能定位的建设项目和开发活动;破坏野生动物栖息地和迁徙通道、鱼类洄游通道,滥采滥捕野生动植物;引入外来物种;擅自放牧、捕捞、取土、取水、排污、放生等其他破坏湿地及其生态功能的活动。

(2)涉及各省(市)生态保护红线内自然保护地核心保护区以外的区域或生态保护红线范围对岸区域划分的岸线保留区,应按以下要求分别管控。

涉及生态保护红线的岸段,应按照生态保护红线内、自然保护地核心保护区外的其他区域的管控要求实施,允许国家重大战略项目和对生态功能不造成破坏的有限人为活动;属两省(市)界河,不涉及生态保护红线的一岸,可参照控制利用区进行管控,当有跨(穿)河道等项目需涉及河道两岸时,应协调两岸管控要求,从严考虑。

8.3.3.3 岸线控制利用区管理

涉及明确敏感因素的控制利用区,应以其相关管理办法、意见等管控要求为主,其余河段岸线控制利用区管理重点是严格控制建设项目类型,或控制其开发利用强度。

1. 河口段

涉及河口管理范围而划分的岸线控制利用区应遵循《海河独流减河永定新河河口管理办法》进行管控。

《海河独流减河永定新河河口管理办法》(2009 年 7 月施行)第十四条内容如下:

在三河口管理范围内禁止下列活动:

(1)修建围堤、阻水渠道、阻水道路;

(2)种植阻碍行洪的林木和高秆作物;

(3)弃置矿渣、石渣、煤灰、泥土、垃圾等;

(4)在堤防和护堤地上建房、开渠、打井、挖窖、葬坟、存放物料、开采地下资源、进行考古发掘以及开展集市贸易等活动;

(5)损坏闸坝和堤防上的设施、标志桩、水文和测量标志、通信设施等。

2. 大运河段

涉及大运河范围而划分的岸线控制利用区应严格大运河水域岸线的空间管控,遵循运河保护需求,规范大运河岸线开发利用,推进大运河水利基础设施网络建设,强化水利工程维修养护,加强水利遗产保护与利用,着力恢复河道干净、整洁的面貌,使驳岸成为大运河文化生态系统的重要组成部分。

依据《大运河文化保护传承利用规划纲要》(2019 年 2 月制订)、《大运河生态环境保护修复专项规划》(2020 年 8 月制订)、《大运河河道水系治理管护规划》(2020 年 6 月制订)等相关要求,结合大运河文化保护传承利用空间布局要求、沿线重大国家战略实施及各省(市)沿运河两岸国土空间开发建设需求,合理优化岸线空间布局,依法清退违建行为,有序引导大运河岸线利用向有利于生态功能提升、文化遗产保护传承、文化旅游健康发展、绿色航运等方向转变,促进岸线资源整合优化和综合服务功能提升,为大运河生态廊道建设和文化旅游发展创造良好驳岸空间。

3. 其余河段

其余河段应注重对开发强度和方式的管控。

对现状开发利用程度比较高的岸段,应按照国土空间、水利、交通等相关规划,合理控制整体开发规模和强度,新建和改扩建项目必须严格论证,不得对防洪安全、河势稳定、供水安全、航道稳定产生明显的不利影响。应严格控制桥梁、取水工程等项目的建设,控制项目新占用岸线长度比率,如现状项目较多,应对项目的必要性、可行性重点论证,分析各类项目的累加影响。

对现状开发利用程度不高的岸段,应控制岸线开发方式。容许建设跨河桥梁等交通设施、取排水工程设施、跨河管线(油气、通信等)、码头、滨水景观、生态保护等项目,项目建设不得影响防洪安全、供水安全、水生态安全,同时应符合河道内建设项目管理要求。在进行充分论证并满足相关法律法规要求审批后方可开发利用。

8.3.4　聊城市 19 条河道岸线功能区管控要求

岸线利用管理规划的目标是在保障行洪安全、维护河流健康的前提下,科学合理地利用与保护岸线,实现岸线的科学管理、合理利用、有效保护。针对目前岸线利用方面存在的主要问题,划定了各编制对象的岸线控制线和岸线功能区,初步形成了岸线利用与保护的总体布局和规划体系,为今后岸线利用管理奠定了基础。

为切实做好岸线的有效保护与合理利用,合理配置岸线,保障防洪安全和保护水生态环境,统筹协调上下游、左右岸关系,对照岸线功能区的规划成果和现状岸线利用情况,对不符合岸线功能区划管理的岸线利用行为和设施,按照岸线利用管理规划要求,对岸线利用及其布局进行规范和调整,使岸线利用项目符合岸线功能区的要求。

根据现状利用与管理情况提出现状岸线利用的调整要求如下。

8.3.4.1　治理违章

在河道管理范围内,未经审批、取得建设项目同意书的建设项目,属违章建设,必须改正或清除。

8.3.4.2　合理配置岸线资源,实现有序高效利用

按照优化配置岸线资源,实现岸线资源的有序、高效利用和有效保护要求,岸线利用项目的调整包括以下几个方面:

(1)对岸线资源利用效率不高的项目予以调整,将优良岸线资源合理配置,有利于当地经济社会可持续发展。

(2)将可以集中布置的岸线开发利用项目集中布置,节约有限的岸线资源,促进多个利益主体共享岸线,提高岸线利用效率。

(3)重视对岸线利用项目占用岸线长度的合理性评价,避免过多占用岸线,严禁闲置已占用的岸线。

8.3.4.3　保障防洪安全

河道行洪安全是国民经济可持续发展及岸线资源利用与保护的重要前提条件,本次岸线利用管理规划把保障防洪安全放在了尤为突出的重要位置。按照保障防洪安全的要求,岸线利用项目的调整包括以下方面:

(1)改建或拆除影响防洪安全的阻水建筑物,复核河段内桥梁的阻水作用,对阻水严重的桥梁实施必要的改建,减小岸线利用项目对河道行洪的影响。

(2)严格按照岸线利用管理的要求,对超越和侵占临水控制线的岸线利用项目实施清退和调整。

8.3.4.4　保护水资源与水环境

水资源是国民经济可持续发展的战略资源。水资源短缺是我国的基本国情之一,岸线利用应重视水资源和水环境保护,合理确定各功能区内的岸线利用项目。按照水资源与水环境保护的要求,岸线利用项目的调整包括以下方面:

(1)严格控制排污口水质达标排放和污染物负荷总量控制,对无法达标排放或污染物负荷总量超标的排污口应限期治理,必要时应对其占用岸线的位置予以调整。

(2)清退水源地保护区内影响水资源保护的排污口、垃圾处理厂、矿渣堆场、污染企

业等岸线利用项目,对影响水源地水质控制指标的码头等建设项目加以清退和调整。

(3)对河道水质有重大影响的岸线利用项目,应予以调整或迁建。

8.3.4.5　统筹协调上下游、左右岸关系

(1)应协调上下游岸线利用与保护的关系,对水生态或水资源保护区的上游河段,要严格禁止上游地区岸线利用类型,避免对下游保护区可能产生的不利影响,对已产生明显影响的岸线利用项目应坚决予以清退和调整。

(2)对左右岸的取排水口犬牙交错、相互影响的岸线利用项目,应按照规划的岸线控制线和功能区要求,采取调整和清退措施。

(3)应统筹考虑防洪安全、河势稳定与沿河城乡建设的关系,对影响防洪、河势稳定和城市建设规划的岸线利用项目应实施清退和调整。

8.4　岸线管控能力建设

依据河道岸线保护与规划工作内容,基于海河流域已有的信息化基础,利用地理信息技术、遥感技术等信息化手段,以河湖水系、涉水工程设施、岸线及其功能区、自然保护区等生态敏感区为图层,构建服务于海河流域河湖管理的岸线管理信息系统,形成智慧河湖管理"一张图",为河湖水域岸线保护利用提供信息化支撑,提升江河湖泊水域岸线长效保护与动态管控能力。

通过整合流域重要河湖基础信息、水利工程基础信息、基础地理信息、社会经济信息及岸线功能区、两口一源(取水口、排污口、水源地)相关规划信息,构建河湖管理"一张图",借助"一张图"直观了解管理目标的位置、分布和空间关系,快速掌握项目管理动态、岸线治理保护等相关业务数据。

通过分析涉河工程和现有岸线规划的关系与影响,监控岸线的变化,及时发现非法、违法、违规占用河道岸线、滩涂等行为,有助于强化涉河建设项目管理,为岸线资源保护与管理提供有效依据。

系统底层物理环境使用海委数据中心提供的基础设施云,数据存储使用数据中心统一的基础数据库。用户管理及权限管理遵循海委统一用户库和多因子认证统一设计,为系统提供统一的身份认证服务。根据信息系统安全等级保护标准,并遵循海委网络安全统一标准进行网络安全建设。

参考文献

[1] 孔繁忠,董亚辰,王雪.长江岸线管控现状及对策研究[J].长江技术经济,2023,7(3):19-23.

[2] 白小晶,万铁庄,郭晓轩.高原内流湖泊岸线保护与利用的探讨[J].北京水务,2023(4):67-71.

[3] 俞鑫颖,盛根明,车瑞.长三角平原河网区河湖保护规划实践研究[J].水利规划与设计,2023(5):1-6.

[4] 陈瑜.上海市重要河湖岸线保护与利用规划编制研究[J].水利规划与设计,2023(4):34-37.

[5] 赵莹.沙河辽阳段岸线保护与利用规划浅析[J].水与水技术,2023(S1):170-173.

[6] 董亚辰,李善德.长江流域河湖岸线保护范围划定方法探讨[J].长江技术经济,2023,7(1):49-52,42.

[7] 王强.安徽省河湖岸线管理与保护工作的思考[J].安徽水利水电职业技术学院学报,2022,22(2):15-16,20.

[8] 左楠.宜川县猴儿川河岸线保护利用现状与功能区划分探讨[J].地下水,2022,44(3):304-306.

[9] 邹艳苹.河湖生态空间范围界定和功能分区研究[D].重庆:重庆交通大学,2022.

[10] 周旭.甘肃省大通河岸线功能区划分及管控措施研究[J].甘肃水利水电技术,2022,58(3):57-60.

[11] 杨鹏,郑长安,刘达,等.长江流域智慧河湖岸线管理探究[J].中国防汛抗旱,2022,32(3):47-51.

[12] 陈鹏,卢金友,姚仕明,等.河湖岸线分类体系及保护与利用对策研究[J].长江技术经济,2022,6(1):1-8.

[13] 邰肇悦,石琳,王理航.河南重要河湖岸线保护与利用规划编制研究[J].水利技术监督,2021(11):67-69,131.

[14] 沈立.屯溪区横江岸线管理保护与利用现状及对策浅析[J].陕西水利,2021(11):113-114.

[15] 桂丽,姜秀娟,陈晶,等.基于河湖长制的杞麓湖岸线划定管控[J].中国农村水利水电,2022(6):8-15.

[16] 俞雪梅.关于酒泉市市级河流岸线保护与利用的思考[J].中国水运,2021(9):130-133.

[17] 叶军.玛纳斯河岸线规划技术路线分析[J].中国水利,2021(14):22-23.

[18] 周琴娅.某城区河湖岸线的保护与利用研究[J].低碳世界,2021,11(5):213-214.

[19] 张爱民,张桂林.新疆白杨河流域河湖岸线保护与利用规划设计探讨[J].地下水,2021,43(2):203-205.

[20] 肖俊,王俊,孙鑫,等.关于新疆河湖岸线边界线的划定方法研究与探讨:以新疆奎屯河为例[J].内蒙古水利,2020(9):61-63.

[21] 葛凯,徐雷诺,徐新华.河湖岸线保护与利用管理问题研究与探讨[J].治淮,2020(8):62-64.

[22] 胡尔买提·木拉提.新疆库甫河流岸线规划与管理浅析[J].珠江水运,2020(13):30-31.

[23] 董耀华,卢俊,柴朝晖.河湖岸线洲滩利用对河湖功能影响研究进展[J].水利水电快报,2020,41(1):17-21,35.

[24] 刘克强,单玉书,陈文召.生态文明理念下的淀山湖岸线利用管理规划[J].水利水电快报,2018,39(12):34-38.

[25] 徐新华.加强河湖岸线管理保障防洪工程安全[J].治淮,2013(8):49-51.